国家自然科学基金项目（71571126）

U0729786

# 基于跨组织关系演化的
# 知识链
*JIYU KUAZUZHI GUANXI*
*YANHUA DE ZHISHILIAN*
*GUANXI ZHILI YANJIU*
# 关系治理 研究

胡园园　顾　新　张　华　著

四川大学出版社

项目策划：陈克坚　梁　平
责任编辑：陈克坚
责任校对：周　洁
封面设计：璞信文化
责任印制：王　炜


**图书在版编目（CIP）数据**

基于跨组织关系演化的知识链关系治理研究 / 胡园园，顾新，张华著 . — 成都 ：四川大学出版社，2020.8
（2024.6 重印）
　　ISBN 978-7-5690-3760-9

　　Ⅰ . ①基… Ⅱ . ①胡… ②顾… ③张… Ⅲ . ①知识管理—研究 Ⅳ . ① G302

中国版本图书馆 CIP 数据核字（2020）第 107964 号


| 书名 | 基于跨组织关系演化的知识链关系治理研究 |
| --- | --- |
| 著　者 | 胡园园 顾 新 张 华 |
| 出　版 | 四川大学出版社 |
| 地　址 | 成都市一环路南一段 24 号（610065） |
| 发　行 | 四川大学出版社 |
| 书　号 | ISBN 978-7-5690-3760-9 |
| 印前制作 | 四川胜翔数码印务设计有限公司 |
| 印　刷 | 永清县晔盛亚胶印有限公司 |
| 成品尺寸 | 170mm×240mm |
| 印　张 | 15 |
| 字　数 | 286 千字 |
| 版　次 | 2020 年 10 月第 1 版 |
| 印　次 | 2024 年 6 月第 2 次印刷 |
| 定　价 | 75.00 元 |

扫码加入读者圈

◆ 读者邮购本书，请与本社发行科联系。
　电话：(028)85408408/(028)85401670/
　(028)86408023　邮政编码：610065
◆ 本社图书如有印装质量问题，请寄回出版社调换。
◆ 网址：http://press.scu.edu.cn

四川大学出版社
微信公众号

# 序

　　随着知识经济和共享经济的发展，企业的核心竞争力也发生了实质性变化，企业间共享知识、技术、用户等资源，以"利他"式的思维寻求共同发展，成为企业获取核心竞争力、占据市场份额的主要运营模式。在跨组织合作过程中，能否长期稳定地实现知识和资源的共享，成为企业间合作关系维持的重要因素。但是由于知识的特殊性质以及关系亲疏的微妙程度，企业间合作无法通过正式的治理机制，例如法律、合同等实现严格控制和约束，因而关系治理成为跨组织合作中企业关注的热点问题。

　　本书以知识链为切入点，探讨跨组织合作的关系演化及关系治理问题的相关问题。知识链是指以企业为创新的核心主体，以实现知识共享、知识创造为目的，通过知识在参与创新活动的不同组织之间流动而形成的链式结构。知识链由拥有不同知识资源的组织构成，这些组织包括：核心企业（盟主）、大学、科研院所、供应商、经销商、客户甚至竞争对手。本书在借鉴国内外关系治理相关理论研究的基础上，通过分析知识链组织成员关系演化阶段和特征，从核心企业角度探究知识链关系治理中存在的问题；研究知识链组织成员最优控制权配置基于资源的依赖关系，并探讨了知识链组织成员关系强度对知识流动的影响；在此基础上，构建了知识链关系治理机制体系，研究关系治理对知识链组织合作绩效的影响，为有效协调知识链组织成员关系和冲突、促进组织间知识流动提供了途径。

　　本书的创新点在于从关系治理的角度研究知识链组织成员间的关系特征，并探讨如何实现知识链组织间关系的治理及其对知识链组织合作绩效的影响，对拓展国内现有的知识链研究具有一定的引领作用。同时，针对知识链组织间关系不同演化阶段，实现分阶段的动态关系治理，较以往跨组织关系治理研究更加清晰和具体，能更好地反映跨组织合作中关系治理存在的问题，使关系治理操作性和实践性更强，并深入分析知识链关系治理机制对知识链组织合作绩效以及知识流动的影响，为知识经济时代中企业实现跨组织合作提供了有效关系治理的途径和方法，为克服组织成员之间的机会主义、促进知识创造和高效共享提供了解决途径，在实践方面具有一定的指导性。

**胡园园**

**2020 年 2 月 28 日**

# 前　言

　　知识经济带来巨大的社会变革，快速变化的市场环境和不断更新的产品技术，促使企业竞争优势和核心能力开始由物质资源转变为知识资源。由于知识更新速度不断加快，企业自身的知识存量已经难以满足经营过程所需的全部知识和能力。因此，企业开始与供应商、高校、科研院所甚至竞争对手建立战略合作伙伴关系，构成知识链，通过知识链实现跨组织的知识共享和知识创造。但是，由于知识链成员最终目标不一致以及机会主义行为相互作用，导致知识链中隐性知识共享和流动的难度加大。知识链成员间关系既不是纯粹的市场交易，也不是单一组织内部部门之间的关系，无法通过正式治理机制从根本上解决知识链合作组织间的利益矛盾和冲突。关系治理作为实现组织间关系控制、沟通与协作，提高组织间关系绩效的一种非正式制度，更加强调在组织成员间建立相互信任、彼此合作的长期关系，并主张设计一套控制、协调、激励和约束机制来处理好成员之间的关系。相对于正式治理，关系治理更适用于知识链治理。因此，如何实现知识链关系治理，关系治理对知识链运行以及组织间知识流动又有何影响，是值得我们思考的问题。

　　本书在借鉴国内外关系治理相关理论研究的基础上，系统分析知识链成员间关系演化的阶段和特征，从核心企业角度探究知识链关系治理中存在的问题；构建知识链关系治理机制体系，研究关系治理对知识链合作绩效的影响，为有效协调知识链成员间的合作关系和利益冲突、促进组织间知识流动提供理论支持。本书的主要研究内容包括以下几个方面：

　　（1）阐述本书研究的背景与意义，回顾和评述现有关于跨组织合作治理以及关系治理的研究，指出现有研究存在的不足。

　　（2）阐述知识链关系治理体系相关内容。在分析知识链内涵和特征的基础上，界定知识链关系治理的内涵和本质，分析知识链关系治理的主体和目标，并构建知识链关系治理的分析框架。

（3）探究知识链组织间关系演化及治理问题。结合知识链生命周期演化的特点，将知识链组织间关系演化分为关系建立、关系运行、关系维护以及关系评价四个阶段。根据知识链关系演化不同阶段，探究知识链组织间关系类型，即合作竞争关系、相互信任关系和相互依赖关系；根据演化博弈理论，研究知识链组织关系演化对知识共享的影响；并从知识链中核心企业的角度，探讨知识链关系治理中存在的问题，即知识链组织间合作竞争关系的风险控制问题、知识链组织间信任关系的建立与拓展问题和组织间相互依赖关系中强弱关系的平衡问题。

（4）研究知识链组织成员最优控制权配置基于资源依赖关系，界定权力均衡（LS）、代理组织领导（UL）、核心企业领导（DL）等控制权配置模式并进行创新效率的对比分析，并运用 Nash 协商模型检验通过协商机制解决利益协调问题的有效性问题。

（5）探讨知识链组织成员关系强度对知识流动的影响。在分析知识链组成成员关系强度影响因素的基础上，构建系统动力学模型，探究知识链中组织成员间关系强度变化对知识流动的影响，并运用 Vensim PLE 软件进行仿真分析，验证不同影响因素的变化对知识流动效果的影响。

（6）构建知识链关系治理机制体系。为有效解决知识链关系治理存在的问题，协调组织成员间关系，本书从核心企业角度出发，构建知识链关系治理机制体系，包括关系行为治理机制、关系控制治理机制和关系激励治理机制，以解决知识链运行中组织成员间的冲突，维护知识链中组织成员的合作关系。

（7）分析知识链关系治理对组织合作绩效的影响。界定知识链组织合作绩效评价标准，构建知识链关系治理对组织合作绩效影响的理论研究模型，并通过问卷调查和实证分析验证提出的研究假设。实证结果表明：知识链关系治理机制对组织合作绩效以及组织间知识流动存在正向影响，知识流动作为中介变量，在知识链关系行为治理机制与知识链组织合作绩效之间起到部分中介作用，而在关系控制治理机制、关系激励治理机制与知识链组织合作绩效间起到完全中介作用。

（8）阐述本书的研究结论，探究知识链关系治理的实现途径，将理论研究与实际应用结合起来，并提出本书的研究局限和未来研究展望。

本书的创新点主要包括以下几点：

（1）本书从关系治理的角度研究知识链组织成员间关系特征，并探讨如何实现知识链组织间"关系"的治理及其对知识链组织合作绩效的影响，对拓展国内现有的知识链研究具有一定的引领作用。

（2）本书针对知识链组织间关系不同演化阶段，实现分阶段的动态关系治理，较以往跨组织关系治理研究更加清晰和具体，能更好地反映跨组织合作中关系治理存在的问题，使关系治理操作性和实践性更强。

（3）深入分析知识链关系治理机制对知识链组织合作绩效以及知识流动的影响，为知识经济时代企业实现跨组织合作提供了有效关系治理的途径和方法，为克服组织成员之间的机会主义、促进知识创造和高效共享提供了解决途径，在实践方面具有一定的指导性。

# 目　录

1　概　论 ……………………………………………………… 001

1.1　研究背景 ……………………………………………… 001

1.2　研究意义 ……………………………………………… 002

　　1.2.1　理论意义 ………………………………………… 003

　　1.2.2　实际意义 ………………………………………… 003

1.3　研究目的 ……………………………………………… 003

1.4　研究内容 ……………………………………………… 004

1.5　本书创新之处 ………………………………………… 006

　　1.5.1　从关系治理角度研究知识链管理问题 ………… 006

　　1.5.2　从动态视角研究知识链关系治理问题 ………… 006

　　1.5.3　构建知识链关系治理机制体系 ………………… 006

　　1.5.4　研究关系治理机制与知识链合作绩效的互动关系 … 007

1.6　研究方法与技术路线 ………………………………… 007

　　1.6.1　研究方法 ………………………………………… 007

　　1.6.2　技术路线 ………………………………………… 009

2　相关文献综述 …………………………………………… 011

2.1　国内外跨组织联合体治理以及治理机制研究现状 … 011

　　2.1.1　治理及治理机制 ………………………………… 011

　　2.1.2　治理机制的分类 ………………………………… 013

　　2.1.3　跨组织联合体治理机制研究现状 ……………… 013

2.2　国内外关系治理研究现状 …………………………… 023

　　2.2.1　关系治理内涵 …………………………………… 023

　　2.2.2　关系治理的影响因素 …………………………… 025

　　2.2.3　关系治理的维度 ………………………………… 028

2.3　关系治理对跨组织合作绩效的影响 ………………… 030

2.3.1 经济效应角度 ·································· 031

2.3.2 竞争优势角度 ·································· 033

2.3.3 成员关系角度 ·································· 035

2.4 关系治理与正式治理的关系 ···················· 036

2.4.1 关系治理与正式契约的互补关系 ············· 036

2.4.2 关系治理与正式契约的替代关系 ············· 038

2.4.3 关系治理与正式契约的互损关系 ············· 039

2.4.4 关系治理与正式契约互补+替代关系 ········· 040

2.5 本章小结 ···································· 041

**3 知识链关系治理的内涵及其体系构建** ·············· 043

3.1 知识链关系治理的内涵 ························ 043

3.1.1 知识链 ······························· 043

3.1.2 知识链关系治理 ························· 047

3.1.3 知识链关系治理的本质 ··················· 049

3.2 知识链关系治理的主体和目标 ·················· 050

3.2.1 知识链关系治理主体 ····················· 051

3.2.2 知识链关系治理目标 ····················· 052

3.3 知识链关系治理体系 ·························· 052

3.4 本章小结 ···································· 054

**4 知识链组织间关系演化及其治理问题** ·············· 055

4.1 知识链组织间关系分析 ························ 055

4.1.1 组织间关系概述 ························· 056

4.1.2 知识链组织间关系演化分析 ··············· 061

4.2 知识链组织间关系演化博弈分析 ················ 070

4.2.1 博弈模型构建及原理 ····················· 070

4.2.2 演化稳定策略 ··························· 072

4.2.3 模型分析 ······························· 074

4.3 基于核心企业的知识链关系治理问题分析 ········ 074

4.3.1 知识链中的核心企业 ····················· 075

4.3.2 基于核心企业的知识链关系治理问题 ········· 078

4.4 本章小结 ···································· 082

**5 知识链的最优控制权配置** ································· 083

  5.1　文献回顾 ································································ 083

  5.2　研究假设与模型设计 ············································ 085

  5.3　控制权博弈的均衡解 ············································ 087

    5.3.1　集中决策 ···················································· 087

    5.3.2　分散决策 ···················································· 089

  5.4　对比分析 ···························································· 089

  5.5　基于纳什协商模型的利益协调机制 ······················· 093

  5.6　算例分析 ···························································· 096

    5.6.1　知识链成员创新能力的灵敏度分析 ·················· 096

    5.6.2　知识链成员知识溢出的灵敏度分析 ·················· 097

  5.7　主要研究结论 ····················································· 100

  5.8　本章小结 ···························································· 101

**6　知识链组织间关系强度对知识流动的影响** ············ 102

  6.1　知识链组织间的关系强度 ······································ 102

    6.1.1　关系强度 ···················································· 102

    6.1.2　知识链组织间关系强度的影响因素 ·················· 104

  6.2　知识链组织间的关系强度对知识流动的影响 ············· 107

    6.2.1　系统动力学方法介绍 ······································ 107

    6.2.2　系统动力学方法的应用 ··································· 107

    6.2.3　关系强度对知识流动影响的系统边界 ··············· 109

    6.2.4　关系强度对知识流动影响的因果关系 ··············· 109

    6.2.5　关系强度对知识流动影响的系统动力学模型 ······· 110

    6.2.6　关系强度对知识流动影响的仿真分析 ··············· 113

  6.3　相关建议对策 ····················································· 119

  6.4　本章小结 ···························································· 120

**7　知识链关系治理机制** ·································· 121

  7.1　知识链关系治理机制的内涵及构成 ······················· 121

    7.1.1　知识链关系治理机制的内涵 ···························· 121

    7.1.2　知识链关系治理机制的构成 ···························· 122

  7.2　知识链关系行为治理机制 ······································ 122

    7.2.1　决策协调机制 ·············································· 123

7.2.2　合作文化机制 ……………………………………… 124

7.2.3　联合制裁机制 ……………………………………… 125

7.3　知识链关系控制治理机制 ……………………………… 125

7.3.1　限制进入机制 ……………………………………… 126

7.3.2　信任控制机制 ……………………………………… 126

7.4　知识链关系激励治理机制 ……………………………… 129

7.4.1　显性激励机制 ……………………………………… 130

7.4.2　隐性激励机制 ……………………………………… 131

7.5　知识链关系治理机制的特点及其作用机理 …………… 133

7.5.1　知识链关系治理机制的特点 ……………………… 133

7.5.2　知识链关系治理机制的作用机理 ………………… 134

7.6　本章小结 ………………………………………………… 136

8　知识链关系治理对合作绩效的影响 …………………………… 137

8.1　知识链的合作绩效 ……………………………………… 137

8.2　理论模型构建 …………………………………………… 139

8.3　研究假设提出 …………………………………………… 139

8.3.1　关系治理机制与知识链的合作绩效 ……………… 140

8.3.2　知识流动与知识链的合作绩效 …………………… 144

8.3.3　知识链关系治理机制与知识流动 ………………… 146

8.3.4　知识流动的中介作用 ……………………………… 147

8.4　本章小结 ………………………………………………… 148

9　问卷调查与实证分析 ………………………………………… 149

9.1　研究设计 ………………………………………………… 149

9.1.1　问卷设计 …………………………………………… 149

9.1.2　变量测量 …………………………………………… 152

9.1.3　数据收集 …………………………………………… 160

9.2　数据统计分析与检验 …………………………………… 161

9.2.1　描述性统计分析 …………………………………… 161

9.2.2　数据正态分布检验 ………………………………… 166

9.2.3　信度和效度检验分析 ……………………………… 168

9.2.4　变量间 Pearson 相关分析 ………………………… 180

9.3　结构方程建模分析方法 ………………………………… 182

9.3.1　结构方程方法介绍 ……………………………………… 182

9.3.2　结构方程拟合指标介绍 …………………………………… 183

9.4　模型拟合与假设 …………………………………………………… 184

9.4.1　关系治理机制对知识链合作绩效的影响 ………………… 184

9.4.2　知识流动对知识链合作绩效的影响 ……………………… 187

9.4.3　关系治理机制对知识流动的影响 ………………………… 189

9.4.4　知识流动的中介作用检验 ………………………………… 192

9.5　实证结果与讨论 …………………………………………………… 197

9.5.1　关系治理机制正向影响知识链合作绩效 ………………… 198

9.5.2　知识流动正向影响知识链合作绩效 ……………………… 199

9.5.3　关系治理机制正向影响知识流动 ………………………… 200

9.5.4　知识流动的中介作用 ……………………………………… 200

9.6　本章小结 …………………………………………………………… 201

10　总结和展望 …………………………………………………………… 202

10.1　研究结论 ………………………………………………………… 202

10.2　研究局限与展望 ………………………………………………… 204

10.2.1　研究局限 …………………………………………………… 204

10.2.2　研究展望 …………………………………………………… 205

11　附　录 ………………………………………………………………… 206

11.1　知识链关系治理对组织合作绩效影响的调查问卷 ………… 206

11.1.1　基本信息 …………………………………………………… 207

11.1.2　知识链特征描述 …………………………………………… 208

11.1.3　知识链关系治理及其组织合作绩效 ……………………… 208

11.2　知识链的最优控制权配置的相关命题证明 ………………… 211

主要参考文献 ……………………………………………………………… 216

一、中文参考文献 ………………………………………………………… 216

二、英文参考文献 ………………………………………………………… 220

后　记 ……………………………………………………………………… 224

# 1 概 论

## 1.1 研究背景

在当今知识经济时代，知识正日益成为企业独特的资源并成为企业核心竞争能力的要素。由于知识更新的速度不断加快，单个企业所拥有的知识和资源已经无法适应经济快速发展的需要[①]。因而，为保持和提高企业核心竞争力，企业开始与大学、科研院所甚至竞争对手结成战略伙伴关系，形成知识链。自20世纪90年代以来，知识链在电子、信息、自动化、汽车等高科技领域的合作形式中已屡见不鲜，并日益成为21世纪组织之间合作的重要方式。因此，未来的竞争不仅是企业与企业之间的竞争，更是知识链与知识链之间的竞争[②]。

为适应复杂多变的市场环境，我国一些企业、大学和科研院所等在合作过程中已经自觉或不自觉地进行知识链治理的实践，如何让知识链中成员组织的关系更加协调，减少冲突发生，提高其运行效率已经成为知识链运行过程中备受关注的问题。

作为跨组织合作形式，知识链中的组织常被相互矛盾的目标困扰。一方面，知识链中的每一个组织都是独立的，各组织虽然分属于知识链知识流动中的不同环节，但又具有各自独立的利益追求。组织之间既没有严格的组织保障和约束，也不存在行政上的控制与被控制。另一方面，知识链本质就是不同知识组织之间相互协调的合作，目的是实现知识共享和知识创造，实现共赢。知识链中的组织在实现自身利益最大化的同时，还需要

---

① Walumbwa F O, Christensen A L, Hailey F. Authentic leadership and the knowledge economy: Sustaining motivation and trust among knowledge workers [J]. Organizational Dynamics, 2011, 40 (2): 110-118.

② 顾新, 李久平, 王维成. 知识流动、知识链与知识链管理 [J]. 软科学, 2006, 20 (2): 10-12+16.

限制对自身利益的过度追求以保证知识链的正常运行。因此，知识链中组织最终目标的不一致性与企业的机会主义行为相互作用，导致知识链中隐性知识共享和流动的难度加大。要有效实现知识链中知识有效的共享、流动、吸收和产出，就必须采取合理的治理措施，以解除知识链中组织对持续合作关系的顾虑，提高企业之间相互信任程度，充分发挥知识链的整体竞争优势。

一般而言，知识链构建之初，主要是以文本形式的正式治理机制[①]，例如通过相关的法律法规以及契约对知识链中合作组织的权利和义务进行明确的划分，实现对知识链组织关系的治理。但是由于知识链中组织之间的关系既不是纯粹的市场交易，也不是单一企业内部部门之间的关系，一般无法通过上下级命令解决各种冲突，因此，正式治理机制很难从根本上解决知识链中组织利益矛盾和冲突。那么，何种治理方式才能处理好知识链组织成员之间的关系，以利用跨组织合作所带来的利益和竞争优势？

关系治理作为实现组织间关系控制、沟通与协作、提高组织间关系绩效的一种非正式制度，强调在组织成员间建立相互信任、彼此合作的长期关系，设计一套控制、协调、激励和约束机制来处理好成员之间的关系[②]。在跨组织合作过程中采用关系治理，组织成员间关系将不断进行调整，成员会明确考虑对方的需求和利益，实现优势互补和共赢，获得高于跨组织合作的收益，有利于增强企业的竞争优势。相对于正式治理，关系治理能够有效解决知识链运行中组织成员关系的冲突和矛盾，为组织间知识高效共享创造良好的环境，为知识链有序运行提供有力的保障。

## 1.2  研究意义

为实现对知识链组织成员合作关系与合作过程的有效管理，提高知识链整体竞争优势，本书对知识链关系治理以及对其绩效的影响的研究具有理论和实践双重意义。

---

① Vaaland T I, Håkansson H. Exploring interorganizational conflict in complex projects [J]. Industrial Marketing Management，2003，32（2）：127—138.

② Poppo L, Zenger T. Do formal contracts and relational governance function as substitutes or complements? [J]. Strategic Management Journal，2002，23（8）：707—725.

### 1.2.1　理论意义

一方面,现有研究中关于跨组织关系治理的研究主要集中于联盟、集群和供应链,而知识链关系治理的研究并不多见,也尚未建立统一的分析框架。本书借助治理理论、关系契约理论,采用多学科交叉的研究方法,构建知识链关系治理的分析框架,在一定程度上拓展关系治理研究领域,丰富知识链管理研究内容。

另一方面,本书分析了知识链组织间关系演化,将知识链组织关系演化分为四个阶段,探究不同阶段组织间关系的特征以及关系治理出现的问题。将知识链关系治理与组织关系动态演变过程相结合,不仅为知识链理论研究提供新鲜血液,更是为关系治理提供了新的研究视角,避免像以往跨组织合作关系治理一样只讨论关系治理,忽视组织间关系是动态变化的,解决了研究成果与实际情况不吻合的问题。

### 1.2.2　实际意义

本书探讨了知识链组织成员关系最优控制权配置问题,对跨组织成员合作中的控制权分配、利益协调以及权力均衡具有一定的实践意义。通过分析知识链中关系强度变化对知识流动的影响,揭示了关系强度影响因素对知识流动以及知识创新的促进作用。同时本书通过构建知识链关系治理机制体系,为知识链中主体进行关系治理提供有效的途径。通过实证分析,验证关系治理机制、知识流动与知识链组织合作绩效之间的关系,不仅可以帮助知识链中的成员科学认知知识链组织合作绩效提升轨迹,还可以较好地认识到知识链关系治理机制对知识流动的影响,这对于知识链中的组织适应市场经济环境、获得持续成长动力具有指导意义。综上所述,本书是知识链关系治理问题从"理论模糊地带"到"实践清晰地带"的有益尝试。

## 1.3　研究目的

本书基于关系治理相关理论,结合知识链特征,对知识链关系治理的内涵以及本质进行界定，探讨知识链关系治理的动因、主体以及目标，构建知识链关系治理分析框架；根据知识链生命周期特点，分析知识链组织关系演化特征，并从核心企业角度出发探讨不同关系阶段关系治理存在的问题；探究知识链组织成员关系最优控制权配置及创新绩效的作用机理；并深入分析组织成员关系运行中关系强度变化对知识流动的影响；在关系维护和评价过程中，提出知识链关系治理机制体系，实证分析关系治理对知识链组织合作绩效的影响；根据实证分析结果，提出知识链关系治理的实现途径，提高组织间知识流动的效率，以此促进知识链整体竞争优势的提升。

# 1.4  研究内容

全书共分为 10 章，具体内容如下：

第 1 章为概论。包括 6 个小节，分别是研究背景、研究意义、研究目的、研究内容、本书创新之处、研究方法与技术路线。

第 2 章为相关文献综述。主要包括 4 个部分：国内外跨组织联合体合作治理以及治理机制相关文献回顾、国内外关系治理研究现状回顾、关系治理对跨组织合作绩效的影响研究回顾以及关系治理与正式治理的关系比较分析。

第 3 章为知识链关系治理的内涵及其体系构建。主要包括三点：一是在对知识链相关概念和特征分析基础上，界定知识链关系治理的内涵，并探究知识链关系治理的本质问题；二是分析知识链关系治理主体和目标；三是构建知识链关系治理二要素四因素的概念模型，为下一步研究奠定理论基础。

第 4 章为知识链组织间关系演化及其治理问题。一是在对组织间关系相关研究回顾的基础上，结合知识链的特征及其生命周期的特点，分析知识链组织间演化特征的关系，将组织间关系演化分为关系建立、关系运行、关系维护和关系评价四个阶段；二是根据知识链不同阶段的关系演化，探究组织间关系类型，即合作竞争关系、相互信任关系和相互依赖关系；三是运用演化博弈的理论，分析知识链成员关系变化对知识共享的影响；四是从知识链核心企业的角度，探讨知识链关系治理中存在的问题，即知识链组织间合作竞争关系的风险控制、组织间信任关系的建立和拓展以及组织间相互依赖关系中强弱关系平衡等问题。

第5章为知识链的最优控制权配置。考虑一个由核心企业与代理组织构成的知识链，基于资源依赖关系，界定权力均衡（LS）、代理组织领导（UL）、核心企业领导（DL）等控制权配置模式并进行创新效率的对比分析。并运用 Nash 协商模型检验通过协商机制解决利益协调问题的有效性。

第6章为知识链组织间的关系强度对知识流动的影响。随着合作不断深入，知识链中组织成员关系是不断在变化的，在分析了关系强度影响因素的基础上，本书构建了系统动力学模型来探究知识链中组织成员间关系强度变化对知识流动的影响，并运用 Vensim PLE 软件进行仿真分析，验证了不同影响因素的变化对知识流动效果的影响。

第7章为知识链关系治理机制。知识链关系治理机制包括关系行为治理机制、关系控制治理机制和关系激励治理机制，以解决知识链运行中组织成员间的冲突，维护知识链中组织成员合作关系。

第8章为知识链关系治理对合作绩效的影响。包括两个部分：一是知识链组织合作绩效界定，构建相关评估体系。本部分在回顾相关文献的基础上，结合知识链特征以及知识链组织间知识流动过程，从知识链合作持续程度、目标实现程度、学习创新能力、协调整合能力和竞争能力提升程度等五个方面分析知识链的运行绩效。二是提出相关假设，构建理论模型。知识链关系治理机制通过对组织成员关系的协调，减少合作中的冲突，提高知识链中知识共享和创造的质量和效率，以此影响成员合作绩效。因此，在构建理论模型时以知识共享和知识创造作为中介变量，通过结构方程验证三种关系治理机制对知识链绩效的作用，并对实证结果进行分析。

第9章为问卷调查与实证分析。本部分对第8章提出的理论分析框架进行实证分析，包括四个部分：一是研究设计，主要包括问卷设计、变量的测量和数据收集情况统计；二是对收集的数据进行描述性统计、数据正态分布检验、信度和效度检验以及 Pearson 相关分析；三是运用因子分析和结构方程对数据进行分析；四是对理论模型和假设进行检验，并给出合理理论解释；对于被拒绝的假设，给出可能存在的原因。

第10章为总结和展望。包括两个部分：一是对本书的研究结果进行总结和讨论，二是对本研究的局限以及未来的展望进行分析。

## 1.5 本书创新之处

与现有知识链研究相比，本书的特色与创新之处主要体现在以下四点。

### 1.5.1 从关系治理角度研究知识链管理问题

一方面，现有对组织间关系治理的研究，主要集中在供应链、联盟和虚拟企业等跨组织合作中，尚缺乏对于知识链组织成员间关系治理的研究；另一方面，现有对知识链的研究主要从其概念内涵、理论范式、运行模型、生命周期、组织间信任关系等角度展开，而本书从关系治理的角度研究知识链组织成员间关系特征，探讨如何实现组织间"关系"的治理及其对知识链组织合作绩效的影响，具有一定的新颖性。

### 1.5.2 从动态视角研究知识链关系治理问题

现有跨组织合作关系治理研究将关系治理作为一种手段，或通过某几个指标或因素来衡量关系治理对跨组织合作的作用和影响。但是跨组织合作中，组织成员关系从建立到解体是一个动态变化的过程，而关系变化将引发合作中不同的问题和矛盾。因此，本书基于信任理论、资源依赖理论、合作竞争理论，对知识链组织间的合作竞争关系、相互信任关系以及相互依赖关系进行了系统分析，并依据知识链生命周期理论将知识链组织关系演化分为四个阶段，将知识链关系治理与组织关系动态演变过程相结合，不仅为知识链理论研究提供了新鲜血液，还为关系治理提供了新的研究视角，避免像以往跨组织合作关系治理一样只讨论关系治理，忽视组织间关系动态变化，解决了研究成果与实际情况不吻合的问题。

### 1.5.3 构建知识链关系治理机制体系

本书将知识链关系治理的研究从理论性描述层面转移到治理实践层面，构建了知识链关系治理机制体系，从关系行为、关系控制以及关系激励三个方面探究关系治理机制，并探讨知识链组织间关系不同阶段关系治理机制的作用机理，拓展了现有对关系治理机制理论的研究。

## 1.5.4 研究关系治理机制与知识链合作绩效的互动关系

本书通过实地访谈与问卷调查，采用结构方程分析法，以知识流动为中介变量，从实证角度研究知识链关系治理机制与组织合作绩效之间的关系，揭示关系治理机制对知识链组织间知识流动以及组织合作绩效的作用机理。研究发现：知识链关系治理机制对知识链组织合作绩效具有显著正向影响，同时知识流动对知识链组织合作绩效也具有显著正向影响，但关系治理机制对知识流动只具有部分正向影响，其中关系激励机制对知识链中知识流动的影响并不十分显著；知识流动在知识链关系行为治理机制与知识链组织合作绩效之间起到部分中介作用，而在关系控制、关系激励治理机制与知识链组织合作绩效间起到完全中介作用。以上研究结论对于知识链中组织成功开展关系治理、有效实现知识共享和创造、提升知识链核心竞争力提供了有价值的启示。

# 1.6 研究方法与技术路线

本部分主要对本书的研究方法进行梳理，并围绕研究问题和思路提出相应的技术路线。

## 1.6.1 研究方法

结合要研究的主要问题和具体研究内容，为有效实现每一阶段的研究目的，本书采用多学科交叉研究方法，具有理论研究与实证研究相结合、定性分析与定量分析相结合、演绎推理与归纳总结相结合等特点。具体研究方法包括以下几种。

### 1.0.1.1 文献研究法

运用互联网、电子数据库和四川大学图书馆等信息来源，广泛收集与本研究相关的各种文献和资料，通过文献阅读，对治理机制、关系治理、知识链组织成员关系以及跨组织合作绩效评价等领域的理论进行系统梳理，充分了解相关理论的最新研究进展，发现研究问题。这些研究不但为后续研究奠定了理论基础，而且在研究方法上也具有重要的启示与借鉴意义。

### 1.6.1.2 理论研究法

本书以知识链为研究对象，在对"关系治理""关系契约""治理"相关理论回顾的基础上，结合知识链的特征，归纳总结知识链关系治理的内涵和本质特征；运用比较分析法，分析知识链关系治理与其他跨组织合作关系治理的区别与联系，分析知识链关系治理的动因、主体和目标。

在知识链组织间关系演化及类型研究部分，在对"组织间关系"相关理论和文献回顾的基础上，基于知识链生命周期文献研究，对知识链组织间关系的演化情况和阶段进行分析和阐述，并探究知识链组织间关系的特征。基于演化博弈理论，探讨知识链组织关系演化对知识共享的影响。

在研究知识链关系治理机制体系部分，首先，通过对关系治理、关系契约、非正式制度等理论以及中间组织治理机制相关文献内容的回顾，利用比较分析法和归纳逻辑法，对跨组织合作中的治理机制的内涵以及内容进行界定；其次，根据知识链中组织关系演化特征、不同阶段关系治理中存在的问题以及对知识流动的影响，构建知识链关系治理机制体系，主要包括关系行为、关系控制以及关系激励治理机制。

### 1.6.1.3 仿真建模研究方法

为进一步探究知识链中组织成员关系强度对知识流动的影响，本书运用系统动力学理论，借助 Vensim PLE 软件构建系统流图，深入分析知识链组织成员关系变化时对知识流动呈现的状态和特点。

### 1.6.1.4 实证研究方法

在文献研究、理论分析与理论构建的基础上，本书提出预设模型和相应研究假设，通过计量统计的实证研究法对理论预设和假设进行检验。其主要分为三个步骤。一是访谈与调研。本书主要研究对象是知识链这样一个跨组织合作的中间组织，并没有现成的数据，因此为了解知识链中成员组织关系情况，整个访谈和调研采用作者亲自编制的访谈提纲和访谈程序，并结合之前参与的相关课题实践有计划地进行。本书访谈与调研是正式数据收集的前期工作内容，主要集中于了解知识链中成员关系演化、关系行为以及成员组织关系治理的影响因素。访谈与调研结果为本书调查问卷的设定和构思提供了基础。二是问卷调查与数据收集。问卷调查是本书获取研究数据的主要方法，包括问卷设计、问卷问题修订、调查过程控制和调查数据初步统计分析等步骤。本书的问卷调查和数据收集工作是有计划分层次展开的，主要分为初测和最终测试，初测的目的是检测问卷的基本可信度并进一步修订问卷。三是数据分析与处理。在访谈、调研和问卷调查的基础上，本书对各类数据进行相应归纳和分析处理。运用因子分析法和结构方程验证本书提出的关系治理机制对知识链组织合作绩效的影响，所用软件包括 SPSS 22.0 和 AMOS 22.0。

## 1.6.2 技术路线

首先，本书通过对跨组织联合体治理机制、关系治理以及知识链等研究的回顾和梳理，对知识链关系治理内涵进行界定，并构建知识链关系治理体系结构；结合知识链生命周期理论，分析知识链组织成员间存在的关系，并从核心企业角度探究知识链关系治理存在的问题；在知识链组织成员关系建立的过程中，运用 Nash 协商模型进一步分析知识链中组织成员最优控制权配置问题；为探讨关系运行情况，运用系统动力学模型分析知识链中关系强度变化对知识流动的影响。为维护知识链中组织合作关系，本书构建了知识链关系治理机制体系；关系维护方面，验证关系治理机制对知识链治理的效果，依据相关理论基础提出知识链关系治理机制对组织合作绩效影响的研究假设，随后运用调查问卷数据和结构方程实证检验；其次，分析实证研究结果，总结研究结论，提出未来研究展望。技术路线如图 1.1 所示。

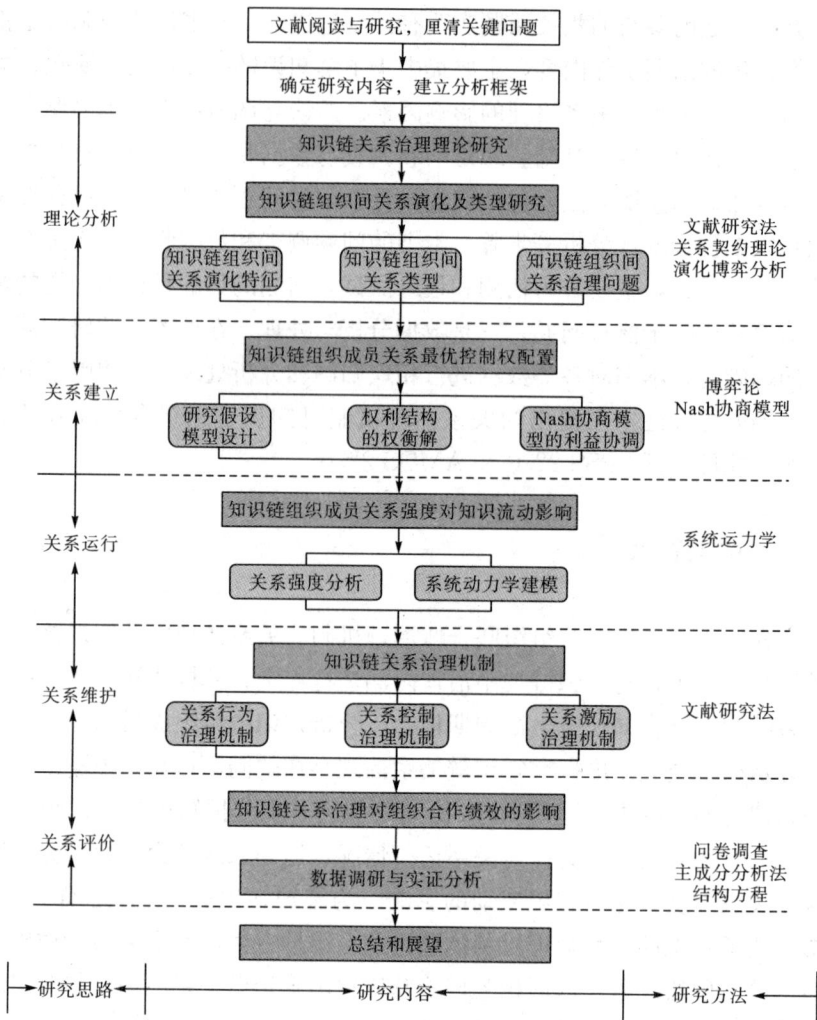

图 1.1　技术路线图

# 2 相关文献综述

随着知识经济的到来，"企业持续竞争优势的必然资源就是知识"①，知识作为现代企业独特的资源，已经成为企业核心能力的重要源泉，学术界掀起知识管理的研究热潮。"知识链管理"是知识管理研究的新领域，在短短十多年的发展期间，也出现比较丰富的研究成果，但是对知识链关系治理的研究可谓少之又少，更缺乏系统的研究。尽管知识链关系治理缺乏相应研究，但知识链隶属于跨（多）组织联合体范畴，因此有关跨（多）组织联合体治理以及关系治理的相关研究可以为本书研究的开展提供相关理论借鉴。鉴于此，本书以"知识链"（Knowledge Chain）、"治理"（Governance）、"关系治理"（Relational Governance）、"治理机制"（Governance Mechanism）为关键词论述国内外研究现状。

## 2.1 国内外跨组织联合体治理以及治理机制研究现状

现阶段对知识链关系治理的研究还未形成主流的研究框架。关系治理是治理研究的一个分支，而知识链是跨组织合作的一种形式，因而本书首先对跨组织合作治理以及治理机制相关研究进行回顾，为下一步研究知识链关系治理理清思路。

### 2.1.1 治理及治理机制

"治理"一词的英文"governance"源于古希腊语和拉丁文，表示指

---

① Fang Y, Wade M, Delios A, et al. An exploration of multinational enterprise knowledge resources and foreign subsidiary performance [J]. Journal of World Business, 2013, 48 (1): 30 —38.

导（guide）、驾驭（steering）之意。根据《辞海》的解释，"治"为"治理、管理、秩序、安定"之意，"理"为"整理、办理"之意，治理则为"统治、管理、处理"之意。早前，"治理"主要用于国家公共事务管理活动和政治活动。20世纪90年代以来，"治理"逐渐被赋予新的涵义，不再局限于政治学范畴，而广泛应用于社会经济及管理学领域，甚至成为一个"时髦词汇"①。在管理学中，最初主要应用于公司治理（Corporate Governance），意为指导和控制公司。而在经济学中，治理指的是一种组织交易的模式，如科层治理、市场治理、网络治理，认为治理结构或治理安排的功能是保护交易主体免受交易风险侵害的工具或手段，侧重于交易成本的治理和有关风险的防范。

根据系统学的观点，"机制"是指系统各子系统、各要素之间的相互作用、相互联系、相互制约的形式及其运动原理和内在的、本质的工作方式②。而组织层面的治理机制实质是组织的利益相关者对组织的监督和制衡机制。因此，一般意义上的组织治理机制意味着通过建立一系列制度，协调组织各利益相关者之间的关系和利益，形成科学决策方式，对各利益相关者进行合理激励和监督，从而维持组织的运营和实现组织的目标。张明（2008）③研究非营利组织治理机制后认为，组织的治理机制应该从以下三个方面进行理解：第一，各类组织均需要建立科学的治理机制。第二，组织治理机制以协调各利益相关者的关系和利益为基础，根据各利益相关者影响组织治理的方式，可以将治理机制分为内部治理和外部治理机制。内部治理机制主要是指组织内部权力机构、决策机构、执行机构和监督机构形成权责明确、协调互动的统一机制，外部治理机制主要是指组织与其外部环境中的其他利益相关者的互动关系。第三，组织治理机制是一个持续的互动过程。治理机制意味着治理结构的建立和持续优化，通过改善治理结构合理配置组织内部权力，实施激励，进行评价和监督。

---

① 易明，杨树旺. 基于治理导向的产业集群发展：问题与对策 [J]. 管理世界，2010（8）：175—176.

② 李维安，周建. 网络治理：内涵，结构，机制与价值创造 [J]. 天津社会科学，2005（5）：59—63.

③ 张明. 非营利组织的治理机制研究 [D]. 广州：暨南大学，2008.

## 2.1.2 治理机制的分类

随着经济全球化、市场动态化、需求个性化，竞争白热化的趋势日益明显，为适应不同的市场环境和经济发展需求，逐渐出现不同形式的、跨越组织边界的多组织合作形式，如供应链、联盟、产业集群、虚拟企业、网络、知识链等。因此，对治理的研究也逐渐由单一组织的治理扩展到跨组织合作治理。因此，传统的治理机制尤其是针对公司这种单一组织的治理机制已经不再适用于这样的跨组织合作。在研究跨组织合作治理中，通常存在这样的分歧：一方面，组织经济学的学者主要集中于正式治理机制，包括正式合约与股权安排（威廉姆森，1985，1996）；另一方面，经济社会学家和组织理论学家则强调非正式治理的作用，包括跨边界网络治理（格兰诺维特，1985）和基于社会规范和信任的关系契约（麦克奈尔，1978）。

正式治理机制是指通过正式的契约或者明示的法律法规、条文保障制度运行的机制。其主要包括基于组织间市场关系的正式契约治理机制、介于"软约束"与"硬约束"之间的行业协会治理机制以及属于"硬约束"范畴的地方政府治理机制。正式治理机制主要发挥监督约束与规范引导的作用，例如，在监督约束方面，企业间的正式契约是最直接的约束方式，特别是在市场经济体制和法制不健全的情况下更是如此。正式契约保证企业的履约，并成为制裁不履约行为的基本依据。相比较而言，非正式治理机制主要从交易惯例和道德规范出发，依靠成员之间的信任、声誉、激励、限制进入、联合制裁等治理方式，在组织间治理中扮演着更为重要的角色。本书研究的是知识链关系治理，而关系治理强调是关系嵌入的非正式制度和规则，因此本部分内容主要侧重对跨（多）组织联合体非正式治理相关研究现状进行综述。

## 2.1.3 跨组织联合体治理机制研究现状

本部分内容对跨组织联合体治理机制相关研究进行回顾，主要从供应链、联盟、产业及其集群、虚拟企业以及网络组织这五种跨组织合作形式分别展开论述。

### 2 1.3.1 供应链治理机制相关研究

对现有研究文献回顾，供应链治理机制的研究主要集中在声誉、信任、协调以及激励等非正式治理机制。李维安等（2016）① 从概念、内涵与规范性三个方面研究供应链治理理论，在研究供应链治理机制方面，根据不同的作用目标将其划分为利益分享机制和关系协调机制两大类。利益分享机制通常是比较明晰的契约机制，关系协调机制主要包括声誉机制、信任机制、关系机制以及信息共享机制。

供应链治理过程中信任与声誉是学者们重点讨论的非正式治理机制。杰普和加内森（Jap and Ganesan，2000）② 在研究供应商和零售商关系时指出，当供应商处于权势的一方，零售商提出三种控制机制：要求供应商的专用性投入、关系规范以及合同协定。同时在关系发展的不同阶段，零售商应强调不同的控制机制。乔希和坎贝尔（Joshi and Campbell，2003）③ 从权变角度出发，在学习理论基础上，提出环境动态性对供应链中制造商（下游）与供应商（上游）之间关系治理的影响框架。实证研究得出结论：当制造商的协同信心和供应商的知识水平程度较高时，环境动态性对关系治理产生正面影响；反之，当这两个条件的程度较低时，环境动态性则对关系治理产生负面影响。杨静（2006）④ 以"信任"作为研究的切入点，从企业视角分别从供应商和企业自身特征出发探讨供应链内企业间信任的建立机制，并对供应链内企业间信任维度进行划分，进一步探讨不同的信任与合作之间的关系、信任与合作的演化路径以及信任与合作最佳匹配类型。高希和费多洛维茨（Ghosh and Fedorowicz，2008）⑤ 研

① 李维安，李勇建，石丹. 供应链治理理论研究：概念、内涵与规范性分析框架 [J]. 南开管理评论，2016，19（1）：4—15+42.

② Jap S D，Ganesa S. Control mechanisms and the relationship life cycle：Implications for safe guarding specific investments and developing commitment [J]. Journal of Marketing Research，2000，37（2），227—245.

③ Joshi A W，Campbell A J. Effect of environmental dynamism on relational governance in manufacturer-supplier relationships：A contingency framework and an empirical test [J]. Academy of Marketing Science Journal，2003，31（2）：176—188.

④ 杨静. 供应链内企业间信任的产生机制及其对合作的影响 [D]. 杭州：浙江大学，2006.

⑤ Ghosh A，Fedorowicz J. The role of trust in supply chain governance [J]. Business Process Management Journal，2008，14（4）：453—470.

究治理机制在供应链成员之间信息共享的作用和框架，深层次探讨信任治理机制在供应链中信息共享的作用，并运用美国零售分销行业的案例，研究治理机制在供应链中的运行以及其协同作用。殷䓖和赵嵩正（2009）[①]等对供应链协作信任在供应链协作关系发展过程中的变化、发展进行研究，指出影响供应链协作信任的关键因素，并分析动态过程中各因素对供应链协作信任所实施的动态差异性影响。王玲（2010）[②]从完全信息条件下的无限次重复博弈、不完全信息条件下基于 KMRW 声誉模型的有限多次博弈以及不对称信息条件下基于单方决策模型的博弈，分析供应链成员信任的产生机理与影响因素，提出基于制度、善意与威慑共同治理的供应链成员信任机制。

协调机制是供应链重要的治理机制之一。马伦（Malone，1987）[③]认为，协调就是一组成员之间执行任务达到目标的过程中的决策和通讯的模式。陈志祥（2000）[④]提出供应链管理模式下的基于协调机制的三层企业集成模式：宏观集成、中观集成和微观集成。在这三层集成过程中，分别有三级协调机制与之相对应：决策协调、信息协调和运作协调。西玛杜邦等（Simatupang et al.，2002）[⑤]提出供应链的协调就是联合供应链成员的一系列目标（行动、目的、决策、资金、知识等）使之达成供应链目标。罗曼诺（Romamo，2003）[⑥]认为，协调是供应链合作伙伴之间的决策、通信和交互的模式，可以帮助计划、控制和调整供应链中所涉及的物流、零部件、服务、信心、资金、人员和方法之间的交流，并且支持供应链网络中关键的经营过程。庄品（2004）[⑦]将供应链协调机制分为宏观和微观两个层次：宏观层次上，主要是指供应商、制造商和销售商企业之间

① 殷䓖，赵嵩正，等. 动态供应链协作信任机制研究［M］. 西安：西北工业大学出版社，2009.

② 王玲. 基于博弈论的供应链信任产生机理与治理机制［J］. 软科学，2010，24（2）：56—59.

③ Malone T W. Modeling coordination in organization and markets［J］. Management Science，1987，33（10）：1317—1332.

④ 陈志祥. 供应链管理模式下的生产计划于控制研究［D］. 武汉：华中科技大学，2000.

⑤ Simatupang T M，Wright A C，Sridharan R. The knowledge of coordination for supply chain integration［J］. Business Process Management，2002，8（3）：289—300.

⑥ Romano P. Coordination and integration mechanisms to manage logistics processes across supply networks［J］. Journal of Purchasing & Supply Management，2003，9（3）：119—134.

⑦ 庄品. 供应链协调控制机制研究［D］. 南京：南京航空航天大学，2004.

的协调，从整体上提高供应链的绩效；微观层次上，主要是指供应商、制造商和销售商企业内部各部门之间各项活动的协调。

为了解决供应链上各节点企业的逆向选择和道德风险等复杂问题，供应链上的企业和组织之间需要一种有效的激励机制。黄再胜（2003）① 认为，激励机制包括显性激励和隐性激励。马士华等（2005）② 主要从价格激励、信息激励、商誉激励、订单激励、淘汰激励、共同开发新产品与技术和组织激励等方面对供应链企业的激励机制进行讨论。李勇等（2005）③ 提出供应链质量管理激励应从显性激励和隐性激励两个方面展开，质量担保合同作为一种显性激励机制，可以有效地约束供应商的行为，但产生负激励作用；声誉作为一种隐性激励机制，可以使供应商获取长期利益，却对供应商的行为产生正激励作用。

### 2.1.3.2 联盟治理机制相关研究

联盟治理机制的研究主要集中在非正式治理机制，包括协调、激励以及信任机制。孙肖南和钟书华（2001）④ 从企业技术联盟失衡与冲突的角度出发，分析失衡与冲突发生的原因，对企业技术联盟的冲突进行监测与评估，并构建了一个动态监控模型，指出协调能够帮助企业技术联盟控制与化解冲突，以此构建企业技术联盟的协调机制。

波普和曾格（Poppo and Zenger，2002）⑤ 指出联盟中的交易风险需要复杂的合同来规避，而基于信任的关系治理机制往往被看作组织间复杂合同的替代，通过对信息服务业的实证研究结果表明关系治理机制可以替代复杂的合同机制提高联盟交易绩效。

张青山和游明忠（2003）⑥ 针对企业动态联盟实践中遇到的协调困难

---

① 黄再胜. 国有企业隐性激励"双重缺位"问题探析 [J]. 经济经纬，2004 (6)：88—91.

② 马士华，林勇，陈志祥. 供应链管理 [M]. 北京：中国人民大学出版社，2005.

③ 李勇，张昱，杨秀苔，等. 供应链中制造商－供应商合作研发博弈模型 [J]. 系统工程学报，2005，20 (1)：12—18.

④ 孙肖南，钟书华. 构建我国企业技术联盟的协调机制 [J]. 软科学，2001，15 (4)：83—87.

⑤ Poppo L，Zenger T. Do formal contracts and relational governance function as substitutes or complements? [J]. Strategic Management Journal，2002，23 (8)：707—725.

⑥ 张青山，游明忠. 企业动态联盟的协调机制 [J]. 中国管理科学，2003，11 (2)：97—101.

及由此导致的风险问题，提出三种形态企业动态联盟的协调机制，即目标机制、信任机制以及群体协商机制，并给出一些具体的协调方法，以期为企业动态联盟管理实践提供参考。

王昌林和蒲勇健（2005）[①] 指出，技术联盟的治理是建立在联盟成员共同享有联盟控制权的基础上，以成员能力为基础的知识性资本合作关系，技术联盟治理机制由协商机制、声誉机制和信任机制构成，并对这些机制的运行机理进行较深入分析。

吴文华（2008）[②] 提出高技术企业技术标准联盟治理的基本框架，构建由宏观层面的行为规范和微观层面的运行规则所构成的内部治理机制体系。宏观机制包括信任、声誉、联合制裁与宏观文化，微观机制包括谈判协商、利益转移、知识共享与信息披露机制等。

黄玉杰（2009）[③] 认为，联盟治理的关键在于设计一套使得联盟各方的责、权、利之间达成平衡的正式或者非正式利益协调机制。其中，正式的联盟治理机制包括签订详尽的法律契约条款、专用资产投资、与交易属性匹配的联盟治理结构；而典型的非正式联盟治理机制包括信任和声誉，以社会关系规范为基础，以弥补正式联盟治理机制的不足。

柴国荣等（2008）[④] 从评价大型 R & D 项目进度优化的角度出发，分析大型 R & D 项目进度的影响因素，从进度优化角度提出基于进度控制、利益与风险管理和资源共享的大型 R & D 项目动态联盟协调机制。

丁晶晶（2010）[⑤] 认为，激励机制是保障高新产业技术联盟运行的重要机制，主要包含两个层次：对联盟参与主体和联盟中人才的激励。联盟参与主体的激励包括产权激励、市场激励、政府激励和自我激励，联盟人才的激励包括物质激励和精神激励。对于联盟参与主体的激励主要通过对企业、高校和科研机构及金融中介机构的激励机制优化来实现。

① 王昌林，蒲勇健. 企业技术联盟治理机制 [J]. 重庆大学学报（自然科学版），2005，28（2）：151-154.

② 吴文华. 高技术企业技术标准联盟治理研究 [D]. 长沙：湖南大学，2008.

③ 黄玉杰. 战略联盟中的非正式治理机制：信任和声誉 [J]. 河北经贸大学学报，2009（4）：35-41.

④ 柴国荣，洪兆富，亓文国. 基于进度优化的大型 R & D 项目动态联盟协调机制研究 [J]. 科学学与科学技术管理，2008，29（6）：5-8

⑤ 丁晶晶. 高新技术产业技术联盟的运行机制研究 [D]. 哈尔滨：哈尔滨工业大学，2010.

李煜华等（2011）① 通过对技术创新联盟内企业间的博弈分析，阐释复杂产品技术创新联盟中信任机制的形成机理，构建建立外部作用约束下的复杂产品技术创新联盟企业之间的信任机制博弈模型，提出建立联盟信任关系的对策。

毕静煜等（2018）② 研究了联盟中不同治理机制对知识获取的影响，揭示了不同治理机制对知识获取的影响，通过实证研究发现关系治理和契约治理在企业合作伙伴选择性越强时替代效应越强。

### 2.1.3.3 产业集群治理机制相关研究

产业集群中的企业在空间上具有集聚性，而且大多拥有相似的文化背景，组织中管理人员间存在不同的社会关系，这种特殊性使得集群内的企业间建立信任关系具有其他一般企业具有不可比拟的优势。王倩（2019）③ 基于 CiteSpace 知识图谱的分析方法，研究了国内外产业集群治理的研究热点与前言解析，通过数据分析发现，产业集群机制是集群治理的核心，国内学者主要从契约关系出发，将治理机制划分为激励机制和约束机制两大类。而国外学者在研究过程中更倾向于从关系的角度探讨集群治理机制问题。

在集群成长发展的过程中，企业间的信任与合作成为集群经济整体提高的重要因素。汉弗莱和施密茨（Humphrey and Schmitz，2002）④ 认为随着集群逐渐成熟，信任对集群成长起着至关重要的作用，在地区间差异化程度不断提高以及外来企业进入的情况下，信任对于集群的重要作用不减反增。

徐涛（2008）⑤ 认为，信任文化和声誉机制是高技术产业集群非正式

---

① 李煜华，柳朝，胡瑶瑛. 基于博弈论的复杂产品系统技术创新联盟信任机制分析 [J]. 科技进步与对策，2011，28（7）：5—8.

② 毕静煜，谢恩，梁杰. 联盟控制机制与知识获取：伙伴选择的调节作用 [J]. 科技进步与对策，2018，35（3）：123—131.

③ 王倩. 国内外产业集群治理的研究热点与前沿解析——基于 CiteSpace 知识图谱的分析 [J]. 重庆工商大学学报（社会科学版），2019，36（4）：78—89.

④ Humphrey J，Schmitz H. How does insertion in global value chains affect upgrading in industrial clusters? [J]. Regional Studies，2002，36（9）：1017—1027.

⑤ 徐涛. 高技术产业集群非正式网络治理机制研究 [J]. 中南财经政法大学学报. 2008（4）：32—36＋143.

网络治理机制的重要内容，高技术产业集群的信任体系结构包含实践知识、理性计算、身份认同、制度及伦理道德等五个层次。建立高绩效网络最重要的要求是信任或社会认同。信任机制可以降低交易成本，更可以促进高技术企业之间的合作创新。高技术产业集群以知识共享和协作为特征的网络具有开放性，声誉机制扩散效应更为明显，高技术产业集群声誉机制的重要含义在于扩大交易范围，为技术创新提供更多的资源选择，使潜在交易对象可以为演变为现实的可利用资源。

在研究集群治理机制时，有些学者则希望能够建立集群整体治理机制的分析框架，而不仅仅侧重于信任以及声誉等非正式治理机制。兰根（Langen，2004）[①] 认为，产业集群治理机制是关于集群的组织管理、规章制度、激励和约束、决策权和利益分配、与外界交流、合作和谈判等的全部法律、机构、制度和文化的安排，而这些是集群治理的核心。

张聪群（2008）[②] 把集群治理机制分为社会机制和激励约束机制，其中社会机制包括信任、声誉、宏观文化和联合制裁。

黄喜忠和杨建梅（2006）[③] 从产品与信息、关系和推动力三个维度构建集群治理机制体系。

从对集群治理有明显影响的因素这一角度，廖园园（2011）[④] 通过对集群治理相关文献的综述，发现非正式治理机制是目前集群研究的主要内容，并具体分析网络治理机制对集群交易的协调机理，主要关注最具有代表性的四种非正式治理机制——信任、声誉、集体惩罚和宏观文化。

薛晓梅和孙锐（2012）[⑤] 基于知识活动过程的微观视角、从知识特性、知识活动主体和知识活动环境三个方面探讨创新集群知识治理机制选择的影响因素。他们发现，知识特点与集群内、外部环境共同影响着知识活动主体的合作动机和知识能力，进而影响创新集群内知识活动过程，从而影响集群知识治理机制的选择和作用过程。

---

① Langen P. D. Governance in seaport clusters [J]. Maritime Economics & Logistics，2004，6（2）：141－156.

② 张聪群. 产业集群治理的逻辑与机制 [J]. 经济地理，2008，28（3）：388－392.

③ 黄喜忠，杨建梅. 集群治理的一般性研究 [J]. 科技管理研究，2006，26（10）：51－54.

④ 廖园园. 集群治理机制论 [D]. 杭州：浙江大学，2011.

⑤ 薛晓梅，孙锐. 创新集群知识治理机制选择的影响因素分析 [J]. 科技管理研究，2012，32（8）：194－197.

### 2.1.3.4 虚拟企业治理机制相关研究

在研究虚拟企业的非正式治理机制时，学者们主要是为了解决两个问题：一是实现知识的共享和转移，二是更好地实现利益分配和解决相关冲突。因此，信任、协调和激励机制是讨论的重点。

布拉德和锡尔卡（Brad and Sirkka，2000）[①] 研究发现，虚拟企业治理环境下系统整体初始信任相对较高，而随着时间的推移信任有递减趋势，这一点与信任随时间发展而程度加深的观点相反，这也表现出虚拟企业信任的变化特点。

张喜征（2004）[②] 根据信任的决策、协调、约束和简化的功能，认为信任机制是虚拟企业的理想治理工具，构建多层次的虚拟企业信任治理结构体系，并针对虚拟企业治理难题提出基于信任的治理机制的概念模型，该模型从理论和实际运作上基本实现虚拟企业的治理任务。

戴勇（2008）[③] 则从虚拟企业联盟成员信息协调行为角度出发，提出一个通过让成员企业参与利润分配的激励方案，来解决核心企业与成员企业间在信息协调行为中的委托代理问题，从而有效降低代理成本，保证利润分配的合理。

方凌云（2008）[④] 认为，协调机制是虚拟企业网络治理机制的重要环节，是虚拟企业网络治理的内生机制，并以此构建虚拟企业网络治理模型。模型中包括各成员企业代表的虚拟企业董事会是由协调指挥委员会、财务审计委员会和提名委员会组成，能够实现虚拟企业成员的有效沟通，各成员的利益得到最大程度的满足，同时根据虚拟企业的运营需要而进行适当调整。

杨波、徐升华（2010）[⑤] 从知识转移和共享视角探讨虚拟企业激励治理机制，研究发现：在虚拟企业中，盟主企业对盟员企业知识转移的激励行为，

① Brad C, Sirkka I J. Trust over time in global virtual teams [C]. The Organization Communication & Information Systems Division of the Academy of Management Meeting, Toronto, Canada, August 8, 2000 [C]. New York: Springer, 2000.

② 张喜征. 虚拟企业治理机制研究 [J]. 湖南大学学报，2004（18）：70—75.

③ 戴勇. 虚拟企业联盟成员信息协调行为的激励研究 [J]. 软科学，2008（4）：118—121.

④ 方凌云. 虚拟企业的经营与管理 [M]. 武汉：华中科技大学出版社，2008：116.

⑤ 杨波，徐升华. 虚拟企业知识转移激励机理的演化博弈分析 [J]. 情报理论与实践，2010（7）：50—54.

能够适当降低盟员企业知识转移的风险和成本，提高整个虚拟企业的知识收益。因此，依据演化博弈理论及虚拟企业知识转移基本理论，建立虚拟企业知识转移激励行为的演化博弈模型，对盟主企业的知识转移激励行为与盟员企业间知识转移进行演化博弈分析，得出盟主企业在针对盟员企业知识转移行为时采取的策略，将有助于虚拟企业知识转移激励机制的建立这一结论。

### 2.1.3.5 网络组织治理机制相关研究

网络治理机制的本质是"协调机制"，正如市场治理的机制是"价格机制"，层级组织治理机制是"命令机制"一样。

琼斯等（Jones et al.，1997）[①] 拓展了交易费用经济学理论，在引入四重维度，即需求、不确定性、人力资产专用性、任务复杂性基础上，以结构嵌入（进入限制、宏观文化、集体制裁、声誉）作为网络治理的社会机制，以协调与维护作为治理目标，建立网络治理的理论结构。

瓦兰和哈克珊（Vaaland and Hakansson，2001）[②] 认为，网络治理机制以存在社会相互作用为前提和基础，冲突和摩擦是合作过程中一个不可或缺的构成内容。在研究复杂项目组织间冲突时，提出网络治理机制是以社会互动（Social Interaction）为基础，这一观点开辟了一个新的研究角度。

彭正银（2002）[③] 提出，网络治理机制是由互动机制与整合机制构成，前者是内生的而后者是外生的，两者具有动态性，在不断变化的环境中寻求阶段性均衡，并在信息、资源、文化、信任、利益与风险等多层面上发挥作用。

芮鸿程（2002）[④] 研究联盟型网络组织的形成动因与运作机制，指出除契约之外，网络组织的联结与运作机制还要靠声誉与信用保证其运行。

孙国强（2005）[⑤] 对网络组织治理进行了一系列研究，认为网络组织治理机制是保证网络组织有序运作、对合作伙伴的行为起到制约与调节作

① Jones C，Hesterly W S，Borgatti S P. A general theory of network governance：Exchange conditions and social mechanisms [J]. Academy of Management Review，1997，22 (4)：911-945.

② Vaaland T I，Håkansson H. Exploring interorganizational conflict in complex projects [J]. Industrial Marketing Management，2001，32 (2)：127-138.

③ 彭正银. 网络治理理论探析 [J]. 中国软科学，2002 (3)：50-54.

④ 芮鸿程. 联盟型网络组织的动因与运作规则探析 [J]. 财经科学，2002 (2)：54-58.

⑤ 孙国强. 网络组织治理机制论 [M]. 北京：中国科学技术出版社，2005.

用的非正式的宏观行为规范与微观运行规则的综合，反映网络组织运行过程的内部环境与内在机理。其中，对"非正式治理机制"进行界定，使网络机制与传统的科层组织中正式机制区别开来，即它不是依靠权威、命令、法律、合约等官僚结构与合法契约来规范行为，而是依靠信任、承诺、沟通、纽带等社会系统来维系关系。主要包括信任、声誉、学习创新、激励约束、联合制裁、利益分配、宏观文化、决策协调，并通过模糊聚类将其分为宏观行为规范和微观运行规则。

李维安和周建（2005）[①] 指出，网络治理有其特有的关系属性。当这种关系影响到经济主体的决策行为时，它就是某种制度的体现。网络治理机制的研究，实际上是设计新的制度并适应以往合理的制度，前者一般和构建正式的基于法律法规的制度安排相关，而后者则与作为非正式制度安排的文化方面的因素相关，例如习俗、伦理道德和价值观等。

张宝贵（2007）[②] 认为，包括限制性进入、共同文化、信任与声誉在内的隐含契约治理机制具有综合的作用，是网络组织的主导治理机制。

徐涛（2008）[③] 从网络组织的运行机制及规制层面进行考察，认为高技术产业集群是一个包含制度因素在内的经济协作系统，这种制度因素还可以进一步细分为正式制度和非正式制度。正式制度包括地方政府的公共政策规制与协调机制、社会中介组织尤其是行业协会的协调维护机制，非正式制度主要包括创新文化与合作信任，并认为信任文化和声誉机制是经济产业集群非正式网络治理机制的重要内容。

福斯等（Foss et al.，2010）[④] 对网络组织中知识共享的研究进行回顾，发现在多种治理方式中，正式治理机制对知识共享影响方面的研究成果已经比较多，而现在学者们更多的是关注非正式治理机制和正式治理机制相互作用对知识共享的影响。

---

① 李维安，周建. 网络治理：内涵，结构，机制与价值创造 [J]. 天津社会科学，2005 (5)：59-63.

② 张宝贵. 企业间网络组织的契约特征及治理机制 [J]. 科技管理研究，2007，26 (11)：77-79.

③ 徐涛. 高技术产业集群非正式网络治理机制研究 [J]. 中南财经政法大学学报，2008 (4)：32-36+143.

④ Foss N J, Husted K, Michailova S. Governing knowledge sharing in organizations: Levels of analysis, governance mechanisms, and research directions [J]. Journal of Management Studies, 2010, 47 (3)：455-482.

### 2.1.3.6　跨组织联合体治理机制文献评述

综上所述，治理机制是跨组织合作治理问题核心的内容，研究方向主要集中在不同形式的跨组织合作中存在哪些治理机制、不同治理机制如何产生治理作用以及对治理绩效的影响。其主要存在以下特征和问题：

第一，学者们在研究跨组织合作治理机制时，信任、声誉、协调、激励、联合制裁（惩罚）、宏观文化和约束（限制进入）等非正式治理机制是关注重点。

第二，跨组织合作治理机制的研究主要分为两类：一类主要是定性分析，探讨治理机制的内涵、特征、内容以及绩效，并构建相应的理论框架体系；另一类则侧重于定量研究，将治理机制应用于跨组织合作实践，通过定量分析检验治理机制是否能有效地解决跨组织合作中出现的难题。

第三，现有的关于跨组织非正式治理机制研究中，组织成员之间的信任机制成为众多学者关注的焦点，研究者们尤其对信任机制的内涵、类型、产生背景、作用以及相应的保障机制进行了广泛的研究，但缺乏从深层次探讨跨组织合作成员之间的关系以及对知识流动的影响的研究。

## 2.2　国内外关系治理研究现状

从 20 世纪 90 年代开始，为更好地治理跨组织合作关系，适应经济快速发展的需要，关系治理已经被众多学者应用到社会学、经济学、管理学等诸多领域①。国外对关系治理的研究主要集中于组织之间和家族企业管理，而国内对于关系治理的研究也逐渐兴盛起来，从研究家族企业内部关系治理逐渐向跨组织合作关系治理研究发展。本书研究的是知识链的关系治理相关问题，因而主要侧重对组织间关系治理相关文献进行综述。

### 2.2.1　关系治理内涵

关系治理（Relational Governance）概念来自美国法学家麦克奈尔

---

① Jones C，Hesterly S W，Borgatti P S. A general theory of network governance： Exchange conditions and social mechanisms [J]. Academy of Management Review，1997，24 (4)：911-945.

(Macneil，1980)① 的关系契约理论（Relational Governance Theory），他从研究社会生活中人与人之间交换关系的特点出发，分析不同缔约方式，认识到合约的不完全性和签约方的特征在关系合约中的意义，认为每项交易都是嵌入在复杂的关系中的。这一理论引起人们广泛关注，并被越来越多地用于研究企业间关系。

扎比尔和文卡特拉曼（Zabeer and Venkatraman，1995)② 认为，关系治理是不同于市场和科层治理的一种管理模式，包含企业间交易关系的结构和过程两种属性，是一种非正式交易治理机制。波普等（Poppo et al.，2008)③ 提出，关系治理是一种能够通过双边互动的方式自动完成内容不完备的甚至含糊的合约的治理方式，通过较少的监督和讨价还价就可以提高交易绩效。

由以上分析可见，国外对于关系治理的研究强调借助于合约双方的社会关系弥补正式规则条款的缺失，或是对其做弹性调适，从而既尊重合约方的意愿，又能保证合作行为的持续。这些研究中，对关系治理的理解更多为"协调机制"及信息与资源的共享。

国内关于关系治理没有统一的界定，邓娇娇等（2015)① 在对公共项目关系治理研究中对关系治理内涵以及内容结构进行了文献回顾，发现关系治理主要强调的是协调机制的本质，通过采用区别于正式制度的方法实现治理交易目的。

不同学者在研究中从不同角度提出以下观点。一方面，认为关系治理是中国家族企业的治理特色，是中国文化的产物，主要代表学者是杨光

---

① Macneil I R. Power，contract，and the economic mode [J]. Journal of Economic Issues，1980 (14)：902-923.

② Zabeer A，Venkatraman N. Relational governance as an Interorganizational strategy：An empirical test of the role of trustin economic exchange [J]. Strategic Management Journal，1995 (16)：373-392.

③ Poppo L，Zhou，K Z Zenger，T R. Examining the conditional limits of relational governance：Specialized assets，performance ambiguity，and long-standing ties [J]. Journal of Management Studies，2008，45 (7)：1195-1216.

④ 邓娇娇，严玲，吴绍艳. 中国情境下公共项目关系治理的研究：内涵、结构与量表 [J]. 管理评论，2015，27 (8)：213-222.

飞、胡军等。杨光飞（2007，2009）[1][2] 认为，关系治理是以中国传统文化为底蕴的企业内部治理行为，是华人家族企业显著区别于其他国家家族企业及其他类型企业的典型特征，表现为华人企业内部更加重视"关系"，其内部管理运作不是根植于明确的规章制度及合理完善的机制，而是凭靠企业所有者和管理者与企业其他内部成员之间存在的"关系"为依据。另一方面，以李维安、孙国强、彭正银、罗珉等为代表的学者则将关系治理看作组织间合作中的非正式治理制度。李维安（2003）[3] 认为，关系治理是正式或非正式的组织和个体通过经济合约的联结与社会关系的嵌入所构成的，以企业间的制度安排为核心的参与者间的关系安排。孙国强（2001）[4] 认为，关系治理是对合作伙伴的行为起到制约与调节作用的非正式的宏观行为规范与微观运行规则的综合。彭正银（2002）[5] 将关系治理机制归结为动力机制和整合机制，它们在信息、资源、文化、信任、利益与风险等层次上发挥着重要的作用。罗珉等（2006）[6] 提出，组织间关系治理就是处理组织间各结点关系，解决各结点企业在专业分工与协作需求之间的各种矛盾，实现组织间关系整体控制、协作与沟通的制度性规则。

综上所述，国内外关于关系治理的研究大多将关系治理理解为"协调机制"及信息与资源的共享，强调借助于合约双方的社会关系来弥补正式规则条款的缺失，或对其做弹性调适，从而既尊重了合约方的意愿，又能保证合作行为的持续。

## 2.2.2 关系治理的影响因素

很多学者从不同理论视角提出了组织间关系治理的各种影响因素（主

---

① 杨光飞. 从"关系合约"到"制度化合作"：民间商会内部合作机制的演进路径——以温州商会为例 [J]. 中国行政管理，2007（8）：37—40.

② 杨光飞. 关系治理：华人家族企业内部治理的新假设 [J]. 经济问题探索，2009（9）：81—85.

③ 李维安. 网络组织：组织发展新趋势 [M]. 北京：经济科学出版社，2003.

④ 孙国强. 网络组织的内涵、特征与构成要素 [J]. 南开管理评论，2001，4（4）：38—40.

⑤ 彭正银. 网络治理理论探析 [J]. 中国软科学，2002（3）：50—54.

⑥ 罗珉，何长见. 组织间关系：界面规则与治理机制 [J]. 中国工业经济，2006（5）：87—95.

要包括外部环境因素、社会因素、经济因素和心理因素）及其治理策略（如表 2.1 所示）。

表 2.1　影响组织间关系治理的关键因素

| 提出者及时间 | 研究视角 | 影响因素 |
| --- | --- | --- |
| 兰贝等（Lambe et al.，2000）① | 关系交易 | 合作期望时间、风险（机会主义，威胁）、信任、相互依赖性、关系规范 |
| 克拉洛等（Claro et al.，2003）② | 交易成本、营销渠道、商业网络 | 人力资源专用性投入、资产专用性投入、组织间信任、人际信任、商业交互时间长度、环境不确定性、网络强度等 |
| 乔希和坎贝尔（Joshi and Cambell，2003）③ | 交易成本、权变视角、学习理论 | 环境动态性、技术不确定性、学习能力（合作者的协同信心和知识水平）、专用性投入 |
| 罗纳德等（Ronald et al.，2005）④ | 社会关系、关系合同 | 伙伴亲密性 |
| 赖等（Lai et al.，2012）⑤ | 社会交换、交易成本理论 | 环境的不确定性、信任水平、机会主义 |
| 瓦伦伯格和沙夫勒（Wallenburg and Schäffler，2014）⑥ | 社会契约 | 机会主义、关系的依赖程度，正式治理机制 |

① Lambe C J, Robert E S, Shelby D H. Interimistic relational exchange: Conceptualization and propositional development [J]. Journal of the Academy of Marketing Science, 2000, 28 (2): 212-225.

② Claro D P, Hagelaar G, Omta O. The determinants of relational governance and performance: How to manage business relationships? [J]. Industrial Marketing Management, 2003 (32): 703-716.

③ Joshi A W, Campbell A J. Effect of environmental dynamism on relational governance in manufacturer-supplier relationships: A contingency framework and an empirical test [J]. Academy of Marketing Science Journal, 2003, 31 (2): 176-188.

④ Ronald J F, Michele P, Jasmin B. Contractual governance, relational governance, and the performance of inter firm service exchanges: The influence of boundary-spanner closeness [J]. Journal of the Academy of Marketing Science, 2005, 33 (2): 217-234.

⑤ Lai F, Tian Y, Huo B. Relational governance and opportunism in logistics outsourcing relationships: Empirical evidence from China [J]. International Journal of Production Research, 2012, 50 (9): 2501-2514.

⑥ Wallenburg C M, Schäffler T. The interplay of relational governance and formal control in horizontal alliances: A social contract perspective [J]. Journal of Supply Chain Management, 2014, 50 (2): 41-58.

### 2.2.2.1 外部环境因素

外部环境的不确定等因素导致关系型治理的产生。其中，不确定主要指环境的不稳定性或动态性等交易风险，也有研究将网络密集度包含进去，从信息获取对称角度考虑网络时代的社会背景。环境的不稳定性来源于市场的易变性以及多样性导致的环境不确定性[①]。

### 2.2.2.2 社会因素

影响关系治理的组织间因素主要是双方的社会关系结构因素，如信任、依赖性、沟通以及关系的社会化程度等。信任本身是一个复杂的理论概念，也是一种关系治理机制，私人信任与组织间信任会影响联合解决问题的程度。在跨组织交易中存在依赖的一方具有恢复依赖平衡的强大动力，以降低其易受伤害的程度并防止潜在机会主义的产生，而有效地平衡依赖机制，这就是关系治理。沟通作为验证与判断规范性行为并采取必要措施以解决不可预见的问题和冲突的核心机制，组织间涉及任务和计划信息的沟通会导致双边承诺机制的产生，而私人建立的社会沟通会加强个人纽带和联系，将合作双方联结到一起。

### 2.2.2.3 经济因素

专有资产投入是关系契约产生的根本原因。交易专有资产是指一个企业针对另一特定交易伙伴所进行的设备、程序、培训或者关系方面的投资。渠道中交易双方专有资产的投入，会通过改变企业的自身激励结构（实现自身的利益）以实现双方关系的稳定，从而导致交易中关系型治理机制的运用。

### 2.2.2.4 心理因素

戴斯和邓（Das and Teng，2001）[②] 指出了战略联盟中的两种风险：关系风险和绩效风险。据此，关系的设计和结构都来源于关系风险感知。

---

① Klein W R, Hillebrand B, Nootehoom B. Trust, contract and relationship development [J]. Organization Studies, 2005, 26 (6): 813−840.

② Das T K, Teng B. Trust, control and risk in strategic alliances: An integrated framework [J]. Organization Studies, 2001, 22 (2): 251−283.

关系风险作为没有对关系进行承诺的概念，强调企业联盟中的合作伙伴未能共同努力所带来的可能性结果并产生对承诺的不确定性。

## 2.2.3　关系治理的维度

现有研究对关系治理维度的划分主要是基于对关系细分后的三个构成部分：关系状态、关系行为和关系规范。关系状态是指组织间关系的基础或质量，如亲近程度或互动情况，多用于描述组织间关系质量和强度；关系行为是跨组织合作中组织成员发展、维持或利用合作关系的行为和努力；关系规范是指导跨组织合作关系行为的规则或准则。

### 2.2.3.1　关系状态角度

从关系状态角度对关系治理维度的解释主要包括关系质量和关系强度。关系质量是合作者之间基于交易成败的经历（包括满意与不满意的积累）而形成的一种关系状态，表现为交易双方对这一关系状态的总体评价或感知。

于飞等（2018）[①] 构建了"关系治理—集群创新网络—集群知识共享"的理论模型和分析框架，结合德阳制造产业 205 家企业数据，分析了关系治理下共同愿景、联合行动和资源依赖三个维度对集群知识共享的影响，探究了不同维度关系治理状态对知识共享的作用。

潘文安（2012）[②] 探讨了关系强度、知识整合能力与供应链知识转移之间的关系。研究结果显示：关系强度只对供应链协同性知识转移和外部整合能力存在着明显的正向影响，而对创新性知识和内部整合能力则不存在这种影响，透过知识外部整合能力，关系强度对供应链协同性转移的间接影响高于其直接影响，加强知识整合能力建设是企业利用伙伴关系提升供应链协同性知识转移效率的关键。

---

① 于飞，胡泽民，董亮. 关系治理与集群企业知识共享关系——集群创新网络的中介作用 [J]. 科技管理研究，2018，38（23）：150－160.

② 潘文安. 关系强度、知识整合能力与供应链知识效率转移研究 [J]. 科研管理，2012，33（1）：147－153＋160.

谢凤玲等（2011）[①] 认为，供应商与采购商之间的关系质量已经成为影响双方企业绩效的关键因素。他们针对目前供应商关系质量缺乏实时评价，特别是关系承诺研究匮乏的现状，根据现有关系承诺的相关研究成果，构建了关系质量维度中的动态的关系承诺模型。该模型采用综合评价方法中的组合集结评价模式，通过合理构造一系列随机数，进行模型的仿真实验，实验结果证明该模型有良好的可行性。

潘松挺和郑亚莉（2011）[②] 构建了网络关系强度对技术创新影响的概念模型。实证研究发现：创新网络关系强度的提高不利于突破性创新，但有利于渐进创新的提升，网络强弱关系是影响企业技术创新的重要因素。

徐亮（2010）[③] 从竞争性战略联盟形成、治理及绩效的视角，就竞争性战略联盟形成的行业条件、治理模式的关系资本因素以及参与竞争性战略联盟对公司技术创新绩效的影响等问题展开理论和经验分析。研究发现：随着竞争性战略联盟伙伴间关系的发展，联盟治理的内部化程度呈现递减趋势，逐渐由内部化、股权型联盟、契约型联盟向市场演变。

多施等（Dorsch et al.，1998）[④] 则通过对买方与卖方之间的差异化关系探讨，指出信任、承诺、机会主义、顾客导向为关系质量的维度。

库玛等（Kumar et al.，1995）[⑤] 根据关系成员发展长期关系的需求，提出了包含信任、承诺、对关系持续性的期望和对关系投资的意愿等在内的关系质量维度。

## 2.2.3.2 关系行为角度

关系治理强调组织双方通过沟通、进一步协商等解决存在的问题，或对未来的发展进行规划、预期。因此，关系治理机制更多是通过双方建立

---

① 谢凤玲，刘召爽，黄梯云. 供应商关系管理中关系质量的关系承诺模型 [J]. 系统管理学报，2011，20（4）：490－495.

② 潘松挺，郑亚莉. 网络关系强度与企业技术创新绩效——基于探索式学习和利用式学习的实证研究 [J]. 科学学研究，2011，29（11）：1736－1743.

③ 徐亮. 竞争性战略联盟的行业形成、关系治理及创新绩效研究 [D]. 重庆：重庆大学，2010.

④ Dorsch M J, Swanson S R, Kelly S W. The role of relationship quality in the stratification of vendors as perceived by customers [J]. Journal of the Academy of Marketing Science，1998，26（2）：128－142.

⑤ Kumar N, Scheer L K, Steenkamp J B. The effects of supplier fairness on vulnerable resellers [J]. Journal of Marketing Research，1995，32（2）：54－65.

的信任、承诺以及合作的意愿等，来共同维护与改进现有关系，共同致力于未来的发展。因此，关系型治理包括信任、承诺、合作、共同解决问题。

克拉洛等（Claro et al.，2003）① 将关系治理分为关系的联合行动，包括共同制订计划和共同解决问题。除了将信任作为关系型治理中关系规范或关系质量的二阶维度，许多研究直接将信任本身作为关系治理机制，尤其是善意的信任代表对另一方良好意愿的信心。

### 2.2.3.3　关系规范角度

关系规范内容包含社会过程和社会规范，所遵循的规范本质上是一种社会性的规范。

赖等（Lai et al.，2012）② 以中国的物流产业为背景，探讨关系规范和信任如何减轻组织之间合作的机会主义。研究发现：关系规范和信任能有效降低物流供应商的成本，并在高度不确定的环境中减少机会主义行为的发生。

杨和王（Yang and Wang，2011）③ 为了解决关系机制与关系治理有效性的差距，提出关系在商业运作中的三个方面：第一，关系三要素之间微妙的平衡［情（情绪或感觉）、理（互惠关系）和利（功利性利益）］；第二，关系是动态的，存在于个人与组织层面的互动关系；第三，关系更多强调是一个"圈子"。

## 2.3　关系治理对跨组织合作绩效的影响

关系治理是因，关系治理达到的效果和有效性程度是果，即本书所探

---

① Claro D P. Hagelaar G, Omta O. The determinants of relational governance and performance：How to manage business relationships［J］. Industrial Marketing Management，2003，32（8）：703—716.

② Lai F, Tian Y, Huo B. Relational governance and opportunism in logistics outsourcing relationships：Empirical evidence from China［J］. International Journal of Production Research，2012，50（9）：2501—2514.

③ Yang Z, Wang C L. Guanxi as a governance mechanism in business markets：Its characteristics，relevant theories，and future research directions［J］. Industrial Marketing Management，2011，40（4）：492—495.

讨的关系治理对绩效的影响。综观现有文献，关系治理对跨组织合作绩效的影响主要表现在三个方面：经济效应、竞争优势以及成员关系[①]。经济效应主要体现在关系治理对跨组织合作所获取的经济利益的影响，竞争优势主要体现在关系治理对跨组织合作创新以及知识转移的影响，社会效应主要体现在关系治理能够加强组织成员之间合作，提高信任程度。

## 2.3.1　经济效应角度

一方面，关系治理会促进效率以及满意度等绩效的提高[②③④⑤]。通过关系治理，关系双方都愿意分配更多资源到关系中，并且对这些资源能够产生回报具有信心。

冯华和李君翊（2019）[⑥] 研究供应链组织的绩效问题，建立组织间依赖和关系治理机制对供应链绩效产生的效果评估模型，探讨组织间依赖、治理机制与供应链绩效三者之间的作用关系，同时分析机会主义行为在组织间依赖与治理机制相互作用关系中的调节效应。

赵卫宏和孙茹（2017）[⑦] 基于中国第一批生态示范区数据，研究了实施制度环境压力下的关系治理战略时，企业间信任与协同关系对于企业机会主义的抑制，提高区域品牌化的绩效。

---

① 陈灿. 当前国外关系契约研究浅析 [J]. 外国经济与管理，2005，26（12）：10-14.

② Heide J B, Kumar A, Wathne K H. Concurrent sourcing, governance mechanisms, and performance outcomes in industrial value chains [J]. Strategic Management Journal, 2014, 35（8）：1164-1185.

③ Yeh Y P. The impact of relational governance on relational exchange performance: A case of the Taiwanese automobile industry [J]. Journal of Relationship Marketing, 2014, 13（2）：108-124.

④ Carey S, Lawson B, Krause D R. Social capital configuration, legal bonds and performance in buyer-supplier relationships [J]. Journal of Operations Management, 2011, 29（4）：277-288.

⑤ Mahapatra S K, Narasimhan R, Barbieri P. Strategic interdependence, governance effectiveness and supplier performance: A dyadic case study investigation and theory development [J]. Journal of Operations Management, 2010, 28（6）：537-552.

⑥ 冯华，李君翊. 组织间依赖和关系治理机制对绩效的效果评估——基于机会主义行为的调节作用 [J]. 南开管理评论，2019，22（3）：105-113.

⑦ 赵卫宏，孙茹. 制度环境、企业间关系治理与区域品牌化绩效——基于中国第一批生态经济示范区的实证研究 [J]. 宏观经济研究，2017（10）：127-136+191

张琦（2014）[①] 以长三角 194 家企业为例，探索不同产业相似度如何影响跨组织合作的关系治理以及对创新绩效的影响。实证研究发现：关系治理水平的提升对创新绩效的提升有正向影响；而且产业相似度越高，组织间信任程度越高，对提升关系治理水平作用就越强。

陈雨田（2012）[②] 着眼于价值网络，探讨主体组织与价值网络成员形成的横向和纵向两类不同的竞合关系以及治理问题，并构建关系治理绩效评估指标体系，来验证不同竞合关系对组织绩效的影响差异。

郑景丽（2012）[③] 将联盟的伙伴选择作为联盟形成前的关键治理机制，正式和关系治理一起作为联盟建立后的治理机制，并基于资源基础理论和交易成本理论，研究联盟不同阶段联盟企业的主要联盟能力与联盟治理的特定关系，厘清具体联盟活动中治理机制的选择与联盟绩效之间的关系，为联盟企业根据所处联盟阶段具有的主要联盟能力来选择恰当的联盟治理策略提供依据。

徐亮（2010）[④] 基于竞争性战略联盟伙伴间关系特征的角度，分析了竞争性战略联盟的治理模式和治理机制，并通过实证分析验证联盟伙伴间关系治理对联盟创新绩效的影响。分析得出，关系治理能够减少投机行为，提高专有交易资产投入。

吴绍波和顾新（2008）[⑤] 在研究知识链中组织间关系强度对其合作效率的影响时指出，关系强度对知识链组织之间的合作效率既可能有正效应，也可能产生负效应。一方面，知识链组织间过高的关系强度可能使企业因过高的资产专用性而失去自治，陷入一个封闭的关系网络之中，无法从外部及时地获得有价值的信息，进而导致企业的技术变迁受制于特定路径，从而降低创新效率；另一方面，关系强度过低会使合作双方的信任程度降低，而过低

---

① 张琦. 产业集群中企业间关系、关系治理与创新绩效：产业相似度的调节作用 [J]. 系统工程，2014（6）：78－84.

② 陈雨田. 价值网络中不同竞合结构下的关系治理模式及绩效研究 [D]. 上海：上海交通大学，2012.

③ 郑景丽. 知识保护、规则构建、关系维护与联盟治理的关系 [D]. 重庆：重庆大学，2012.

④ 徐亮. 竞争性战略联盟的行业形成、关系治理及创新绩效研究 [D]. 重庆：重庆大学，2010.

⑤ 吴绍波，顾新. 知识链组织之间合作的关系强度研究 [J]. 科学学与科学技术管理，2008，29（2）：113－118.

的互动频率难以实现隐性知识的共享，达不到企业间合作的理想目的。因此，企业必须适当地调节知识链组织间的关系强度才能提高合作效率。

克拉洛等（Claro et al.，2003）[①] 从交易、二元和商业环境三个层次出发，分析关系治理手段对治理绩效、业务增长率和自我满足度的影响，控制变量包括组织大小和交易程度，模型如图 2.1 所示。其中信任对关系治理影响最强，专用性投入程度对关系治理的影响也比较明显。

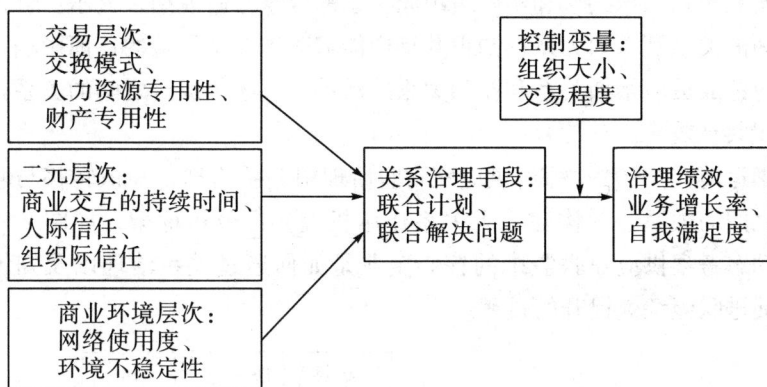

图 2.1　基于三层次的关系治理集成框架

## 2.3.2　竞争优势角度

相对于正式治理，关系治理能较好和更灵活地处理跨组织合作中组织成员之间的关系，提高组织间的信任程度，有助于促进合作组织之间知识流动、转移和溢出，提高组织的创新能力[②]。能够帮助参与跨组织合作的企业以及组织更好地适应全球经济的迅速发展，提高核心竞争能力。

胡国栋和罗章保（2017）[②] 针对中国本土网络组织的关系问题，基于信任机制以及独特的"中国式关系"，从自组织视角，构建本土网络组织的关系治理机制并对不正当竞争关系，从守"诚"、守"度"与守"和"

---

① Claro D P，Hagelaar G，Omta O. The determinants of relational governance and performance：How to manage business relationships？ [J]. Industrial Marketing Management，2003，32（8）：703－718.

② 胡国栋，罗章保. 中国本土网络组织的关系治理机制——基于自组织的视角 [J]. 中南财经政法大学学报，2017（4）：127－139.

三方面提出了对关系治理机制合理运用的建议。

周等（Zhou et al.，2014）[①] 研究了中国385个制造商和供应商的关系发现：买方和主要供应商在知识获取上呈倒U型的效果，倒U型关系越强，竞争越为激烈。研究结果表明：要想获得特定的知识，需要处理好供应商之间的关系，从而避免关系高度嵌入时竞争异常激烈。

陈（Cheng，2011）[②] 收集中国台湾地区436家绿色制造企业相关数据，研究影响知识共享和实施组织间关系的因素。研究结果显示：合作伙伴之间的关系利益和关系在知识共享中能够改善关系风险的负面影响，绿色供应链成员应增加关系利益和关系的活动，以改善成员之间的关系，提高知识共享效率。

李运河（2010）[③] 探讨供应商联盟治理中关系治理、知识转移与联盟绩效之间的关系，并构建三者关系作用机理实证分析框架，如图2.2所示。动态考察供应商联盟中的核心企业是如何通过关系治理以及知识转移、促进联盟绩效提升的过程。

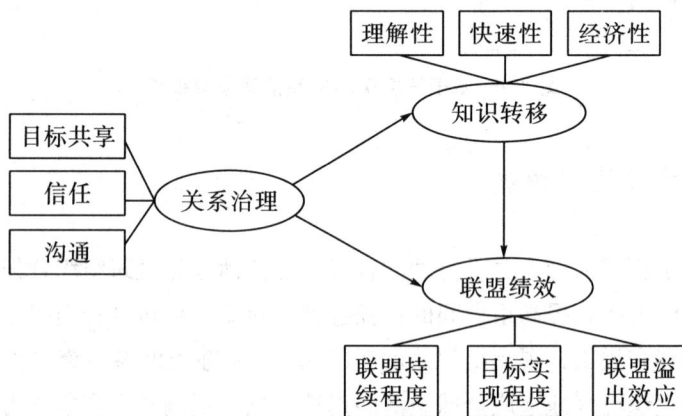

**图2.2　关系治理、知识转移与联盟绩效作用机制模型**

① Zhou K Z, Zhang Q, Sheng S, et al. Are relational ties always good for knowledge acquisition? Buyer-supplier exchanges in China [J]. Journal of Operations Management，2014，32 (3)：88—98.

② Cheng J H. Inter-organizational relationships and knowledge sharing in green supply chains-moderating by relational benefits and guanxi [J]. Logistics and Transportation Review，2011，47 (6)：837—849.

③ 李运河. 关系治理、知识转移与联盟绩效作用机制研究 [D]. 武汉：武汉大学，2010.

　　凯斯特和汉普森（Keast and Hampson，2007）[1] 基于一个组织间创新网络案例，考察了关系治理的形成与运作过程。研究发现：创新网络采用了混合治理模式，即同时采用科层治理、市场治理与关系治理，但是关系治理仍然是其中最主要的治理机制。

　　科莱迪等（Coletti et al.，2005）[2] 认为，有效的组织间管理控制机制能够提升组织间合作水平，加强交易主体间的相互信任，进而有助于提高交易主体未来的合作水平和竞争优势。

## 2.3.3　成员关系角度

　　从成员关系角度来看，关系型治理的结果是渠道成员的合作。由于关系终止成本太高，关系双方在目标不一致时可能会产生争论，但是仍然选择继续合作。信任承诺的结果增加合作，同时减少不确定性对合作的影响。关系治理能够提高企业之间信息透明程度，进而影响企业合作的柔性。在关系交换中肯定会存在不满意或者"冲突"，不满意产生的敌意与怨恨能够妥善解决时，称为功能性冲突，解决的机制称为"问题产生时存在解决方法的机制"。沟通和过去的合作行为导致对功能性冲突的感知，随着关系治理中信任的增加，双方更愿意对感知到的不满意进行协商和沟通，使得冲突的功能性增强。

　　基于社会资本理论，关系治理还会影响社会资本的发展。社会资本理论支持组织中的人和关系是获取竞争优势工具的说法。陈莉平和石嘉婧（2013）[3] 构建联盟企业间关系治理行为、信任与合作绩效三者的关系模型并提出相关假设（如图 2.3 所示），通过实证研究验证联盟企业间关系治理行为对合作绩效存在着不同程度的影响，并认为信任在两者关系之间起到了中介作用，并将合作绩效指标分为业绩指标和态度指标。

　　[1]　Keast R，Hampson K. Building constructive innovation networks：Role of relationship management [J]. Journal of Construction Engineering and Management，2007，133（5）：364－373.

　　[2]　Coletti A L，Sedatole K L，Towry K L. The effect of control systems on trust and cooperation in collaborative environments [J]. The Accounting Review，2005，80（2）：177－500.

　　[3]　陈莉平，石嘉婧. 联盟企业间关系治理行为对合作绩效影响的实证研究——以信任为中介变量 [J]. 软科学，2013（4）：54－60.

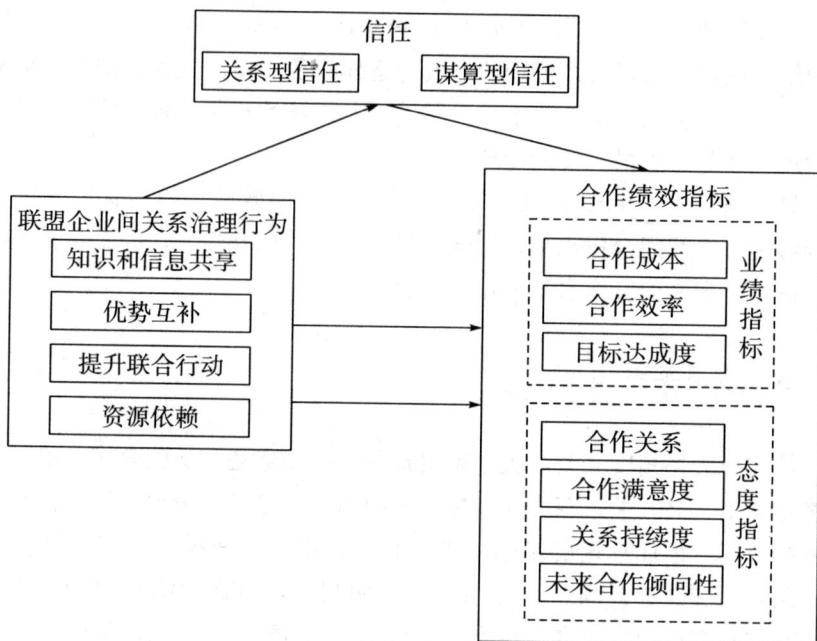

**图 2.3　联盟企业间关系治理、合作绩效和信任中介作用模型**

## 2.4　关系治理与正式治理的关系

关系治理研究中，不少学者讨论组织间关系治理与正式治理的关系，综合这类文献研究，可以将学者们的思想大致归为四种：一是互相补充，二是互相替代，三是互相损害，四是互补＋替代。

### 2.4.1　关系治理与正式契约的互补关系

许多学者认为正式契约与关系治理是互补关系。

郑传斌等（2017）[①] 从全生命周期的角度，以 PPP 项目为例，探讨了不同阶段关系治理和契约治理的相互匹配关系，为研究关系治理和契约治理关系提供了借鉴。

---

　　① 郑传斌，丰景春，鹿倩倩，等. 全生命周期视角下关系治理与契约治理导向匹配关系的实证研究——以 PPP 项目为例 [J]. 管理评论，2017，29（12）：258-268.

高孟立（2017）[①] 在研究企业间机会主义行为的过程中发现，契约治理与关系治理共同使用会更有利于抑制企业的机会主义行为，还会抑制合作创新中企业间机会主义行为的相互影响性。

陆等（Lu et al.，2015）[②] 基于交易成本经济学，使用来自中国建筑的项目数据，研究发现合同和关系治理能有效地提高项目绩效，但合同治理与关系治理是相互补充而不是替代的。合同治理能有效地提高性能，而关系治理能更好地制约机会主义。

阿仑兹和阿罗亚贝（Arranz and Arroyabe，2012）[③] 使用欧洲生物技术公司研发项目调查的数据，分析和探讨正式契约、关系治理和信任之间的关系，研究发现合同、关系治理和信任之间是互补的关系，但合同能够更有效地保障开发项目的运行，而关系治理和信任能大大提高项目运行中的效率。

杨等（Yang et al.，2011）[④] 从社会嵌入理论和强弱关系角度出发，通过对中国企业营销渠道实证研究发现，运用正式控制和信任对管理成员伙伴之间的关系强弱程度具有非常重要的作用。具体而言，正式控制和信任在成员关系较弱的情况下才会相辅相成，而在强关系下关系治理绩效较为突出。

谈毅和慕继丰（2008）[⑤] 认为，正式的合同治理与非正式的关系治理是互补的。研究表明：合同治理不仅不会阻止关系治理的发展或者成为关系性治理的替代者，相反，良好的、详尽的合同实际上会加固交易各方间长期的、合作性的信任关系；良好的合同缩小了与交易相关的风险范畴，

---

① 高孟立. 合作创新中机会主义行为的相互性及治理机制研究 [J]. 科学学研究，2017，35（9）：1422−1433.

② Lu P，Guo S，Qian L，et al. The effectiveness of contractual and relational governances in construction projects in China [J]. International Journal of Project Management，2015，33（1）：212−222.

③ Arranz N，Arroyabe J C. Effect of formal contracts，relational norms and trust on performance of joint research and development projects [J]. British Journal of Management，2012，23（4）：575−588.

④ Yang Z，Zhou C，Jiang L. When do formal control and trust matter? A context-based analysis of the effects on marketing channel relationships in China [J]. Industrial Marketing Management，2011，40（1）：86−96.

⑤ 谈毅，慕继丰. 论合同治理和关系治理的互补性与有效性 [J]. 公共管理学报，2008（3）：56−62＋124.

并降低其严重性，因而会鼓励和促进合作与信任关系的发展；良好的合同通过强化对有关交易的风险的惩罚来帮助关系发展，如道德风险的惩罚，有助于长期交易关系的发展；关系治理也有助于合作者间发展出有关处理不确定性的柔性规则和程序，当不可预见的事件发生后，有助于合作伙伴间的相互调适，从而维持双方的交易关系，并因此提高交易效率。

波普等（Poppo et al, 2008）[1] 通过实证研究证明了关系治理与正式契约之间的互补关系。他们发现正式治理与关系治理结合可以更有效地防范风险，带来更好的绩效。

梁永宽（2008）[2] 基于建设项目业主与承包商合作案例研究，得出结论：合同治理和关系治理共同作用，能够显著改善项目管理的绩效。

卡森等（Carson et al., 2006）[3] 研究也表明两种治理手段各有长短，他将环境不确定性区分为易变性（Volatilit）和模糊性（Ambiguit），发现关系治理应对易变性更有效，契约治理应对模糊性更有优势。

## 2.4.2 关系治理与正式契约的替代关系

正式契约与关系治理互为替代。

周和许（Zhou and Xu，2012）[4] 基于中国 168 个外国买家与本地供应商合作的数据，研究发现：由于法律制度薄弱，再详细的合同也不能遏制合作伙伴机会主义的发生，而关系治理提供了法律保障合同的执行代理。同时，关系治理是确保应急情况下集中控制的一种替代机制。

---

① Poppo L，Zhou K Z，Zenger T R. Examining the conditional limits of relational governance：Specialized assets，performance ambiguity，and long-standing ties ［J］. Journal of Management Studies，2008，45（7）：1195－1216.

② 梁永宽. 项目管理中的合同治理与关系治理——基于建设项目业主与承包商的实证研究［D］. 广州：中山大学，2008.

③ Carson S J.，Madhok A，Wu T. Uncertainty，opportunism and governance：The effects of volatility and ambiguity on formal and relational contracting ［J］. Academy of Management Journal，2006，49（5）：1058－1077.

④ Zhou K Z，Xu D. How foreign firms curtail local supplier opportunism in China：Detailed contracts，centralized control，and relational governance ［J］. Journal of International Business Studies，2012，43（7）：677－692.

阿仑兹和阿罗亚贝（Arranz and Arroyabe，2012）[①] 研究正式契约治理、关系规范和信任在勘探和开发项目中的关系，通过使用欧洲生物技术联合勘探和开发项目数据调查发现：正式契约和关系治理在组织间关系治理中呈现互补或替代的关系，契约对于开发项目更有效，而关系规范和信任对于提高勘探项目的性能更强大。

王和李（Wang and Li，2008）[②] 运用交易成本理论提出：正式的法律契约固定成本高而边际成本小，关系契约的固定成本较低而边际成本较高。因此，在市场规模较小时，关系契约是一种有效的治理结构，但是当市场不断扩大时，关系契约就应该让位于法律制度。

刘仁军（2006）[③] 提出：关系性企业网络产生于中国独特的家庭文化，是中国转型经济的特征，但伴随着中国经济的转型，企业网络必须从关系型向契约型转变，其实质就是从关系治理向契约治理的转变。

## 2.4.3　关系治理与正式契约的互损关系

一些学者认为，正式契约可能会阻碍甚至影响关系治理的能力。

王清晓（2016）[④] 以契约理论和关系交换理论为基础，研究契约与关系共同治理在供应链中对知识协同的影响，通过构建相关理论模型，经过实证研究发现：供应链知识协同中，关系治理的积极促进作用更加显著；由于知识交换的特殊属性，在目前中国文化情境下，契约治理程度越高，越不利于知识的共享与创新，从而不利于知识协同的实现。

白鸥等（2015）[⑤] 利用浙江省 308 家高技术服务企业合作创新活动的调查数据，考察契约治理机制和关系治理机制与知识获取、服务创新之间

---

① Arranz N, Arroyabe J C. Effect of formal contracts, relational norms and trust on performance of joint research and development projects [J]. British Journal of Management, 2012, 23 (4): 575—588.

② Wang Y Q, Li M. Unraveling the Chinese miracle: A Perspective of Interlinked Relational Contract [J]. Journal of Chinese Political Science, 2008, 13 (3): 269—285.

③ 刘仁军. 关系契约与企业网络转型 [J]. 中国工业经济，2006 (6): 91—98.

④ 王清晓. 契约与关系共同治理的供应链知识协同机制 [J]. 科学学研究，2016，34 (10): 1532—1540.

⑤ 白鸥，魏江，斯碧霞. 关系还是契约：服务创新网络治理和知识获取困境 [J]. 科学学研究，2015，33 (9): 1432—1440.

的关系。研究发现：关系治理有助于服务创新和知识获取，但在服务创新网络的情境下，契约治理和关系治理对于知识获取是两种不兼容的治理手段。契约治理会减弱关系治理对知识获取的促进效应。

鞠等（Ju et al.，2014）[①] 使用来自中国 184 个出口企业数据调查发现，在不明朗的行业环境中，关系型治理对企业出口绩效不是那么有效，且呈 U 型关系。而明确的合同和契约在行业不确定时对企业绩效表现更为积极，但是对于跨国机构，其距离将提高关系治理的价值。

伯恩海姆和惠斯顿（Bernheim and Whinston，1998）[②] 则通过建模分析显示，制定越明晰的合同可能越容易激发机会主义的行为。戈沙尔和莫兰（Ghoshal and Moran，1996）[③] 认为，理性和正式的控制可能给被控制者发出信号：在没有这种控制的情况下，他们不会被相信，也不值得被相信。

## 2.4.4 关系治理与正式契约互补+替代关系

在对关系治理与契约关系的不断研究中，学者们逐渐发现，两者在不同情境下存在互补+替代关系。

李敏等（2018）[④] 从企业治理模式的不同企业行为的角度，用案例分析的方式，探讨比较关系治理和契约治理，对比这两种治理模式的控制效果和适应性。通过分析和研究发现，企业之间不论是内部合作还是外部合作，都离不开契约治理和关系治理相结合的混搭作用。

赵振（2016）[⑤] 从开放式创新的角度，运用 58 家制造企业的数据，研究关系治理和契约治理对开放式创新的绩效影响，发现在网络化程度较

---

① Ju M, Zhao H, Wang T. The boundary conditions of export relational governance：A "strategy tripod" perspective [J]. Journal of Marketing，2014，22（2）：89—106.

② Bemheim B D, Whinston D M. Incomplete contracts and strategic ambiguity [J]. American Economic Review，1998，88（4）：902—932.

③ Ghoshal S, Moran P. Bad for practice：A critique of the transaction cost theory [J]. Academy of Management Review，1996，21（1）：13—47.

④ 李敏，肖方斌，谢碧君，等. 中国企业治理模式的选择——关系治理和契约治理比较视角 [J]. 贵州大学学报（社会科学版），2018，36（4）：72—82.

⑤ 赵振. 开放式创新效能提升的制度基础：关系治理还是契约治理 [J]. 科技进步与对策，2016，33（1）：101—107.

低的情境中，关系治理和契约治理能够相互补充，二者共同使用提升了开放式创新绩效。在网络化程度高的情况下，"软"性的关系治理与"硬"性的契约治理具有明显的替代作用，二者共同使用会显著降低开放式创新绩效，形成"软硬兼施"的负效应。

孙华等（2015）[①] 通过研究认为关系治理和正式治理既有"替代关系"也具有"互补关系"，研究中利用能够反映关系治理本质，并将对关系治理具有独特依赖性的定制软件项目数据作为分析对象，通过实证研究表明：正式治理在关系治理和项目绩效间起部分中介作用，关系治理对正式治理的正向影响受信任的反向调节。信任程度越高，关系治理通过正式治理对项目绩效的间接影响就越弱，体现"替代关系"；信任程度越低，正式治理的中介作用就越强，呈现"互补关系"。

冉佳森等（2015）[②] 运用纵向案例研究，通过过程模型解析契约和关系二元治理平衡的形成路径。研究发现：促进长期跨组织协同的关键在于实现基于关系和契约的治理机制平衡，运用信息技术，在治理机制不断优化的过程中实现治理机制之间的平衡，打开了契约和关系治理之间二元治理平衡之间的"黑箱"。

## 2.5 本章小结

通过以上对治理机制和关系治理国内外相关研究的文献综述，可以看出现阶段以知识链为研究对象的关系治理研究较为缺乏，大量问题有待解决。具体包括以下几个方面：

第一，从研究主体来看，现有研究中关于跨组织合作关系治理的研究成果主要集中于联盟、集群和供应链，而对知识链关系治理的研究较为缺乏，也尚未建立统一的关系治理分析框架。

第二，从研究内容来看，关系治理与非正式治理缺乏明确的界定。通过对跨组织联合体治理机制以及关系治理内涵界定相关文献回顾发现，关系治理与非正式治理既有联系也有区别。关系治理机制包含了非正式治理

---

① 孙华，魏康宁，丁荣贵. "互补"还是"替代"？——关系治理、正式治理与项目绩效 [J]. 山东大学学报（哲学社会科学版），2015（6）：111−121.

② 冉佳森，谢康，肖静华. 信息技术如何实现契约治理与关系治理的平衡——基于D公司供应链治理案例 [J]. 管理学报，2015，12（3）：458−468.

机制的内容，但是更加强调组织成员之间关系的嵌入，然而现有研究并没有对二者有清晰的界定，使得在研究跨组织关系治理过程中，两者研究内容容易混淆；现有组织间关系治理研究没有很好地与组织间关系发展相结合，仅仅将关系治理作为一种治理手段，而缺乏深入探讨不同组织关系发展阶段关系治理出现的问题以及所要治理的内容，这也是本书所要解决的问题；现有对不同类型跨组织合作关系治理中主要集中在对其影响因素和治理后果的分析，而如何实现关系治理以及对关系治理机制的研究较为缺乏，这也使得关系治理很难实际应用到跨组织合作的实践活动中。

第三，从研究视角来看，国内外学者对组织间关系治理的研究中主要侧重研究相互信任关系在关系治理中发挥的作用，并没有深入研究不同组织关系以及关系行为对关系治理产生的影响。而且，大多数学者都主要侧重研究关系治理中信任的积极影响，忽略了过度信任对关系治理带来的危害和消极影响。

# 3 知识链关系治理的内涵及其体系构建

本章根据知识链的特征，对知识链关系治理的内涵和本质进行界定和分析；并对知识链关系治理的动因、主体和目标展开分析，以此构建知识链关系治理的分析框架。

## 3.1 知识链关系治理的内涵

本部分在对知识链相关概念回顾的基础上，界定本研究中涉及的知识链关系治理的相关概念。

### 3.1.1 知识链

自"价值链"和"经济链"的概念产生以来，与"链"相关的概念被纷纷提出，例如"供应链""产业链""需求链""服务链"和"管理链"等。这些冠之以"链"的想法，有学者称之为"链式管理"。"链式管理"是人们对管理环节之间以及环节内部构成要素之间内在关系的认识不断深化和有效把握的体现，目的是理顺管理环节的关系，建立起高效灵活的运行机制。我们认为，"链"这一概念更多的是强调各个节点之间的联系。本书探讨的是"知识链"，首先对知识链相关概念进行回顾和界定，并对与知识链相关的"链"的概念进行对比和分析。

#### 3.1.1.1 知识链概念回顾

知识链类似一个无形的链条存在于知识型组织跨组织合作中的各个环节，只要有知识型组织的合作，就必然存在知识链。国内外对知识链及其概念的研究主要从以下几个方面展开。

（1）供应链角度

霍尔和安德里亚尼（Hall and Andriani，1998；2003）[1][2] 认为知识链是一种管理供应链隐性知识的方法。在国内张曙和李爱平（1999）[3] 较早提出知识供应链的理论，认为在知识供应链中企业是最终用户，大学和科研机构是知识的生产者，通过产、学、研联合，实现共同的市场目标和共享利益。李长玲（2004）[4] 和蔡翔等（2000）[5] 认为知识供应链以满足顾客的需求为导向，通过知识创新，将知识的供应者、知识转化者和知识使用者连接起来，以达到知识的经济化与整体最优化以及利润最大化的目的。

然而，从供应链角度谈知识链，并不符合知识链的本质，是由于不管是企业内部还是跨组织合作，知识管理都是一个系统的过程，而知识链运行贯穿这个过程始终，因此知识链的概念不应仅停留在供应链的层面上，而应该是一个完整的知识管理系统。

（2）知识管理角度

斯宾内洛（Spinello，1998）[6] 认为，知识链展示的是如何有效地管理和利用知识资源，以及组织如何适应外部发展环境。他将知识链分为：内在认知（Internal Awareness）、内在响应（Internal Responsiveness）、外在认知（External Awareness）和外在响应（External Responsiveness）四个阶段，并提出加强知识链管理的策略。

霍尔萨普尔和辛格（Holsapple and Singh，2001）[7] 提出了知识链较为系统的概念并构建了知识链模型，认为企业的知识链是通过一系列主要活动和辅助活动获得知识以形成竞争力的整个过程，主要活动包括知识选择、知识生成、知识获取、知识内化和知识外化，辅助活动包括领导、合

---

① Hall R，Andriani P. Analysing intangible resources and Managing Knowledge in a supply chain context [J]. European Management Journal，1998，16（6）：685−697.

② Hall R，Andriani P. Managing knowledge associated with innovation [J]. Journal of Business Research，2003，56（2）：145−152.

③ 张曙，李爱平. 技术创新和知识供应链 [J]. 中国机械工程，1999，10（2）：224−227.

④ 李长玲. 图书馆隐性知识的流动与转化 [J]. 情报科学，2004，22（3）：279−281.

⑤ 蔡翔，严宗光，易海强. 论知识供应链 [J]. 研究与发展管理，2000，12（6）：35−38.

⑥ Spinello R A. The knowledge chain [J]. Business Horizons，1998，41（6）：4−14.

⑦ Holsapple C W，Singh M. The knowledge chain model：Activities for competitiveness [J]. Expert Systems with Applications，2001，20（1）：77−98.

作、控制和测量。

刘冀生和吴金希（2002）[①] 从战略知识管理角度提出知识链概念，认为知识链是一种知识链条（网络），在这个链条形成的网络中，企业对内外知识进行选择、吸收、整理、转化、创新，形成一个无限循环的流动过程。

综上所述，早期的知识链概念主要运用于单个企业内部的知识管理活动，并未涉及跨组织的合作，这也使得知识链运用具有一定的局限性。

（3）跨组织合作角度

常荔和邹珊刚（2001）[②] 认为，知识链运行于不同主体之间，主要体现在产业部门、顾客、高等院校和科研机构等主体之间的相互作用，实质就是知识在不同主体之间扩散与转移。魏斌（2007）[③] 认为，知识链整合各类知识组织的知识，以实现知识增值，并提出知识链交互式模式，将组织知识资产获取行为分为四种：搜索链模式、吸收链模式、激活链模式和辐射链模式。

通过对不同视角知识链相关概念回顾发现，这些概念虽然表述不同，但都主要以知识管理为核心，并且随着知识经济的发展，学者们对知识链的研究也在不断深入，从单个企业知识链的研究开始向跨组织合作发展。近年来，顾新教授及其团队对知识链进行了深入研究，认为知识链是指以企业为创新的核心主体以达到知识共享和知识创造为目的，通过知识在参与创新活动的不同组织之间流动而形成的链式结构[④]。在这一概念中，知识链中是由拥有不同知识资源的组织构成。核心企业是知识链的盟主，是整个知识链创新活动的投入主体、决策主体和受益主体；大学和科研机构支持和配合企业的创新活动，推动整个知识链的创新进程；供应商以及下游企业分担创新风险和成本，提高创新的可能性（如图3.1所示）。

这一概念强调知识链的如下几个方面：第一，知识链形成的动因是核

---

[①] 刘冀生，吴金希. 论基于知识的企业核心竞争力与企业知识链管理 [J]. 清华大学学报（哲学社会科学版），2002，17（1）：68−72.

[②] 常荔，邹珊刚. 基于知识链的知识扩散的影响因素研究 [J]. 科研管理，2001，22（5）：122−127.

[③] 魏斌. 企业获取知识资产行为模式选择 [J]. 中国人力资源开发，2007（7）：29−32.

[④] 顾新，李久平，王维成. 知识流动、知识链与知识链管理 [J]. 软科学，2006，20（2）：10−12.

心企业的知识需求；第二，知识链形成的基础是组织之间的知识流动；第三，知识链呈链式结构，知识链中的任何一个组织均呈辐射状与其他诸多组织之间发生知识流动，每个组织都是知识链中的一个节点；第四，知识链的组织形式是知识联盟，是一种战略合作伙伴关系。由此可见，顾新教授对知识链的定义更加侧重于跨组织合作以及组织之间关系的研究，因此本书将基于顾新教授对知识链的定义及研究展开对知识链关系治理的相关研究。

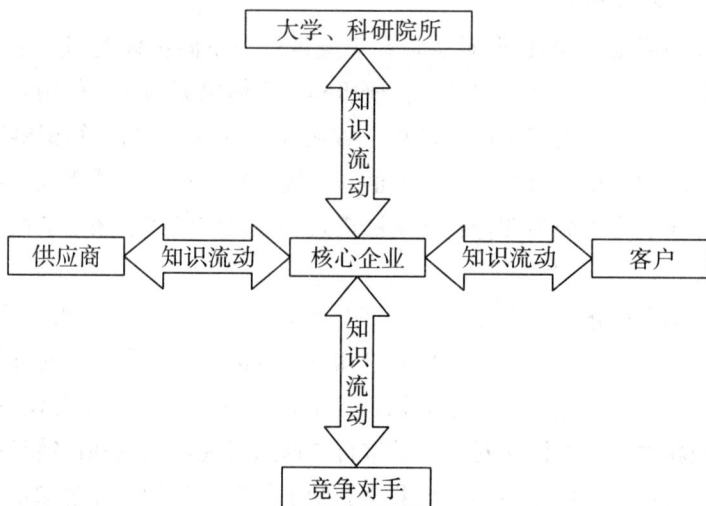

图 3.1　知识链构成

### 3.1.1.2　知识链、价值链、供应链的比较

目前在对链式管理的研究中，知识链、价值链和供应链是学者们关注的焦点，为更好地了解知识链、价值链以及供应链的区别，本书将从五个方面对三者对比分析（如表 3.1 所示）：第一，价值链主要是针对单个企业内部各项活动及其相互关系，而知识链和供应链实现的是跨组织合作，因此涉及多个企业和组织；第二，知识链更多的是不同组织之间知识流动涉及的活动，价值链是企业内部业务流程各个环节的增值活动，而供应链主要是针对产品跨组织合作的各项活动；第三，知识链的目的是为实现跨组织合作中的知识共享和知识创造，而价值链和供应链主要的目的提高经营绩效，减少经营成本；第四，与价值链和供应链比较，由于知识链更关

注知识的流动和创造，因此其内在逻辑关系和运行方式更多是呈现一种连续、循环和螺旋上升的状态。

表 3.1　知识链、价值链和供应链比较

| 因素 | 知识链 | 价值链 | 供应链 |
|------|--------|--------|--------|
| 对象 | 企业、大学、研究机构、供应商 | 企业内部 | 供应链、制造商、分销商、零售商、消费者 |
| 基本活动 | 组织间知识流动 | 企业每个环节价值增值活动 | 商品到达消费者手中之前各个相关业务 |
| 目的 | 实现知识组织间的知识共享和知识创造 | 提高企业整体经营绩效 | 供应链整体"价值最大化"（减少成本，实现盈利） |
| 内在逻辑关系 | 连续的、螺旋上升的 | 连续的 | 连续的 |
| 运行方式 | 拉动的、连续的、循环的 | 拉动的、连续的 | 拉动的、连续的 |

## 3.1.2　知识链关系治理

在研究关系治理过程中，学者们对关系治理内涵的界定主要包含两种观点：一种观点认为关系治理的本质是通过关系规范来实现交易治理；另一种观点则认为关系治理存在于具体的交易活动中，合作伙伴之间的关系规范是一种类似"人情"和"氛围"的东西，而关系规范并不是用来解决关系中存在的问题。因此，持这一观点的学者较倾向于通过描述具体的治理活动来阐述关系治理的内涵。下面我们将分别介绍两种不同观点的关系治理的内涵。

### 3.1.2.1　关系规范

近年来，学者们开始关注关系治理究竟是通过怎样的关系来实现治理的这样一个问题，主要是沿用麦克奈尔（Macneil，1980）[①] 提出的"关

---

① Macneil I R. Power，contract，and the economic mode [J]. Journal of Economic Issues，1980（14）：902-923.

系规范（Relational Norms）"概念，因此多数学者倾向于从关系规范的角度理解和解释关系治理机制。麦克奈尔认为企业间规范和某些特殊行为的关系是多维的，将"关系理念"的概念分为几个不同但又相关的领域，包括灵活性、团结性、共同性、冲突和谐性、权利运用的克制性等。诺德威尔等（Noordewier et al.，1990）① 认为关系理念应该被看成一种重要的综合体或是更高的秩序规则，这种综合体或秩序规则会增加那些专门领域的规则。因此，在对关系治理的实证研究中，关系治理常被定义为：交易双方交易中关系规范的强度。王颖和王方华（2007）② 从嵌入性的角度考虑关系治理，认为关系治理是关系契约通过关系规范开展的治理，关系规范是关系契约的实质性内容与准则。

### 3.1.2.2 关系治理活动

关系治理本质是交易双方达成协议合作，当交易出现问题的时候，交易双方不能仅仅凭借信任关系而解决问题，而应在一定关系的基础上必须采取某些行动解决问题。例如，交易双方的管理人员会晤，在遵循原有协议的基础上通过一种特定的关系探讨解决问题的方案。因此，霍特克和梅勒维格（Hoetker and Mellewigt，2009）③ 在关系治理研究中认为关系治理需要关注交易双方之间实施的行动和流程，而不仅仅是凭借感受和理念来治理。克拉洛等（Claro et al.，2003）④ 认为，关系治理包括联合计划和联合解决问题两个方面。现有对关系治理活动的研究包括：通过关系治理机制提高组织成员之间信任，并达成一定的共识，例如通过会议、旅行以及互派管理人员等进行接触和沟通，建立团队，共同制定决策。

本书认为跨组织合作中关系规范和关系治理活动两者是相辅相成的。

---

① Noordewier T G，John G，Nevin J R. Performance outcomes of purchasing arrangements in industrial buyer-vendor relationships [J]. The Journal of Marketing，1990（3）：80—93.

② 王颖，王方华. 关系治理中关系规范的形成及治理机理研究 [J]. 软科学，2007（2）：67—70.

③ Hoetker G，Mellewigt T. Choice and performance of governance mechanisms：Matching alliance governance to asset type [J]. Strategic Management Journal，2009，30（10）：1025—1044.

④ Claro D P，Hagelaar G，Omta O. The determinants of relational governance and performance：How to manage business relationships? [J]. Industrial Marketing Management，2003，32（8）：703—716.

关系规范在一定程度上限定合作组织成员的行为，为合作成员进行特定的关系治理活动提供思想基础和行为指导，而关系治理活动能够促进关系规范的实施和发展，因此两者在关系治理中具有高度的相关性。现有对关系治理的实证研究中，学者们通过测量合作组织的关系规范水平或是观察合作组织之间的治理活动都能达到测量合作组织关系治理水平的效果，因此认为组织间关系治理是交易双方之间关系规范的强化。

在知识链跨组织合作中，只有能对知识链贡献专业知识和能力的组织，才有资格参与知识链。由于各组织成员在知识链中的地位和作用不同，它们之间是一种既合作又竞争的战略合作伙伴关系。通过上文对知识链特征的分析以及学者们对关系治理内涵的界定，本书认为知识链关系治理是指知识链中核心企业以及合作组织采用的一种协调组织成员之间关系，并对组织间知识共享和知识创造过程中所产生的各种冲突和不确定行为进行治理的非正式治理方式。

## 3.1.3  知识链关系治理的本质

通过上文对知识链关系治理的界定，本部分将对知识链关系治理的本质展开分析。

### 3.1.3.1  知识链关系治理是跨组织的多边治理

伴随着经济全球化和技术变革的加速，在激烈的市场竞争中单个企业的竞争已逐渐演变成知识链之间跨组织合作的竞争。在知识链中，核心企业与高校、科研院所、供应商等之间建立良好的关系治理机制是获取整体竞争优势的关键。因而，知识链关系治理是一种跨组织的多边治理，在关系治理中组织间信任、承诺等社会因素是一种保证组织间知识共享和促进合作的重要机制，更多强调的是组织间在交易中的相互作用，需要共同努力维持这样一个合作关系直到目标的实现。这里多边治理强调是指包括知识链核心企业在内，其他合作组织共同参与治理的模式。通过构建一系列稳定的、互利的、以长期目标为导向的关系治理机制，协调组织间关系，并解决知识链运行中无法通过合同或是契约解决的问题，以此实现知识链中组织间的知识共享和知识创造。

### 3.1.3.2 知识链关系治理并不透明和清晰

合同、契约或法律法规在治理中能够对预见的未来合作中可能出现的情况进行详细的描述并提出把危害降到最低的保证措施，同时对合作者之间的权利和义务具体化、合法化和书面化。但是知识链中的关系治理并不像合同或契约那样透明和清晰，更多是依据知识链中组织间达成的价值与规范共识对合作关系中出现的问题进行处理。同时由于知识链中组织间关系亲疏远近的程度不同，以及为了维护合作关系，因而知识链中组织的权利和义务会进行模糊化处理。

### 3.1.3.3 知识链关系治理更加倚重道德规范和社会规则

知识链不同于联盟或产业集群这些跨组织合作，其更强调组织间的交互学习，通过知识共享和知识创造实现知识优势。但是知识是无形的，很难用合同或契约进行精确量化。因而，知识链中关系治理主要运用道德规范和社会规则等构建一系列非正式治理机制对知识链中的组织进行协调和自我约束。尽管知识链中存在核心企业，但由于不是上下级的科层制度关系，因而不能对其合作组织采用直接干预措施。也就是说，在知识链中组织间知识共享和创新的行为主要是由参与者自行协调完成的，没有经过制度、仲裁者等第三方干预。

### 3.1.3.4 知识链关系治理以知识交流为载体

麦克奈尔在对关系契约的研究中发现，重复交易建立在一定关系的基础上，而关系是通过时间积累而发展的，每次交易都有其未来的发展和过去的历史。知识链组织关系通常是建立在多次知识交流的基础上，随着知识和技术交流的深入，组织间信任程度不断增加，同时为将来的合作埋下伏笔。在最初构建知识链时，由于组织间互动的频率较低，因而为保证合作关系合同治理是很有必要的。但是随着关系的发展，要维持持久的合作关系，提高成员间的信任程度则较多地使用关系治理。

## 3.2 知识链关系治理的主体和目标

本部分在对知识链关系治理内涵界定和本质分析的基础上，进一步探讨知识链关系治理主体和目标。

## 3.2.1 知识链关系治理主体

知识链关系治理的主体主要是指知识链中合作关系实施治理的主体，通常是指知识链中的盟主或是核心企业，该企业需要构建关系治理的结构并做出相关治理机制的决定。但由于知识链中合作的组织具有多样化的特征，而且都是独立利益个体，因而核心企业很难保证有着利益冲突的其他组织成员都能够有效地执行合作的制度规范，参与知识链中知识流动的活动。因此，在知识链运行过程中，这种单方面的关系治理主体假设较为狭隘。知识链中不同组织之间的合作关系的性质决定着关系治理要受到多个角色的影响。因此，广义的知识链关系治理的主体不仅包括核心企业，还包括知识链中的其他合作组织。

虽然知识链关系治理的主体是多元的，但不同合作组织在知识链关系网络中的地位是不同的，这就使得合作组织对治理制度安排和治理活动产生的影响也不同。通常情况下，知识链核心企业在知识链关系治理中起着主导作用，承担较大的责任，相关配套知识组织处于相对次要地位（如图3.2所示）。因此，本书在探讨知识链关系治理时主要是从核心企业角度出发去研究组织间关系协调与治理。

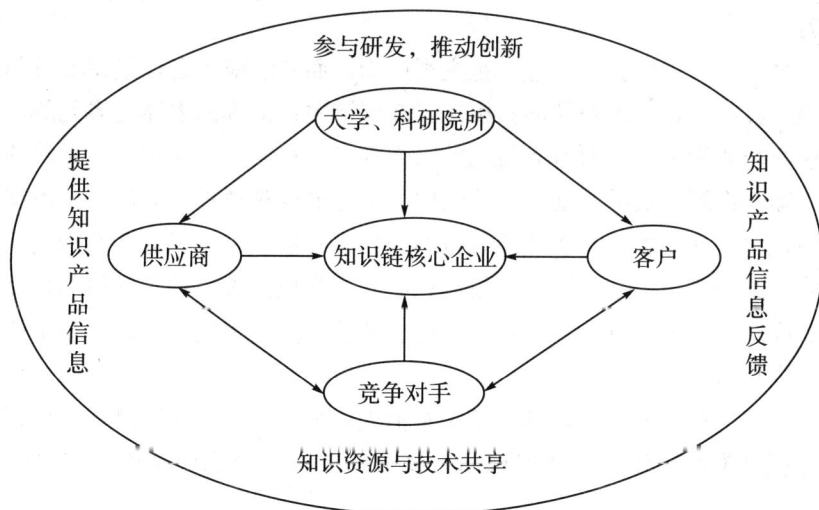

**图 3.2 知识链主体及分工**

### 3.2.2　知识链关系治理目标

格兰多里（2005）[①] 认为治理在于规避风险和实现目标。知识链关系治理的目标在于通过对知识链中合作成员之间关系的完善和治理促进知识链中知识流动，以此维持和提高知识链整体竞争力，达到预期合作目标。原因在于，知识链中组织的合作关系，既会存在，也会消失。组织成员成功的合作，将会提高获得更大收益的可能性；但也会由于合作关系的恶化导致知识链解体，因而无法实现预期的效益。因此，知识链关系治理就是在对各合作成员关系协调的基础上，实现对利益和冲突的协调，以此提升各个组织的竞争力。同时，通过协调知识链合作组织之间关系，不仅有助于提高知识链治理机制的实用性，还有利于规避知识链在运行时所面临的各种风险，包括内部和外部风险冲击等。

## 3.3　知识链关系治理体系

知识链关系治理这一定义，既涵盖知识链这一跨组织合作的形态特征，又体现对其组织内部运行以及关系行为协调的分析。结合上文对知识链关系治理本质、主体以及目标的分析，知识链关系治理的基本内涵可概括为六个方面：

第一，知识链关系治理不是主观产物，而是适应于合作组织成员关系发展，具有一定自组织性的；第二，知识链关系治理的主体是多元的，但以核心企业为主导，所有利益相关组织都参与；第三，知识链关系治理是一个随着组织成员关系变化，持续的、动态的治理过程；第四，知识链关系治理主要强调的是非正式治理机制的作用；第五，知识链关系治理主要是协调组织成员关系，而不是控制；第六，知识链关系治理的目的是促进组织间知识共享和创造，实现知识链整体核心竞争力提升，而不是个体利益最大化。

基于上述分析可见，知识链关系治理包括二要素和四因素，二要素是指知识链关系治理的主体和行动，其中二要素又分别包括两因素（如图

① 格兰多里. 企业网络：组织和产业竞争力 [M]. 北京：中国人民大学出版社，2005.

3.3 所示）。

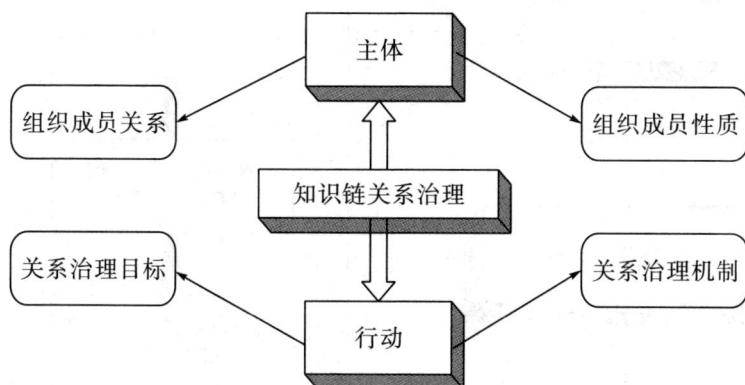

**图 3.3　知识链关系治理的概念模型**

　　知识链关系治理主体要素包括：组织成员关系和组织成员性质。组织成员关系既是知识链关系治理的基本对象，也是关系治理的重要内容。而关系治理主体性质决定其在关系治理中的地位以及发挥的作用。

　　知识链关系治理的行动要素指的是关系治理采用的手段或是直接行为表现，主要包括关系治理目标以及关系治理机制。关系治理目标是知识链关系治理的价值导向，也反映知识链进行关系治理的动因；关系治理机制则是实现治理的具体手段和措施。

　　综上所述，本部分知识链关系治理研究需要解决以下问题：厘清知识链组织间关系、明晰知识链关系治理存在的问题、构建知识链关系治理机制体系以及检验知识链关系治理机制达到的效果，由此建立知识链关系治理体系结构（如图 3.4 所示）。

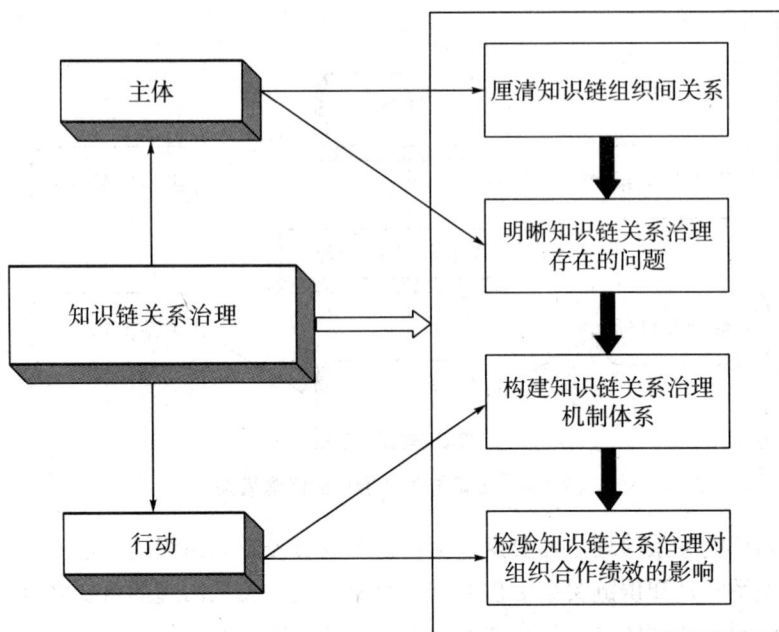

图 3.4  知识链关系治理体系结构

## 3.4  本章小结

本章在对知识链内涵和特征分析的基础上，根据关系治理相关文献研究，分别从关系规范和关系治理活动的视角对知识链关系治理的内涵进行界定，从四个方面探究知识链关系治理的本质；并对知识链关系治理主体和目标进行阐述和分析；构建知识链关系治理体系结构，为下一步知识链关系治理的研究奠定理论基础。

# 4 知识链组织间关系演化及其治理问题

只有厘清知识链组织间关系，才能更好地实现知识链关系治理。本章将在对组织间关系相关研究回顾的基础上，探讨和分析知识链中组织成员间关系的类型以及演化进程；根据演化博弈理论，探究知识链组织关系演化对知识共享的影响；并从知识链核心企业的角度，研究知识链关系治理中存在的问题。

## 4.1 知识链组织间关系分析

知识链是由不同性质的组织或企业构成的，要研究组织在知识链运行环境中的关系，首先需要厘清组织间关系的内容，然后进一步探讨知识链组织间关系。组织间关系（Interorganizational Relationships）是指一个组织在特定的环境中与更多的组织之间发生的相对持久的交易、交流、联结和知识转移的关系，因而组织之间的各项关系和交换活动构成组织间各种互动模式。随着全球经济一体化的推进，企业经营的环境表现出市场不完全和市场信息不对称等特征。为更好地适应复杂的市场竞争环境，加速组织间知识转移，单一的组织和企业在强化组织内部关系管理的同时，更需要加入特定的组织关系网络（Inter Organizational Networks），加强跨组织间之间功能的活动。于是，呈现出供应链、企业战略联盟、集群以及虚拟企业等跨组织合作关系。因此，组织间关系的研究也成为近年来组织理论领域讨论的热点问题，受到社会学、管理学、经济学和心理学等诸多学科领域学者的关注。通过阅读相关文献，并基于现阶段组织间关系研究关注的热点问题，本部分主要从组织间关系形成的动因、组织间关系的演进和类型、组织间关系的潜在利益与存在的风险三个方面对组织间关系的相关研究进行回顾。并在此基础上，对知识链组织间关系演化展开研究。

## 4.1.1 组织间关系概述

本部分通过文献回顾，从组织间关系形成动因、演进及类型以及潜在利益与风险三个方面对组织间关系研究进行概述。

### 4.1.1.1 组织间关系形成动因

组织间关系的形成是在一定的时代和经济背景环境下，众多学者从不同的理论角度对这一组织间关系形成的动因的分析和研究，例如交易成本经济学理论、资源依赖理论、战略选择理论、利益相关者理论、组织学习理论和新制度理论等。

交易成本经济学主要关注的是企业如何通过跨组织合作降低生产和交易成本。凭借组织间关系构成不同的网络组织，在这一网络中不同组织成员有着专业的分工，因而通过这样的专业化降低成本。交易成本经济学理论认为组织间关系形成的动因是交易成本，企业或组织通过开展组织间的活动来降低生产和交易成本，以此减少市场的不确定性和机会主义行为。

资源依赖理论是研究组织变迁活动的一个重要理论，从 20 世纪 70 年代起广泛应用于组织关系的研究。资源依赖理论主要强调组织的生存和发展需要从周围环境获取资源，需要与周围的环境相互作用、相互依存。资源理论提出两个重要假设：一是维持组织运行需要不同的资源，而这些资源不可能由组织自身供给；二是组织的运行由多种活动构成，这些活动不可能完全在组织内部进行，而是需要建立在与其他组织合作的基础上。因此，组织要想提高自身能力并降低对其他组织的依赖，最有效的途径就是通过合作伙伴获得关键资源，增加整体的实力。因而，资源依赖理论认为组织间关系形成的动因在于，组织为了获得资源，提高自身竞争能力，就需要与周围的环境发生交互作用，从而达到充分发挥自己的能力或控制其他稀缺资源，避免对市场和技术过分依赖的目的。

利益相关者理论在 1984 年由费里曼（Freeman）首次明确提出，该理论认为任何一个企业的发展都离不开各个利益相关者的投入与参与，只有综合平衡利益相关者的利益要求才能实现企业长期发展。这一理论实际将组织或是核心企业作为利益相关者之间的利益协调的中介，这样的协作关系促进了利益相关者的合作，也构成了对利益的调节机制，同时降低组织所面临的市场不确定性等因素。因此，利益相关者理论认为组织间关系形成的动因在于通过组织间关系实现利益相关者利益的最大化，同时提升竞争能力以及降低不确定性带来的风险。

组织学习理论最早应用于单个企业内部，通过建立相关学习制度，促进员工学习掌握各项技能，从而推动企业的长效发展。对于现代企业组织来说，要想提高市场环境和外部竞争的适应力，仅仅依靠组织内部学习是不够的，更快更有效的方法是通过合作伙伴获得更多的资源、信息或核心技术，于是形成了不同形式的组织关系。由于知识是隐晦的也是难以定价的，尤其是个别组织掌握的核心技术，这都是从市场上无法获取的，组织关系无疑成为组织间进行知识交流的有效途径。因而，组织学习理论认为组织间关系形成的动因在于从合作的组织成员间学习和获取更多知识和资源，降低学习成本，以此提升自身的市场竞争力。

以上理论对组织间关系形成的动因展开了分析，但是市场的复杂多变性以及企业自身不同的情况，使得每种理论不足以全面解释和分析组织间关系形成的动因。邵兵家等（2005）[①] 结合相关理论以及企业在参与组织间关系时所考虑的因素，从经济学层面到行为学层面分析组织间关系形成的动因和潜在的优劣势。罗珉和赵亚蕊（2012）[②] 从"帕累托"改进的视角分析组织间关系形成的内在动因，认为组织间关系的形成一方面是推动帕累托边界的静态变化，另一方面是实现帕累托边界动态外推的演化过程，由此改变专业化分工水平和市场结构，解决市场失灵、不平衡、市场不完全等问题。

通过上述分析可见，组织间关系形成的原因一方面是企业生存的环境变得更加具有挑战性和不确定性；另一方面是企业在日趋激烈的市场竞争中逐渐意识到要提高自身的核心竞争力，就必须与其他组织进行合作，高效率低成本地获取更多的资源，才能使其自身保持竞争力或增加收益。

### 4.1.1.2  组织间关系演进以及类型

组织间关系的演进是个动态、复杂的过程，不同环境因素影响下，组

---

① 邵兵家，邓之宏，李黎明. 组织间关系形成的动因分析 [J]. 中国科技论坛，2005（2）：111—115.

② 罗珉，赵亚蕊. 组织间关系形成的内在动因：基于帕累托改进的视角 [J]. 中国工业经济，2012（4）：76—88.

织间关系可能呈现出不同的特征和表现，因此学者们从不同的层面和维度对组织间关系进行研究。

高维和和陈信康（2009）① 从组织间关系的内在建构出发，认为组织间关系演进的实质是经历了显性契约、关系契约和心理契约的一个进阶的过程。随着跨组织合作的不断深入，组织间关系也在不断变化，而契约可以帮助组织减少关系中的不可测风险和不确定性。不同阶段的组织间关系，对应的是不同的契约关系：显性契约是组织间关系的基石，存在于组织关系成立之初；关系契约是组织间关系的黏合剂，在组织间关系持续中形成；心理契约是组织间关系的稳定器，内生于关系主体之间。随着契约关系的变化，组织间关系的演变呈现出信任、关系依存和承诺的路径。

王作军和任浩（2009）② 则从跨组织合作的发展特征、价值实现、资源运用、创新能力建设和关系治理机制等方面探析组织间关系的演变，提出组织间关系演化包括以下几个方面：由竞争走向合作，由被动转为主动；由低级走向高级，由简单合作走向复杂网络；由单纯依赖走向整合运用，由注重实体资源变为注重关系资源、战略资源等无形资源；由模仿创新转为合作创新，由产品创新变为价值创新；从主要依赖契约治理到依靠关系型契约进行治理。

李焕荣和马存先（2007）③ 依据资源依赖性理论将组织间关系的演化分成四个阶段，主要包括：竞争关系、合作关系、合作竞争关系和共生关系，并建立了组织间关系进化模型。

组织间关系演进的过程，也是组织间知识交换和流动的过程。因此，罗珉和王雎（2008）④ 从组织间知识互动方式，即单向交流、双向交换和共同创造，提出组织间关系应拓展到由科层、市场以及共同体所共同构成的三维空间，并且随着知识交互方式的演进，组织间关系组合也随之演进。

---

① 高维和，陈信康. 组织间关系演进：三维契约、路径和驱动机制研究 [J]. 当代经济管理，2009（8）：1—8.

② 王作军，任浩. 组织间关系：演变与发展框架 [J]. 科学学研究，2009，27（12）：1801—1808.

③ 李焕荣，马存先. 组织间关系的进化过程及其策略研究 [J]. 科技进步与对策，2007（1）：10—13.

④ 罗珉，王雎. 组织间关系的拓展与演进：基于组织间知识互动的研究 [J]. 中国工业经济，2008（1）：40—49.

相对于国内学者对组织间关系的演进和类型的研究,戈里西奇等(Golicic et al.,2003)[①] 认为,组织间关系结构应分为关系水平与关系类型,而关系类型随着关系水平的变化而演化。

由此可见,组织间关系随着合作时间的推移呈现出一个不断深化达到顶峰后又减退的状态,在合作的关键阶段组织间关系的紧密程度达到最高值,伴随着既定目标的实现,组织间关系逐渐变得疏远。

### 4.1.1.3　组织间关系潜在利益与风险

组织间进行合作并建立关系既存在利益也存在风险,而这也是跨组织合作需要关系治理的原因所在。通过上文对组织间关系形成动因的分析,可以看出企业与其他组织建立合作关系可以带来以下几点利益。

（1）促进不同组织间知识交流

组织间知识共享和利用,是企业在不断变化的市场环境中实现竞争优势的战略手段。施等（Shih et al.,2012）[②] 提出,组织间有效的知识共享,可以在一定程度上精简供应链的流程,同时跨组织的信息、资金和产品流动和交换,有助于提高企业的敏捷性和对未来环境的适应性。为了验证这一点,陈和付（Cheng and Fu,2013）[③] 搜集了中国台湾地区 2011 年商业周刊上排名前 1000 位的制造业公司进行实证分析,结果显示组织间关系的亲密程度,即关系取向、制度取向是确保组织间知识有效共享的关键,并就如何加强组织成员间关系、管理关系风险提出相关建议。

（2）降低组织间的交易成本

组织间关系形成基础是合作伙伴之间的信任关系,凭借不同的信任程度组织间合作的交易成本也发生着变化,毫无疑问交易成本的降低直接影

---

①　Golicic S L, Foggin J H, Mentzer J T. Relationship magnitude and its role in interorganizational relationship structure [J]. Journal of Business Logistics, 2003, 24 (1): 57－75.

②　Shih S C, Hsu S H Y, Zhu Z, et al. Knowledge sharing—A key role in the downstream supply chain [J]. Information & Management, 2012, 49 (2): 70－80.

③　Cheng J H, Fu Y C. Inter organizational relationships and knowledge sharing through the relationship and institutional orientations in supply chains [J]. International Journal of Information Management, 2013, 33 (3): 473－484.

响关系网络中组织收益。邹国庆等（2010)[①] 等学者从合法性和交易费用的视角探讨组织间关系的作用机制，通过实证研究发现，组织间关系对组织合作绩效的影响主要依赖于交易费用的传递，通过增强合法性和降低交易费用能够提高企业绩效。维哈斯等（Vinhas et al.，2012)[②]、马里恩等（Marion et al.，2015)[③] 从供应链和新兴产业的角度分析组织间关系，通过实证分析发现，随着组织间关系的动态变化，企业绩效也在发生变化，主要原因是合作关系的强度直接影响组织间合作的成本。

（3）促进稀少的互补性资源或能力的结合

互补性资源是组织关系网络中特殊的资源，其联合使用所产生的租金大于组织关系中各个伙伴单独使用资源能获得的租金总和。企业或组织将各自特有的资源带入这个关系网络，且与其他合作的伙伴的资源组合起来，就会产生协同效应，相对于各个企业或组织的单独运行，这样的资源更加稀缺、有价值和难以模仿，同样也获得更大的竞争力。

组织间关系在给关系网络中的企业带来利益的同时，也让涉及其中的企业面临不同程度的风险。由于各个组织掌握的资源数量和质量不同，组织关系网络中的成员若习惯于依赖某一个强大的合作对象，该组织实际上已将自己置于一个非常危险的境地。过分依赖某个合作成员，不仅会使组织关系网络中的成员丧失创新动力，而且会让组织关系失去灵活性和自主性。因此，组织间关系中的成员既要合作又要保持相对独立性，只有这样，企业才能赢得持久的发展。此外，组织关系网络中企业在进入之前都有属于各自的专业资产，为实现共同的目标获得更多的利润，就需要企业将其分享，否则就没有建立关系的必要。因此，企业的核心资源就可能会被其他成员泄露出去，直接影响其在市场中的竞争力，由此导致组织间关系的解体。而这些曾经共享的资源，很可能暴露给竞争对手，导致自身在未来的市场竞争中处于劣势。

① 邹国庆，高向飞，高春婷. 组织间关系的作用机制：基于合法性与交易费用的研究视角 [J]. 软科学，2010，24（2）：45-50.

② Vinhas A，Heide J B，Jap S D. Consistency judgments，embeddedness，and relationship outcomes in interorganizational networks [J]. Management Science，2012，58（5）：996-1011.

③ Marion T J，Eddleston K A，Friar J H，et al. The evolution of interorganizational relationships in emerging ventures：An ethnographic study within the new product development process [J]. Journal of Business Venturing，2015，30（1）：167-184.

## 4.1.2 知识链组织间关系演化分析

结合上文对组织间关系相关研究的概述可见，当今时代背景下组织要想获得持久的竞争力，跨组织的合作是较为有效的途径。知识链不同于供应链和价值链，其更关注组织间知识的流动，通过建立成员间战略合作关系来实现知识资源的有效整合，而知识链组织成员间关系变化将直接影响知识重组和优化。因此，厘清知识链组织之间关系，了解不同阶段组织间关系的发展，才能够有效地实施关系治理，最终实现知识链运行的最大效益。

### 4.1.2.1 知识链组织间关系形成动因

通过上文对组织间关系概述分析可知，知识链组织间关系形成动因主要表现在以下几个方面。

（1）资源依赖的需要

全球经济一体化和科技的飞速发展，使得知识更新的速度不断加快，单个企业所拥有的知识存量有限，为保持自身的竞争优势，适应经济的快速发展，企业开始与大学、科研院所、供应商等不同形式的组织构建知识链，通过知识分享和知识创造实现既定目标。在知识链中组织之间共享的信息和知识具有一定程度的专用性，单个企业要想获得这些具有专用性的信息和知识需要付出昂贵的代价、冒着巨大的风险、耗费大量的资源和时间。但在知识链中，通过组织间知识共享，企业能够获取稀缺性资源，并能够与知识链中成员共同承担知识创造和技术开发相关的成本。相对于在市场经济中单个生存的企业而言，知识链中成员获得了更多、更全面和更专业的知识资源，并大大缩短了时间并减少了成本。

（2）不断变化的顾客期望

20世纪90年代初期，伴随着科学技术的迅速发展和人民生活水平的提高，人们的消费需求越来越多样化，对企业运行和发展提出更高的要求。单个企业很难拥有足够的资源和生产能力满足不断增值的产品需求，即使企业拥有足够的生产能力和技术水平，受规模经济的影响，产品的价格也很难具有竞争力。与此同时，产品更新速度越来越快，尤其是近年来电子产品更新换代的速度更是超乎人们想象，以手机产品为例，几乎每个月都有新型号或具有新性能的手机问世。在这样的环境下顾客对产品的革新需求越来越高，大规模的生产逐渐被满足顾客个性化需求的定制生产替代。企业为满足顾客的要求就需要不断地推出个性化的产品，并且还要保证产品质量的可靠性和优异性能。为适应这些变化，企业就需要构建知识链，并与知识链中的合作伙伴保持良好的合作关系，提高市场反应速度，实现高效率知识共享和创新，从而更好地满足顾客不断变化的需求。

（3）减少交易成本的需求

在知识链运行环境中，强调不同知识组织发挥的作用，高校和科研院所主要是为企业创新提供强有力的技术支撑，并提供具备技术研发能力的人才，而上游企业和下游企业主要是为核心企业提供产品相关知识以及顾客需求，通过对知识有机整合，创造新知识有效实现资产的价值增值。核心企业就可以从规模效益中获益，并且在某个具体的领域拥有更多的专家和先进技术，产品质量以及性能也比企业自制更好、成本更低。并且为了满足需要，企业可以从全球范围内选择更合适的合作伙伴，并对市场需求做出快速反应，以最快的速度对客户要求做出回应。由此可见，知识链组织关系的形成对于单个企业的运作不仅能达到各种知识和信息的共享，更是降低了交易成本，实现了对市场需求的快速反应。

通过上述分析可见，外部环境变化，资源依赖的需求、不断变化的顾客期望以及降低交易成本的需求推动知识链组织间关系的发展，这也意味着越来越多的企业或组织开始构建知识链或加入知识链组织合作关系中，以此获得更长远的发展。

### 4.1.2.2 知识链组织间关系演化

知识链是有生命周期的，因而知识链中组织间关系的演变与知识链生命周期的变化是紧密相连的。顾新等（2007）[①] 提出知识链是以满足核心企业的知识需求为驱动，从最初为了满足核心组织的需求到目标实现或产生难以化解的冲突，知识链有一个完整的生命周期：酝酿期、组建期、运行期、解体期四个阶段。知识链生命周期的每个阶段都包含不同的决策过程，通过上文对组织间关系演化的分析，再结合知识链特征，本书认为知

---

① 顾新，李久平，王维成. 基于生命周期的知识链管理研究 [J]. 科学学与科学技术管理，2007 (3)：98—103.

识链中合作组织间主要经历了关系建立、关系运行、关系维护和关系评价四个阶段（如图 4.1 所示）。

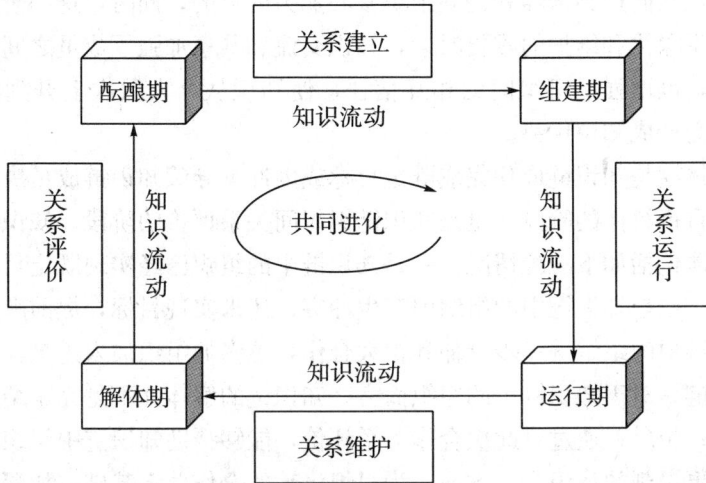

**图 4.1  基于知识链生命周期的组织关系图**

酝酿期是核心企业筹建知识链的阶段，也是核心企业与其他组织建立合作关系的阶段。知识链酝酿期决策过程包括：市场机遇识别→企业核心能力识别→知识链模式选择。在这个阶段，知识链中的核心企业根据内部经营的需求以及外部环境因素影响，明确知识需求，开始考虑是否组建知识链与其他组织进行合作以获取或创造所需要的知识。于是，核心企业与其他组织的关系开始逐渐由竞争走向合作，从机遇识别过程发现合作机会，并基于知识需求对未来知识链模式进行抉择，这也就意味着以什么样的方式进行组织间合作。

组建期是核心企业做出组建决策后开始建立知识链的阶段，也是核心企业开始与其他组织产生和运行关系的阶段。知识链组建期决策过程为：选择合作伙伴→确定利益分配方式→签订合作协议→成立知识联盟。这一过程中，核心企业为实现目标，通过相关的契约开始在不同组织之间建立相对稳定的长期合作关系。这一关系的运行所产生的联系在一定程度上减少了组织之间信息交流和知识流动的成本，而且能确保信息交流的质量和效率。

运行期是知识链为实现目标而运行的阶段，也是各个组织合作关系不断深化和维护的阶段。知识链运行过程为：组织间交互学习→建立相互信任关系→知识优势的形成。这一阶段，组织之间通过建立学习机制，利用知识链提供的平台实现交互式学习，目的是鼓励组织和个人自主分享知识和技能，从而达到培养和提高组织核心能力的目的。同时，这一阶段是组织间关系深化和维护的重要时期，知识交流和共享加强了成员之间的沟通和交流，也增强了组织间的相互信任，使知识从个人层次上升到组织层次，从而形成知识优势。

解体期是知识链成功完成既定目标或因冲突导致知识链成员决定终止合作而自行解体的阶段，也是知识链组织间关系评价的阶段。知识链中的组织解体包括如下三种情况：一是知识链中的组织已经实现既定目标，自行解体；二是知识链中的组织因产生冲突，还未实现目标，提前解体；三是知识链中的组织进一步延伸和扩大合作，更多的组织加入进来，形成新的知识链。对于知识链中的组织而言，知识链的解体并不是完全结束组织间关系；相反，通过对此次合作关系评价，能够帮助知识链中组织对合作关系有更深刻的认识。一方面，为组织将来的合作奠定基础，加深组织间关系使得合作关系得以持续；另一方面，因冲突导致知识链解体，组织合作关系终止，也使核心企业在未来建立组织关系时更加谨慎。

通过对知识链不同阶段组织间关系的分析可见，伴随着知识链生命周期进化，组织间关系呈现出一个由弱到强再减弱的过程。这也就意味着在知识链生命周期的前两个阶段，组织间关系相对脆弱，部分成员可能是第一次合作，成员之间的信任程度并不是很高。因此，这两个阶段组织成员关系维系相当关键，也是决定能否实现既定目标的关键环节。而伴随合作关系的发展，组织成员之间不断进行信息沟通、知识共享和知识创造等行为，使得组织间关系得以深化，组织成员间的信任也在不断提高，因而，这一阶段只要维护好成员之间建立起的关系，知识链就可以顺利运转。到知识链解体阶段，随着知识优势的形成，组织成员开始对知识链绩效进行评估，这一时期组织间关系开始逐渐减弱。但在分析知识链成败因素的过程中，核心企业将决定与哪部分组织继续保持合作关系，与另一部分组织解除合作关系。因此，这一阶段对于组织间关系来讲既是结束，也是一个新的开始。

### 4.1.2.3 知识链组织间关系类型

通过对知识链生命周期中合作组织关系演化的分析，可以看出知识链中组织间关系主要经历四个时期，在不同阶段中呈现出不同的关系特征，这直接影响知识链的运行和发展。本部分根据上文对知识链组织间关系演化的特征，进一步分析知识链组织间关系类型，深层次剖析和探究知识链知识流动过程中，组织间关系变化所造成的影响。

（1）知识链组织间的合作竞争关系

在研究组织间合作竞争理论最具代表性的人物当属布勒克和恩斯特（Bleek and Ernst），他们在 1993 年出版的《协作型竞争》一书中提出，完全损人利己时代已经结束，长期的势均力敌的竞争很难适应当今市场的竞争和创新，更强调通过合作的形式来驱动企业之间的发展。于是，美国耶鲁大学管理学院的布兰登勃格和内勒巴夫（Brandenburger and Nalebuff，1996）在其合著的《合作竞争》一书中首次提出"合作竞争"（Co-opetition）一词，认为合作竞争是结合了合作与竞争的优势的一种方法，意味其在未来的经济发展时代合作竞争将为企业带来更多的发展空间和利润。

知识链的组织形式实际上是一种战略合作伙伴关系的知识联盟（Knowledge Alliance），从知识链的构成以及组织成员关系演化特征看，各个组织成员之间是一种既合作又竞争的关系，而这样的关系恰当地反映了知识链的根本特性。知识链组织间的合作竞争，主要是指核心企业与其他合作组织在目标和利益一致性的原则下，以知识互补为基础，以市场需求和时代发展为驱动力，以合作提升竞争力而创造知识优势为目标的动态过程。在知识链中，由于各个组织首要目标还是关注自身的存在和发展，因而组织间的竞争关系将始终贯穿知识链。

在对知识链组织成员关系演化的分析中，成员间最初关系的建立是基于某种特定的目标或是共同利益，通过知识共享和创造实现资源互补和相互信任，以此开拓更广阔的市场空间；而成员间除了存在竞争关系以外，更多的是强调合作，为适应市场竞争而进行合作，又通过合作对抗外部的竞争，从而就形成了既有合作又有竞争的局面。

在知识链中，组织成员间的合作竞争关系表现出这样的特点：在知识链酝酿期和组建期，即不同类型的组织建立关系时，为适应当今激烈的市场竞争，这些组织需要学会必要的合作与妥协，在竞争中寻找一切合作机会，并建立互利互惠的合作竞争关系；在知识链运行期，即知识链成员间关系的维护阶段，组织成员通过合作进行知识共享，从而产生知识优势进而赋予合作成员更大的市场竞争能力，在这一合作过程中起到强化竞争的作用。

然而，对于知识链中核心企业而言，构建组织间合作竞争的关系是一个不断进行权衡和取舍的过程。一方面，若是核心企业过分强调组织间的合作，有可能导致自身优势的丧失，培养出比自己更强的竞争对手，不利于自身长远发展；另一方面，若是核心企业过分强调组织间的竞争，会降低组织间的信任度和凝聚力，使得知识共享受到阻碍，导致知识链整体创新能力或绩效下降，严重可能导致知识链解体。因此，通过上述分析可知，知识链中组织间存在合作竞争的关系，但这样的关系状态核心企业需要根据关系的发展阶段适时进行调整和平衡。

（2）知识链组织间的相互信任关系

知识链中的组织建立合作关系的目的是通过知识资源互补获取收益并提高市场竞争能力。因而，这样的合作关系在建立之初就是对未来行为的一种承诺，这就需要建立在彼此信任的基础上，使其变成切实可行的方案和计划，并最终得以实现。在知识链关系演化的进程中，信任起到了纽带和桥梁的作用。一方面，知识链中组织成员间的合作主要是通过知识共享和知识创造实现知识优势，而信任恰恰成为组织间知识流动最有力的保障，信任程度越高，知识贡献的程度也就越高，尤其是隐性知识和核心技术；另一方面，知识链组织结构松散，且由于知识的特殊属性，很难通过相关契约或是合同对成员实施监督和控制，因而使得知识链中的组织在合作中存在较大的不确定性和风险。吴绍波等（2009）[①] 等从知识流动的视角，探究知识链中以信任为基础的冲突协调机制，对知识链中由于知识特性、企业组织特性以及关系特性对引发的知识链组织间冲突展开分析，并提出构建共生系统以及建立核心企业的优秀价值观维护知识链组织间信任。王涛和顾新（2006）[②] 基于社会资本的角度，研究了知识链组织成员间相互信任机制，并根据知识链发展的时间维度将知识链成员间的信任分为：尝试性信任、维持性信任和延续性信任。他们还对知识链中相互信任产生机制进行了博弈分析，发现知识链成员间相互信任的产生机制是"过

---

① 吴绍波，顾新，彭双. 知识链组织之间的冲突与信任协调：基于知识流动视角 [J]. 科技管理研究，2009（6）：321+325-327.

② 王涛，顾新. 基于社会资本的知识链成员间相互信任机制研究 [J]. 研究与发展管理，2006，18（5）：44-49.

程和规范"型。王雅娟（2012）[①] 研究了组织间信任对知识链演化的影响，通过实证研究发现，组织间信任不管是对知识链中企业个体知识链的管理还是对于中间组织知识链整体管理都具有中介效应。综上所述，为保障知识链的有序高效运行，相互信任关系是知识链组织间关系的一个典型特征，且始终贯穿知识链运行始终。

在知识链中合作组织间的相互信任关系表现出这样的特点：

第一，知识链组织间相互信任关系的程度是在不断变化的。知识链中组织间的信任随着组织间合作的深化，会经历一个由低到高的过程，从而呈现出一个动态共生的形态。假设在一个完整的知识链运行周期时间内，知识链内组织间信任关系将经历"低度信任"→"中度信任"→"高度信任"的变化（王涛和顾新，2010）[②]。但是，对于不同的知识链，由于外界等环境因素的影响，知识链中组织间信任程度有所不同，尤其是"高度信任"是一个理想化的水平，并不是所有的成员都能达到。但不可否认，对于"中度信任"，也就是"治理信任"还是能够通过一系治理机制抑制知识链中出现的机会主义，迫使成员修正其威胁知识链整体利益的行为，从而维护成员间的信任关系。

第二，知识链组织间的相互信任关系是脆弱的。知识链组织间相互信任的关系归根结底还是合作组织间人与人之间的信任关系，而人与人之间信任关系的建立是需要投入一定精力和时间的，需要付出一定的成本进行维护，一旦合作方做出背叛行为，信任很快就会瓦解，之前所建立的信任将会消失。同时，从上文分析可见，在知识链运行中，信任程度是在发展变化的，而这变化中一方面是向更好的方面发展，另一方面是在合作中逐渐发现共享知识的不对称性，合作伙伴很可能会变成强有力的竞争对手，这样的情况下信任程度会迅速下降。由此可见，知识链中组织间相互信任关系由于建立时需要一定代价，而在后期又会因信任给合作者带来风险，因此就不难理解这样的信任关系即使是在利益驱动的下也是脆弱的。

第三，知识链组织间相互信任关系是可控制的。知识链组织间信任关系不是自发形成的，也不是无法控制的，而是可以通过相关措施和机制对

---

① 王雅娟. 基于组织间信任的知识链演化研究 [D]. 大连：东北财经大学，2012.

② 王涛，顾新. 基于社会资本的知识链成员间相互信任产生机制的博弈分析 [J]. 科学学与科学技术管理，2010（1）：76−80+122.

知识链组织间相互信任加以引导。在这一过程中要注意两个问题：一是通过一些措施激励和引导成员间相互信任的产生，目的是防范个别组织成员由于目标和利益不一致性做出危害知识链整体利益的行为，以及一些机会主义行为，将这些风险控制在相互信任的承受的范围之内；二是知识链中核心企业与合作组织有些是首次合作，有部分是再次合作，那么在信任程度上就会存在不对等的现象。那么这样就会产生由于过度信任而降低对风险的关注程度的问题，尤其是合作组织不能很好地履行义务和责任时，不能及时提醒或是给予一定惩罚，会影响知识链未来发展的运行。这就需要核心企业树立正确的精神价值观，并建立相关机制，对合作组织进行引导，确保组织间信任向有利的方面发展。

第四，知识链组织间相互信任是不可或缺的。在知识链中，组织间的相互信任能够降低交易成本以及经营风险，提高知识链的运行效率。首先，相互信任关系可以提高知识链中合作组织间知识共享的积极性，降低对正式契约或合同的依赖，从而降低监督和激励成本；其次，相互信任是知识链中组织间成员有效沟通和理解的必要条件，这对于不同类型和不同文化的组织更好融合有较好的推动作用，进而确保知识链成功运行，降低了知识链解体的风险。此外，知识链中组织间相互信任是知识链中核心知识以及隐性知识进行共享的前提，提高共享信息的准确度，直接影响知识链整体绩效的提升。同时，知识链中组织间相互信任更是知识链稳定运行的保障。一方面，通过组织成员间的信任关系能够更好地应对不断增加的运行风险和激烈竞争；另一方面，组织成员间信任能够缩小或消除合作组织间文化差异、行事习惯以及个性特征的差异，减少矛盾和冲突的产生。因此，组织间相互信任关系是知识链组织关系不可或缺的部分。

（3）知识链组织间的相互依赖关系

组织间关系最好的催化剂就是相互依赖。对于知识链而言，经过初始阶段对合作伙伴的筛选和双向选择后，关系由最初的尝试信任阶段逐步进入到一定程度的信任，也是在这一阶段，知识链中组织与组织之间相互信任、相互依赖的行为开始形成。这样的依赖关系意味着若是重新选择合作伙伴，需要承担较大的交易成本或是不确定因素，经过成本收益的核算目前的状态是最佳的；或是表明在当前情况下没有更好的选择对象；或是核心企业发现在市场激励竞争环境下更好的合作伙伴已经与竞争对手形成稳定的合作关系，这就意味着组织间只能保持目前的合作伙伴关系才能实现既定的利益和目标，在这些情况下知识链组织间相互依赖关系逐渐形成并趋于稳定。吕晖等（2010）[①] 通过研究供应链组织间资源依赖问题时提出，在选择合作伙伴时应着重考虑彼此间的资源互补性与相互依赖性，并高度重视人际关系的建立，才能更好地提高供应链合作伙伴间的信任，从而实现跨组织的信息协同。谢纳和马兹涅夫斯基（Shaner and Maznevski，2011）[②] 认为网络中组织间相互依赖关系有助于促进长期友好的合作关系的形成和发展，并对绩效的提高有直接影响。

知识链组织间的依赖关系表现出这样的特点：①核心企业对合作组织的依赖。知识链中构成包括的高校、科研机构、供应商、客户甚至是竞争对手，核心企业从这些不同类型的组织中通过知识流动的方式获取相关的信息和知识，例如从高校和科研院所获取最新的技术以及前沿的管理方法和手段，从供应商获取产品原料以及相关材料，从客户处了解到市场上客户的需求，从竞争对手那里了解最新的市场发展动态，核心企业将这些资源进行整合和筛选，并合理地运用到管理以及产品的生产中去，从而提高其市场竞争力。②合作组织对核心企业的依赖。组织成员通过知识链发挥自身的优势，并借此壮大自身的实力，从而维持或提高自身在市场竞争中的地位。③知识链中合作组织之间的相互依赖。知识链中的组织通过知识流动，可以对某个领域和行业有更深层次的认识，例如高校和科研机构能够很好了解到所研发的技术是否能很好匹配运用到实际生产中，不断对所研究的成果进行改进和调试，为未来进行科学研究提供了更广阔的发展空间。

由此可见，知识链中组织间相互依赖关系，使各组织不仅可以分担知识链运行的风险和发展规模经济，还可以获得互补性的资源；不仅可以获得之前从未获得的各种资源，还可以与合作成员进行知识创造并开发新的资源。

---

① 吕晖，叶飞，强瑞. 供应链资源依赖、信任及关系承诺对信息协同的影响 [J]. 工业工程与管理，2010（0）：7 15.

② Shaner J, Maznevski M. The relationship between networks, institutional development, and performance in foreign investments [J]. Strategic Management Journal, 2011, 32（5）：556—568.

## 4.2 知识链组织间关系演化博弈分析

上一部分分析了知识链组织间关系形成动因、演化阶段以及不同阶段组织间关系特征，本部分将从演化博弈理论角度分析知识链成员间关系及其对知识共享的影响。

### 4.2.1 博弈模型构建及原理

20 世纪 70 年代，随着演化稳定策略（Evolutionary Stable Strategy）概念的产生，演化博弈论（Evolutionary Game Theory）逐渐应用于经济学理论。相比于传统的博弈理论，演化博弈论结合了理性经济学与演化生物学的思想，是把动态演化过程和博弈理论相结合的一种理论，更加强调博弈分析的应用价值。演化博弈论以群体为研究对象，在现实中由于个体的有限理性，在博弈开始时往往找不到最优策略，于是在不断博弈过程中个体的决策通过对其他个体模仿、学习和突变等动态过程实现，通过试错的方式不断修正自己行为，最终实现博弈的均衡。而鹰鸽博弈是演化博弈论体系中的经典博弈问题，它并不是研究这两种动物之间的博弈，而是探究生存竞争和冲突中不同策略和均衡的问题，其中"鹰"代表"竞争型"策略关系，而"鸽"代表"合作型"策略关系。

知识链中各组织基于不同动机和目的而形成相互信任、相互依赖的合作关系。但是，知识链中的组织成员都是独立的经济主体，自身利益最大化是参与合作的基本立足点，然而各组织成员所追求的目标并不一定与知识链的利益最大化是一致的，因此就会产生机会主义，再加上组织文化差异和信息不对称，就可能导致知识链组织合作关系的破裂。因此，在知识共享过程中，知识链中组织若是出于对自身资源异质性和保持竞争优势的考虑，组织成员间关系就会成相互竞争关系；但是若出于知识链整体利益和自身长远发展的考虑，组织成员之间就会采取合作关系。由此可见，知识链中组织成员的合作竞争关系与鹰鸽博弈中的决策和均衡博弈关系是相似的，因此，本书将应用鹰鸽博弈模型分析知识链组织间关系对知识共享的影响。

为方便研究，将知识链中组织间知识共享的关系分为竞争型和合作型。具有竞争型特征的组织希望通过与知识链组织成员的合作关系提升自我竞争优势，通过知识共享获取自身所需要的资源，而这样的组织对组织间知识共享和创造持消极态度，仅选择部分知识进行共享，在机会主义的导向下往往采取"鹰"的攻击型策略。而具有合作型特征的组织则希望与知识链中组织成员合作，并通过交互学习获得知识和技术优势，提升自身的竞争优势，从而获取更大的利益和绩效。合作型特征的组织往往会主动共享知识和资源，并通过"鸽"的和平策略实现有效的知识共享。

假设知识链中有组织 A 和组织 B，双方在知识共享时有两种策略表现，即"鹰"（$H$，竞争）策略或"鸽"（$D$，合作）策略。由此出现的博弈策略有 4 个策略组合（见表 4.1）：当两者都采取"鹰"的竞争策略（$H$，$H$），组织间的不信任和机会主义将影响知识共享；当两者都采取"鸽"的合作策略（$D$，$D$），组织间将有效实现知识资源的共享；当一个组织采取"鹰"的策略，另一组织采取"鸽"的策略，即（$H$，$D$）或是（$D$，$H$），采取"鹰"策略的组织将会以较低成本获取知识资源。

表 4.1　知识链组织成员鹰鸽博弈策略组合

| | | 组织 B | |
|---|---|---|---|
| | | 鹰 | 鸽 |
| 组织 A | 鹰 | （$H$，$H$） | （$H$，$D$） |
| | 鸽 | （$D$，$H$） | （$D$，$D$） |

假设用 $p$ 代表组织间知识共享成所获得的收益，包括创新能力、经济效应和社会资本等，用 $c$ 表示组织间在争夺知识资源时相互消耗所带来的损失，即关系破裂或是机会主义付出的代价。若双方都采取"鸽"策略，则双方收益均为 $p/2$；若双方都采取"鹰"策略时，获胜方将得到收益 $p$，而失败方将付出 $c$ 单位的代价，由于胜败机会各占一半，所以双方的期望净收益都是（$p-c$）/2；若双方不同的策略，采取"鹰"策略的一方将获得收益 $p$，则采取"鸽"策略一方由于没有获得知识资源，将没有任何收益。根据以上假设，知识链中组织成员间博弈的支付矩阵如表4.2所示。

表4.2  知识链组织成员鹰鸽博弈策略的支付矩阵

| | | 组织B | |
|---|---|---|---|
| | | 鹰（竞争） | 鸽（合作） |
| 组织A | 鹰（竞争） | （$(p-c)/2$，$(p-c)/2$） | （$p$，0） |
| | 鸽（合作） | （0，$p$） | （$p/2$，$p/2$） |

为了更直观地了解知识链组织成员关系的鹰鸽博弈关系，将给出 $p$ 和 $c$ 的一组具体数值展开讨论。考虑到在知识共享过程中组织采取机会主义或是短期利益考虑所造成的损失往往要大于所获得收益，因此取 $p=2$，$c=12$，相应的支付矩阵如表4.3所示。

表4.3  知识链组织成员关系鹰鸽博弈策略的支付矩阵

| | | 组织B | |
|---|---|---|---|
| | | 鹰（竞争） | 鸽（合作） |
| 组织A | 鹰（竞争） | （−5，−5） | （2，0） |
| | 鸽（合作） | （0，2） | （1，1） |

运用演化博弈论的基本思想进行分析，（鸽，鹰）和（鹰，鸽）虽然是纳什（Nash）均衡，但并不是演化稳定策略，而混合策略（1/6，5/6），即知识链中组织1/6概率会采取竞争策略，而5/6概率采取合作策略，才是最终的演化稳定策略。

## 4.2.2  演化稳定策略

通过上述博弈策略的支付矩阵可见，一个博弈方的收益不但取决于自身采取的策略，也取决于合作伙伴的策略。结合表4.3所示知识链组织成员关系鹰鸽博弈策略的支付矩阵，具体分析如下：

若 $p<c$，知识链中组织采取（竞争，合作）与（合作，竞争）成为纳什均衡，但不是演化稳定策略。因为在知识链组织合作关系中，不可能存在完全的竞争关系和完全的合作关系，这样的关系也是不稳定的。

若 $p=c$，则知识链中提供知识的组织均会采取竞争行为，是唯一的纳什均衡，但并不严格，因为只要一个组织采取竞争行为，不管其他合作组织使用合作还是竞争行为，其能够得到的支付都是0。尽管如此，由于

$p > 0$，演化稳定策略是唯一的。

若 $p > c$，则知识链中组织均会采取竞争行为，是严格的纳什均衡，也是唯一的演化稳定策略。

假设选择"鹰"策略的知识链中知识共享组织比例为 $k(0 < k < 1)$，则选择"鸽"策略的组织成员比例为 $1 - k$。考虑每个策略的预期回报，采用"鹰"策略的共享知识的组织的支付为：

$$E_H = k \frac{(p - c)}{2} + p (1 - k) \tag{4-1}$$

采用"鸽"策略的共享知识的组织的支付为：

$$E_D = (1 - k) \frac{p}{2} \tag{4-2}$$

当 $p > c$ 时，无论 $k$ 值取多少，采用"鹰"的竞争策略将得到更大的收益。此时，知识链中组织都会把竞争策略作为首选策略；

当 $p < c$ 时，知识链中共享知识的组织选取"鹰"或是"鸽"的策略主要受到 $k$ 值大小的影响。

要达到混合策略纳什均衡，需要有 $E_H = E_D$，则

$$k \frac{(p - c)}{2} + p(1 - k) = (1 - k) \frac{p}{2} \tag{4-3}$$

从而，$k = \frac{p}{c}$。整个演化过程如图 4.2 所示：

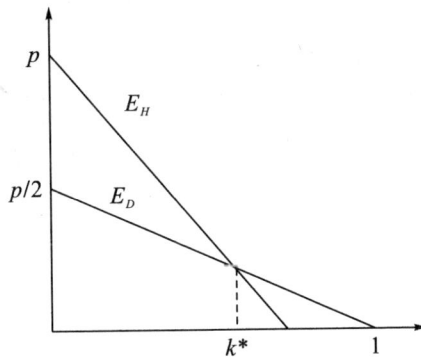

图 4.2　知识链组织关系演化博弈

当 $k > k^*$ 时，$E_H < E_D$，意味着知识链中知识共享组织采取"鸽"的合作行为所获得的收益将大于采用"鹰"的竞争行为所支付的成本，受知

识共享所带来的利益驱动，知识链中组织将采用合作策略，从而 $k$ 会减小。

当 $k < k^*$ 时，$E_H > E_D$，意味着知识链中知识共享组织采取"鹰"的竞争行为所获得的收益将大于采取"鸽"的合作行为所支付的成本，受知识共享所带来的利益驱动，知识链中组织将采用竞争策略，从而 $k$ 会增大。

当 $k = k^*$ 时，$E_H = E_D$，意味着有 $p/c$ 概率的知识链组织成员会采取"鹰"的竞争行为，有 $1-p/c$ 概率的知识链组织成员会采取"鸽"的合作行为，而 $(p/c, 1-p/c)$ 将采用知识链组织关系演化稳定策略。此时，不论知识链中共享知识的组织采取哪种策略，两种策略所获得预期收益是对等的。

### 4.2.3 模型分析

从知识链组织关系博弈模型的演化过程可见，知识链中共享知识的组织采取竞争或是合作行为取决于所获得的知识资源所带来的收益与支付的成本之间的关系。从表面上看，只要所获取的知识资源价值不低于竞争失败的成本，知识链中组织就会采取竞争行为，也就意味着会产生消极共享知识的行为。而在实践运行中，知识链中组织若是长期采取这样的策略并不利于其发展，不仅获得收益远远低于合作带来的收益，更是会由于这些行为导致合作关系破裂，被迫离开知识链。由此可见，组织间所共享的知识资源的价值影响着知识链组织间关系的变化，而组织是否愿意共享高价值的知识资源是契约或法律制度所不能控制的，因此在知识链中实行关系治理就显得尤为迫切。因而，若没有关系治理，知识链中组织之间将会以竞争为占优策略，但是一旦实施关系治理，组织成员在知识共享时采取机会主义所要付出的代价会使得组织间将不完全是竞争的局面。

## 4.3 基于核心企业的知识链关系治理问题分析

在研究知识链关系治理问题时，需要考虑一个问题，即站在哪个角度或是以谁为主体实行关系治理。上文研究中提到，知识链关系治理中主体是多元的,这些合作组织在知识链中地位和分工不同所发挥的作用也存在较大差异。而在知识链中,核心企业根据市场发展的需求,并基于某个共同的利益所产生的凝聚力把诸多具有独立地位的知识组织联系起来,并建立一定的合作关系,其竞争能力以及创新能力很大程度上决定了知识链整体的绩效和目标实现能力。因而,核心企业相对于其他合作组织能更好地了解和把握知识链整体运行中组织间关系发展的状态和程度。因此,本部分主要从核心企业角度探讨知识链组织间关系以及知识链关系治理中存在的问题。

## 4.3.1　知识链中的核心企业

知识链由不同组织构成,核心企业即知识链盟主是知识链的核心主体,其他组织为参与主体。知识链形成的动因是基于核心企业的知识需求而发生和发展的,因而在知识链中,核心企业在维系知识链有效运作过程中扮演着十分重要的角色。

在知识链中,核心企业和其他合作组织都具有独立的法人地位,因而不存在行政上的隶属关系,更多的是一种服务和合作关系。核心企业作为知识链的"盟主",其在知识链中主要作用表现在以下几个方面。

### 4.3.1.1　核心企业是知识链的关系协调和控制中心

核心企业需要具备对知识链中合作组织进行关系协调和控制的能力,以此保证知识链顺利运行以及知识链绩效的最大化。首先,为了保证知识链中合作组织在知识、技术以及信息等资源方面充分共享,实现知识链目标,需要核心企业对不同类型的合作组织的行为进行有效协调。其次,为了保证知识链有效运作,从知识链建立时的核心组织发起,到知识链运行中各样冲突和矛盾协调沟通,再到知识链解散后的后续合作和善后处理,都需要核心企业进行有效的协调和控制;另外,为了控制知识链中组织间关系的亲疏远近,以及维护各类组织在合作中的公平性和公正性,核心企业需要发挥权威的控制作用,一方面是解决合作组织间由于关系过度亲近和疏远导致的分裂和孤立现象,另一方面是平衡和弥补对知识链整体绩效追求所导致的个体利益的损失。

### 4.3.1.2　核心企业是知识链中知识需求发布和整合中心

知识链中的核心企业在自身具备一定的知识优势的同时，首先需要具有捕捉市场发展动态信息的能力，明确所需的知识和资源，才能为知识链的运行确立有效的目标。同时，在知识链运行过程中，核心企业还需根据市场需求发展的变化，不断对知识共享和知识创造的内容进行科学合理的调整，以此保证获得的知识能更好地用于管理和产品生产，满足市场发展的需求。因此，知识链中的核心企业要实时关注市场需求的变化，并根据知识链中合作组织知识创造的情况发布知识需求，以求更好地实现知识链目标。

核心企业在知识链中除对知识需求关注和发布外，更重要的是对知识链中各合作组织共享和创新的知识进行集成，进而为整个知识链以及合作组织提供更完备、更高效的知识支持，发挥其整合效应。核心企业的知识整合是将知识链中各节点组织的知识融合在一起，剔除知识间不一致的现象，形成优势互补，使知识得到充分的融合和利用，从而产生"1+1>2"的倍增效应，因而核心企业知识整合不仅有利于自身企业内部知识协同的发展，更有助于知识链中各合作组织不同类型和层次知识的协同发展，进而提高核心企业及知识链整体的绩效和知识创造能力。由此可见，这一过程不仅具有整合效应，还具有协同与倍增效应。

为了更形象地说明核心企业与合作组织之间知识整合的过程，本书以知识链组成结构为基础构建了核心企业知识整合模型。在知识链中各成员组织一方面要保持自己的核心知识，保证企业自身的竞争优势；另一方面作为合作伙伴又要参与知识链成员间知识共享和交流。由图4.3可见，知识链中核心企业的知识整合与合作组织的知识流动是同时进行的，同时供应商、客户、竞争对手以及大学和科研院所的知识也在不断变化。核心企业作为知识链高效运作的领导者与信息交换中心，其知识整合效应沿着链式结构传递与扩散，进而促进知识链中各节点上的组织间的知识流动。同时，各合作成员根据自身特点不断进行知识资源的整合，并源源不断地将这些知识进行共享，并向核心企业输入。核心企业在接收到合作组织提供的不同知识资源的同时，开始经历由个人到团队再到组织的知识整合过程，进而将其转化为知识优势。

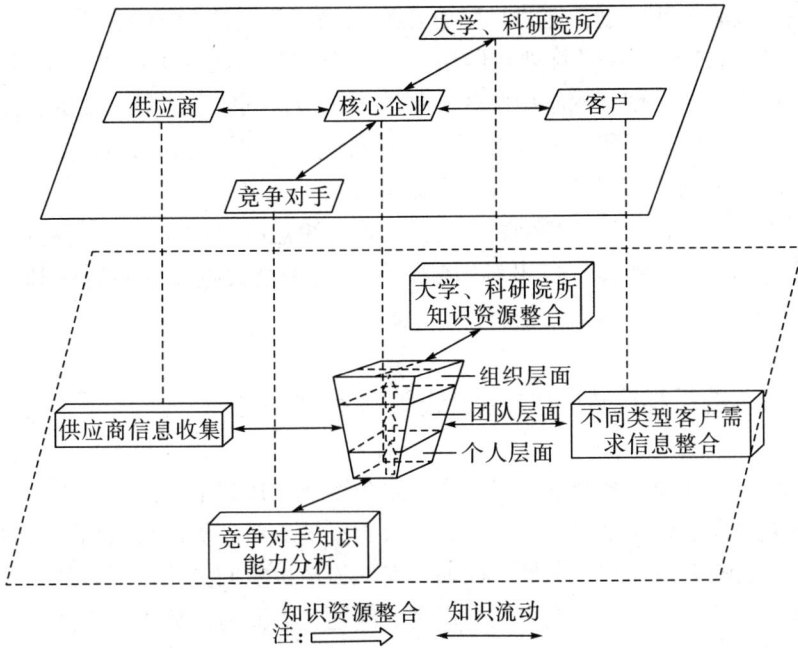

**图 4.3 知识链组织知识整合和知识流动过程**

### 4.3.1.3 核心企业是知识链中创新驱动中心

核心企业在知识链生命周期中的作用就是优化组织间知识流动的过程，进而实现知识共享和知识创造，从而提高知识链整体竞争优势。因而，从知识演变视角来看，知识优势产生过程也是核心企业逐步成长的过程，不仅仅是整合现有合作组织的知识优势，更意味着创作出更多原创性知识，并将这些原创性知识借助一定的平台有效地实现商业化。伴随着知识链组织成员合作愈加深入，知识流动的频率也逐渐增加，尤其是隐性和核心知识的共享，为核心企业的成长提供了一个有力的平台，使得核心企业知识创造加快进而对知识链整体创新影响增大。党兴华和王方(2014)[①] 在研究核心企业与网络创新绩效关系时发现，核心企业的领导能力、协调能力以及知识共享和创造能力直接影响了技术创新网络的绩效

---

① 党兴华，王方. 核心企业领导风格、创新氛围与网络创新绩效关系研究［J］. 预测，2014，33（2）：7-12.

水平，核心企业的创新能力是影响创新网络扩张与成功的关键影响因素。蒋军峰（2010）[①]专门就创新网络与核心企业共生演变关系进行了研究，发现核心企业是创新网络中吸收和创造知识最快的企业，其形成的制度创新能力和知识创新能力能够有效地推动创新网络的扩张和绩效提高。

由此可见，知识链中的核心企业与一般企业不同，其发展和成长的过程，不仅仅蕴含着对自身创新能力的提高，更意味着对知识链整体创新能力的更大影响，能够创造出对知识链整体发展至关重要的新制度和新技术，因此，是知识链中的创新驱动中心。

### 4.3.2 基于核心企业的知识链关系治理问题

组织间合作关系会随着时间推移发生变化，通过上文对知识链生命周期演化过程中组织之间关系的演化以及类型的分析，更能反映出知识链中组织关系的动态性和复杂性。因而，对知识链组织间关系治理，就需要发现组织成员在知识链关系变化中出现的问题，做到有的放矢。因此，本部分在基于上部分对知识链核心企业作用和定位分析的基础上，根据知识链组织关系不同阶段关系类型和特征，并结合相关文献整理以及现场调研中被调查者的一些反馈信息，拟从核心企业的角度分析知识链在关系治理过程中存在的问题以及困境，为下一步探讨构建知识链关系治理机制体系提供更多的理论依据（如图4.4所示）。

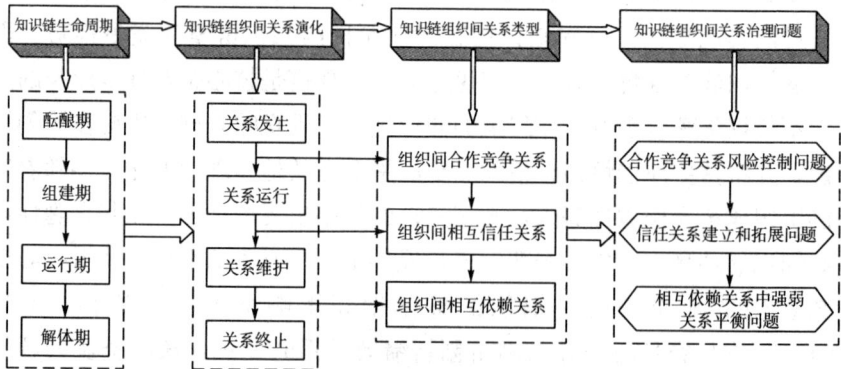

图4.4　知识链组织间关系治理问题

① 蒋军锋. 创新网络与核心企业共生演变研究进展［J］. 研究与发展管理，2010，22（5）：1−13+45.

### 4.3.2.1　组织间合作竞争关系风险控制问题

知识链中组织间合作竞争关系贯穿知识链整个运行过程，相比合作之前分散了风险，降低了不确定性，成为知识链中组织间关系的一个特点。但是，在这样的合作竞争关系中由于成员组织个体差异与知识链总体的矛盾，导致知识链核心企业在进行管理和协调时变得复杂化。同时，这些组织既可以选择这次合作，也有选择下一次不再合作的自由和权利，因而这些因素给知识链的运行带来了一定的风险，也给核心企业在对知识链中组织关系治理时带来了诸多问题和困难。这些风险主要包括文化差异风险、信任风险、信息不对称风险、运作障碍风险以及核心能力丧失风险。

（1）文化差异风险

知识链中的合作组织包括企业、高校、科研机构等，这些组织通常都有自己独特的管理风格和文化，尤其是高校和科研院所与企业不论是组织结构还是规章制度都有较大差距，而企业与企业之间也会在决策风格、职业道德以及人员安排等方面存在不同程度的差异，因而在合作中这些差异可能引发争端。文化差异和管理风格对合作最直接和最深刻的影响表现在解决冲突的方式上。有的管理者认为这是合作关系中不可避免的事实，就会采取积极的态度制定相关策略解决问题；而有的管理者在其经营理念中，对于问题和困难采取回避的态度或是直接公开对立。协调因文化差异带来的冲突对于知识链核心企业将是一个不小的挑战。

（2）信任危机风险

组织间合作竞争关系实际是基于一种对未来行为的承诺，而这承诺可以是公开的，也可以是隐含的。合作之前，知识链中的企业或是组织因为某一利益可能是市场竞争中的竞争对手，或是产生过冲突，基于自身利益的考虑在知识链中成为合作竞争的关系。这样的情况下，将来的合作中还会因为某些利益产生冲突，缺乏信任，这必然会影响整个知识链的正常运作。因此，合作信任危机是在知识链合作竞争关系中最大的风险。

（3）信息不对称风险

知识链中组织进行合作的目的之一就是降低风险，提高市场竞争力，而这一过程中需要各个合作组织进行知识共享和知识创造。然而，有的企业为了短期利益，不惜损害整体的利益而实现个人利益最大化，尤其表现在知识共享中，降低投入的质量和效率，从而破坏了整体合作的融洽关系，引起其他合作组织的不满。同时，由于各个组织所面临的环境不同，所掌握的知识资源不同，对所面临的问题理解就不同，导致在解决问题时意见可能不一致，就会影响知识链中组织间的竞合关系。

（4）运作障碍风险

知识链中这些组织并非真正合成一个统一的整体，只是基于共同的利益而暂时合作，因而各个组织仍然保持一定的独立性，因此在工作分配、信息流动、知识共享、经营决策等各项工作中都会因为是跨组织运作导致运行上的障碍。

（5）核心能力丧失风险

知识链中的组织在合作过程中企业的边界开始变得模糊，伴随着合作的深入和发展，组织间知识的流动开始变得频繁和有深度。随着合作时间的推移，即使投入的知识资源没有贬值，但是知识链整体目标在一步步推进，进而知识链中各合作组织间的战略目标也在发生变化，当部分企业不再需要其他组织提供的知识资源时，就会选择退出，这就会给其他合作组织带来很大的风险，使核心企业陷入进退两难的境地。

### 4.3.2.2　组织间信任关系的建立和拓展问题

上文在对关系治理相关文献热点问题分析时发现，组织间信任是国内学者研究跨组织关系治理问题时关注的焦点，信任被认为是关系治理中重要的影响因素之一。组织间的信任包含合作伙伴对合作者的一系列期望，以及在这些期望下的每个合作成员所应履行义务的情况，因而信任在跨组织合作中发挥着非常重要的调节作用。

从发生学的角度讲，信任建立是信任起源和发生的过程，也是信任主体与客体之间发生依赖关系或委托的过程。根据主体和客体数量，信任的建立通常分为双方信任、三方信任和多方信任。信任建立的复杂程度逐渐增加，这也基本涵盖了信任建立的全过程。信任的建立需要三个要素：信任的需要、信任的实施和信任的确认。知识链是一个跨组织合作联合体，因而信任主体和客体数量较多，因而不仅仅包含双方信任，更多地需要建立多方信任。在信任建立过程中，首先，需要具有信任的需要。在知识链中组织尽管是为了共同利益而进行合作，但在合作过程中都有着各自的不同的需求，而这些需求既可能是长期的，也可能是短期的。当信任需求变得越来越多、越来越复杂的时候，所产生的信任关系也相对强烈。其次，在信任实施过程，也就是选择信任对象的过程中，企业一般受到信誉、能力、责任、文化以及背景等方面影响。由于受中国传统文化影响，一般具有血缘或是亲缘关系会更容易获得信任，但是知识链间组织间并不具备这个特点。最后，信任的确认是信任建立的最终目的和最终环节。当信任主体给予客体信任时，信任客体始终没有给予响应或是在这一过程中做出背叛行为，那么信任主体就无法对信任客体做出评价或是再次建立信任，那么直接影响了信任的质量和信任的拓展。而知识链中组织间信任关系若是没有制度或是相关机制维护，部分组织成员就会做出破坏信任建立的行为，再加上知识的特殊性质，这就会让信任主体质疑信任客体所共享的知识资源的质量和准确性，这就很难建立信任。

综上所述，知识链组织间信任建立和拓展存在困难主要基于以下几个原因：第一，知识链中合作组织数量越多，信任关系涉及的组织也就越多，关系也就越复杂，一个企业要试着考虑与多个企业或组织建立信任关系，而这些组织间很少或是没有亲缘和血缘关系，使得建立和拓展信任需要花费一定的时间和金钱；第二，知识链中合作组织在实现共同目标和既定利益的同时，也要实现个人利益最大化，这就意味着各个合作组织需求是不同的；第三，组织成员在文化、能力、背景等诸多方面都存在较大差异，为信任的实施带来阻碍；第四，缺乏对信任维护的相关机制。由于上述原因使得知识链中的组织信任关系的建立和拓展变得困难，进而使组织间信任关系半径很难扩大，那么知识链核心企业在进行关系治理时会变得更加困难。

### 4.3.2.3　组织间相互依赖关系中强弱关系平衡问题

知识链中组织间相互依赖关系可以理解为：为实现既定目标和共同利益，知识链中核心企业与其合作伙伴维持关系的程度。从本质上看，知识链组织间相互依赖关系是基于不同组织间资源相互依赖而建成的，在这一过程中主要包括任务、目标和结果相互依赖。

知识链关系类型分析可见，随着知识链中组织合作的深入，相互依赖关系更加紧密。但是，笔者在对部分企业、高校和科研院所的调研中发现这样一个问题：随着知识链的发展，知识链中的组织成员对知识链发展所提供的知识资源的重要性也会发生变化，高校和科研院所在知识链初期阶段可能是合作关系中最重要的成员，对核心企业进行强大的技术支持，但是到技术商业化阶段，能够提供原材料和制造能力以及分销渠道的组织或企业将成为知识链中合作关系最重要的成员，因此知识链中组织间相对优势发生变化。同时，由于合作时间的增加，知识链中的组织不断进行知识共享，成员的技能和资源的独特性或是稀缺性也会有所减少，进而削弱其相对优势。当然，在这个过程中，合作成员本身也会积极利用这个合作机会去学习其他合作伙伴共享的知识资源，努力提升自身的能力，并降低对其他合作伙伴或知识链关系的依赖。但是，无论是知识链中需求"环境"的变化，还是处于"合作关系"中的组织成员自身的努力或能力的变化，都会发生相互依赖的强弱关系的变化。

若是核心企业不能很好地平衡知识链中相互依赖的强弱关系，将会影响组织间相互依赖的程度。在依赖关系中不再具有相对优势的组织，会认为在此次合作中有被"利用"的感觉，当没有获得所需要的知识资源时就会因为被忽视而感到失望，进而在接下来的合作中可能会呈现消极态度，甚至退出知识链，这对整个知识链的运行是不利的。而且这样的行为会对其他合作组织之间依赖关系产生较大影响。这将导致组织间的冲突，增加核心企业协调成本，更重要的是这些负面效果可能影响核心企业对知识链的市场竞争力判断以及未来发展战略的制定。

## 4.4　本章小结

本章主要对知识链组织间关系演化情况以及知识链关系治理中存在的问题进行了探讨。首先，对组织间关系相关研究文献进行回顾，结合知识链生命周期特征，对知识链组织间关系演化特征及阶段进行分析，包括关系建立、关系运行、关系维护和关系评价四个阶段。其次，根据博弈理论，用鹰鸽博弈模型对知识链组织间关系演化与知识共享间的关系进行了分析，更加形象地展示出知识链组织关系的变化对知识流动的影响。最后，从知识链核心企业的角度，根据每个知识链组织成员间关系的特征，提出了知识链关系治理中存在的问题，包括组织间合作竞争关系风险控制问题、组织间信任关系的建立和拓展问题、组织间相互依赖关系中强弱关系平衡问题。

# 5 知识链的最优控制权配置

在知识链的酝酿阶段，各知识链成员基于共同目标而建立合作关系，知识链的控制权配置将决定成员间的资源投入、合作行为与创新收益，从而影响知识链整体的创新绩效。因此，在知识链的酝酿阶段合理配置控制权，对于激励知识链成员的创新投入、提高知识共享程度、改善知识链的运行效率等具有重要作用。

控制权配置（Allocation of Authority）是跨组织合作过程中出现的有关战略决策、资源共享、利益分配等活动的控制权安排。很多产业实践表明，控制权已成为影响创新绩效、合作稳定性以及改变产业竞争格局的关键[①]。例如，华为、小米公司为摆脱高通公司对移动通信产业基带芯片的技术垄断与价格歧视，研发具有自主知识产权的智能手机 CPU 并借此建立了创新生态系统；英特尔、思科等公司为强化产业控制权，提出"平台领导力"（Platform Leadership）战略，作为驱动技术创新与市场成长的运营手段[②]。随着技术复杂性与市场竞争的不断加剧，合作创新将成为企业突破自身资源局限的必然选择，实现合作组织间的利益协调，对于促进知识共享、提升创新绩效具有积极意义。但是，由于控制权配置不当，组织也可能将权力优势转化为牟利工具，抢占合作利益或损害合作关系。因此，控制权配置及其利益协调问题受到国内外学者的持续关注。

## 5.1 文献回顾

本章涉及跨组织合作的控制权配置、知识溢出与利益协调三个研究

---

① 易明. 产业集群治理结构与网络权力关系配置 [J]. 宏观经济研究，2010（3）：42—47.

② Perrons R K. The open kimono：How Intel balances trust and power to maintain platform leadership [J]. Research Policy，2009，38（8）：1300—1312.

主题。

第一，控制权配置的相关研究侧重于分析合作组织间的定价决策与利益分配等问题。例如，王文宾等（2011）[①] 比较了制造商领导与零售商领导的定价决策，发现变更控制权不影响终端产品定价，但会增加领导者的收益；易余胤（2009）[②] 比较了制造商领导、零售商领导以及无领导三种权力结构，发现终端产品定价在制造商领导时最高，无领导的控制权配置模式在消费者利益及供应链利润的表现上最优；张廷龙和梁樑（2012）[③] 考虑了信息结构与零售商的销售努力因素，发现增加零售商权力优势会降低制造商的利润回报；李新然等（2018）[④] 分析了网络直销与零售渠道的定价问题，发现无领导时零售渠道的终端产品价格最低，网络直销渠道的产品定价不受控制权配置的影响。

第二，知识溢出的相关研究主要集中于分析知识溢出与创新绩效的作用机理[⑤]。例如，杨皎平等（2016）[⑥] 通过分析组织的知识势能，发现知识溢出与产学研集群创新绩效呈倒 U 型关系；张华（2016）[⑦] 采用演化博弈模型分析了产学研合作集群的进化机制，发现知识溢出有利于提高集群的合作稳定性；曹勇等（2015）[⑧] 指出，新创企业的创新开放度对知识溢出具有显著的正向影响，知识吸收能力在创新开放度与知识溢出之间具有部分中介作用。

第三，合作创新的利益协调问题，已有研究主要集中于成本分摊、收

---

① 王文宾，达庆利，聂锐. 考虑渠道权力结构的闭环供应链定价与协调 [J]. 中国管理科学，2011，19（5）：29—36.

② 易余胤. 具竞争零售商的再制造闭环供应链模型研究 [J]. 管理科学学报，2009，12（6）：45—54.

③ 张廷龙，梁樑. 不同渠道权力结构和信息结构下供应链定价和销售努力决策 [J]. 中国管理科学，2012，20（2）：68—77.

④ 李新然，刘媛媛，俞明南. 不同权力结构下考虑搭便车行为的闭环供应链决策研究 [J]. 科研管理，2018，（3）：45—58.

⑤ Ahuja G. Collaboration networks, structural holes, and innovation：A longitudinal study [J]. Administrative Science Quarterly，2000，45（3）：425—455.

⑥ 杨皎平，侯楠，王乐. 集群内知识溢出、知识势能与集群创新绩效 [J]. 管理工程学报，2016，30（3）：27—35.

⑦ 张华，协同创新、知识溢出的演化博弈机制研究 [J]. 中国管理科学，2016，24（2）：92—99.

⑧ 曹勇，蒋振宇，孙合林. 创新开放度对新兴企业知识溢出效应的影响研究 [J]. 科学学与科学技术管理，2015，36（1）：151—161.

益分享以及专利许可等契约机制设计。例如，熊榆等（2013）① 研究了企业横向合作创新时涉及资金与技术投入的成本分摊契约；刘丛等（2017）② 研究了具有激励代理组织产品创新与核心企业营销努力效应的二级供应链的成本分摊契约；贺一堂等（2017）③ 针对产学研合作的双边道德风险问题，设计了收益分享契约。需要注意的是，契约理论的假设条件是，组织间一旦出现不可调和的利益冲突，合作方可诉诸法律，依据事先约定的程序对违约和损失进行仲裁④。但是，契约仍无法规避合作创新过程中存在的大量不确定性，即"不完全契约"问题。对于一般性资源投入，不确定性并不产生严重的影响，因为企业可以轻易地建立新的合作关系。但知识、技术等专用性资产投入则不同，当不确定性增加时，契约中的未尽事宜将扩大，需要应对的问题也将越趋复杂，而且不确定性往往难以有效预测。因此，交易成本理论认为法律秩序是一种终极且代价高昂的治理机制，当交易频率和专用性资产投入不断提升时，合作组织间的大部分利益冲突需要通过协商、信任、关系规范等进行解决。目前，使用交易成本理论研究合作创新的跨组织治理问题已引起学界的重视，但学界缺乏对合作创新控制权问题的考察⑤。综上所述，本书将以知识链为研究对象，分析知识链的控制权配置对知识创造与创新绩效的影响，使用纳什（Nash）协商模型考察控制权博弈过程的利益协调问题。

## 5.2　研究假设与模型设计

本部分考虑一个由核心企业（$d$）和代理组织（$u$）构成的知识链，

---

① 熊榆，张雪斌，熊中楷. 合作新产品开发资金及知识投入决策研究［J］. 管理科学学报，2013，16（9）：53—63.

② 刘丛，黄卫来，郑本荣，等. 考虑营销努力和创新能力的制造商激励供应商创新决策研究［J］. 系统工程理论与实践，2017，37（12）：3040—3051.

③ 贺一堂，谢富纪，陈红军. 产学研合作创新利益分配的激励机制研究［J］. 系统工程理论与实践，2017，37（9）：2244—2255.

① Macneil I R. The many futures of contracts［J］. Southern California Law Review，1974，47（3）：691—816.

⑤ Cao Z，Lumineau F. Revisiting the interplay between contractual and relational governance：A qualitative and meta-analytic investigation［J］. Journal of Operations Management，2015，33：15—42.

双方基于知识互补性合作开发一种新产品。其中，核心企业负责产品开发过程的技术研发，代理组织（例如大学、科研院所或其他企业）承担产业基础专利研发；核心企业与代理组织在知识链中是一种纵向合作关系，在产品市场没有竞争。知识链的合作创新过程满足以下研究假设：

假设 1　考虑单周期下的合作创新，核心企业与代理组织均为风险中性并且拥有共同信息。

假设 2　新产品研发需要基础专利与产品开发知识的共同投入，代理组织向核心企业提供基础专利知识 $x_u$，核心企业辅以 $x_d$ 的知识投入开发新产品，并以价格 $p$ 在市场销售。市场需求函数为 $D = A - bp + \lambda(x_u + x_d)$。其中，$A > 0$ 为市场基本需求量；$b \in (0, 1)$ 为产品的需求价格弹性；$\lambda \in (0, 1)$ 为知识的产出弹性，表示知识创新与需求量呈正相关性。

假设 3　为保护知识产权并激励合作创新，核心企业与代理组织签订产品单位费用形式的专利许可契约，即代理组织向核心企业生产及销售的产品收取单位基础专利许可费 $w$。

假设 4　知识链成员的单位运营成本为 $c_i$（管理费用或生产费用等）；合作创新过程存在知识链成员 $i$ 向合作伙伴的知识溢出 $\beta_i \in (0, 1)$，该知识可被合作伙伴学习并以 $\beta_j x_j$ 的程度降低其运营成本；知识链成员的知识创造成本 $I(x_i) = \frac{1}{2} \gamma_i x_i^2$[①]，$\gamma_i > 0$ 表示创新能力系数，该值越大表示个体的创新能力越小，且 $I'(x_i) > 0$，$I''(x_i) > 0$，其中 $i, j \in \{u, d\}$，$i \neq j$。

假设 5　核心企业的决策变量为 $(x_d, p)$，代理组织的决策变量为 $(x_u, w)$，合作创新过程可分解为两个博弈阶段。第 I 阶段为合作研发阶段，知识链成员按照整体利益最大化联合进行知识创新 $(x_u, x_d)$；第 II 阶段为控制权配置阶段，知识链成员根据自身利益最大化进行控制权博弈。基于资源依赖理论，上述博弈过程可划分为四种控制权配置模式。UL 模式（代理组织领导），代理组织先制定基础专利授权费（$w$），核心企业随后决定产品销售价格（$p$）；DL 模式（核心企业领导），核心企业

---

① d'Aspremont C, Jacquemin A. Cooperative and noncooperative R & D in duopoly with spillovers [J]. American Economic Review，1988，78 (5)：1133-1137.

先进行产品定价，代理组织随后确定基础专利许可费；LS 模式（权力均衡），核心企业与代理组织具有同等权力，同时进行自身的定价决策；I 模式（集中决策），核心企业与代理组织形成纵向一体化，按照知识链整体利益最大化进行定价决策。

上述控制权配置模式中 UL、DL 可统称为"领导－跟随"型模式，LS 模式是知识链成员间基于资源互补性所形成的互利共生、地位均等的合作关系，知识链成员围绕共同的战略目标实现资源共享与价值创造，并在知识产权归属与利益分配上保持运营的独立性。

假设 6  使用 $B_i = \dfrac{(\lambda + b\beta_i)^2}{b\gamma_i}$ 表示企业 $i$ 的创新贡献率，$i \in \{u, d\}$；进一步，为保证知识链成员的知识创造（产出）大于零，假设 $B_i < \dfrac{8}{9}$。

根据以上假设，代理组织与核心企业的利润函数可分别设计为：

$$\pi_u = (w - c_u + \beta_d x_d)[A - bp + \lambda(x_u + x_d)] - \frac{1}{2}\gamma_u x_u^2 \quad (5-1)$$

$$\pi_d = (p - w - c_d + \beta_u x_u)[A - bp + \lambda(x_u + x_d)] - \frac{1}{2}\gamma_d x_d^2 \quad (5-2)$$

知识链的利润函数可设计为：

$$\begin{aligned}
\pi_s &= \pi_u + \pi_d \\
&= (p - c_u - c_d + \beta_u x_u + \beta_d x_d)[A - bp + \lambda(x_u + x_d)] \\
&\quad - \frac{1}{2}\gamma_u x_u^2 - \frac{1}{2}\gamma_d x_d^2
\end{aligned} \quad (5-3)$$

为便于分析，本部分使用上标 $k \in \{UL, DL, LS, I\}$ 表示代理组织领导、核心企业领导、权力均衡与集中决策四种控制权配置模式，下标 $i \in \{u, d, s\}$ 表示代理组织、核心企业与知识链。

## 5.3  控制权博弈的均衡解

### 5.3.1  集中决策

在集中决策（I 模式）时，核心企业与代理组织形成纵向一体化，按照知识链的整体利润最大化开展合作创新。根据假设 5，集中决策的博弈过程可表示为：

$$\max_{x_u,x_d}\pi_s \longrightarrow \max_{p}\pi_s$$

本部分采用逆向归纳法分析上述问题，对（5-3）式计算 $p$ 的一阶最优条件，得到：

$$p^I = \frac{A + (\lambda - b\beta_u)x_u + (\lambda - b\beta_d)x_d + bc_u + bc_d}{2b} \tag{5-4}$$

将（5-4）式代入（5-3）式，可计算得到 $x_u$ 与 $x_d$ 的均衡解：

$$\begin{cases} x_u^I = \dfrac{B_u(A - bc_u - bc_d)}{(\lambda + b\beta_u)(2 - B_u - B_d)} \\[3mm] x_d^I = \dfrac{B_d(A - bc_u - bc_d)}{(\lambda + b\beta_d)(2 - B_u - B_d)} \end{cases} \tag{5-5}$$

其中，$B_u = \dfrac{(\lambda + b\beta_u)^2}{b\gamma_u}$，$B_d = \dfrac{(\lambda + b\beta_d)^2}{b\gamma_d}$。

进一步，将（5-5）式代入（5-3）式，可计算得到 $I$ 模式的 Hessian 矩阵：

$$\boldsymbol{H}(x_u,\ x_d) = \begin{bmatrix} \dfrac{(\lambda + b\beta_u)^2 - 2b\gamma_u}{2b} & \dfrac{(\lambda + b\beta_u)(\lambda + b\beta_d)}{2b} \\[4mm] \dfrac{(\lambda + b\beta_u)(\lambda + b\beta_d)}{2b} & \dfrac{(\lambda + b\beta_d)^2 - 2b\gamma_d}{2b} \end{bmatrix}$$

根据假设条件6，可判断 $\boldsymbol{H}(x_u,\ x_d)$ 为负定，即 $x_u^I$ 和 $x_d^I$ 为上述决策问题的唯一最优解，进一步计算出 $I$ 模式的均衡解为：

$$\begin{cases} x_u^I = \dfrac{B_u(A - bc_u - bc_d)}{(\lambda + b\beta_u)(2 - B_u - B_d)} \\[3mm] x_d^I = \dfrac{B_d(A - bc_u - bc_d)}{(\lambda + b\beta_d)(2 - B_u - B_d)} \\[3mm] p^I = \dfrac{A + (\lambda - b\beta_u)x_u^I + (\lambda - b\beta_d)x_d^I + bc_u + bc_d}{2b} \\[3mm] D^I = \dfrac{(A - bc_u - bc_d)}{(2 - B_u - B_d)} \end{cases}$$

$I$ 模式下知识链的利润为：

$$\pi_s^I = \frac{(A - bc_u - bc_d)^2}{2b(2 - B_u - B_d)}$$

集中决策是知识链合作创新的理想状态，下文将以 $I$ 模式的均衡解为参照，分析 $UL$、$DL$、$LS$ 等控制权配置模式的知识创造与创新绩效。

## 5.3.2 分散决策

知识链的分散决策包括 $UL$、$DL$、$LS$ 三种模式。根据假设 5，$UL$ 模式的博弈过程可表示为：

$$\max_{x_u,x_d}\pi_s \rightarrow \max_w \pi_u \rightarrow \max_p \pi_d$$

同理，$DL$ 与 $LS$ 模式的博弈过程可分别表示为：

$$\max_{x_u,x_d}\pi_s \rightarrow \max_p \pi_d \rightarrow \max_w \pi_u$$

$$\max_{x_u,x_d}\pi_s \begin{cases} \max_w \pi_u \\ \max_p \pi_d \end{cases}$$

采用逆向归纳法计算得到如表 5.1 所示的上述博弈模型的均衡解。

# 5.4 对比分析

根据表 5.1 所示的博弈均衡解，可分析得到以下命题（证明过程见附录 2）：

表 5.1 合作创新博弈的均衡解

| | UL 模式 | DL 模式 | LS 模式 | I 模式 |
|---|---|---|---|---|
| $x_u$ | $\dfrac{3B_u(A-bc_u-bc_d)}{(\lambda+b\beta_u)(8-3B_u-3B_d)}$ | $\dfrac{3B_u(A-bc_u-bc_d)}{(\lambda+b\beta_u)(8-3B_u-3B_d)}$ | $\dfrac{4B_u(A-bc_u-bc_d)}{(\lambda+b\beta_u)(9-4B_u-4B_d)}$ | $\dfrac{B_u(A-bc_u-bc_d)}{(\lambda+b\beta_u)(2-B_u-B_d)}$ |
| $x_d$ | $\dfrac{3B_d(A-bc_u-bc_d)}{(\lambda+b\beta_d)(8-3B_u-3B_d)}$ | $\dfrac{3B_d(A-bc_u-bc_d)}{(\lambda+b\beta_d)(8-3B_u-3B_d)}$ | $\dfrac{4B_d(A-bc_u-bc_d)}{(\lambda+b\beta_d)(9-4B_u-4B_d)}$ | $\dfrac{B_d(A-bc_u-bc_d)}{(\lambda+b\beta_d)(2-B_u-B_d)}$ |
| $p$ | $\dfrac{3A+(3\lambda-b\beta_u)z_u^{UL}+bc_u+(3\lambda+b\beta_d)z_d^{UL}+bcd}{4b}$ | $\dfrac{3A+(3\lambda-b\beta_u)z_u^{DL}+bc_u+(3\lambda+b\beta_d)z_d^{DL}+bcd}{4b}$ | $\dfrac{2A+(2\lambda-b\beta_u)z_u^{LS}+bc_u+(2\lambda+b\beta_d)z_d^{LS}+bcd}{3b}$ | $\dfrac{A+(\lambda-b\beta_u)z_u^{I}+bc_u+(\lambda+b\beta_d)z_d^{I}+bcd}{2b}$ |
| $w$ | $\dfrac{A+(\lambda+b\beta_u)z_u^{UL}+bc_u+(\lambda-b\beta_d)z_d^{UL}-bc_d}{2b}$ | $\dfrac{A+(\lambda+b\beta_u)z_u^{DL}+3bc_u+(\lambda-3b\beta_d)z_d^{DL}-bcd}{4b}$ | $\dfrac{A+(\lambda+b\beta_u)z_u^{LS}+2bc_u+(\lambda-2b\beta_d)z_d^{LS}-bc_d}{3b}$ | — |
| $D$ | $\dfrac{2(A-bc_u-bc_d)}{(8-3B_u-3B_d)}$ | $\dfrac{2(A-bc_u-bc_d)}{(8-3B_u-3B_d)}$ | $\dfrac{3(A-bc_u-bc_d)}{(9-4B_u-4B_d)}$ | $\dfrac{(A-bc_u-bc_d)}{(2-B_u-B_d)}$ |
| $\pi_u$ | $\dfrac{(16-9B_u)(A-bc_u-bc_d)^2}{2b(8-3B_u-3B_d)^2}$ | $\dfrac{(8-9B_u)(A-bc_u-bc_d)^2}{2b(8-3B_u-3B_d)^2}$ | $\dfrac{(9-8B_u)(A-bc_u-bc_d)^2}{b(9-4B_u-4B_d)^2}$ | — |
| $\pi_d$ | $\dfrac{(8-9B_d)(A-bc_u-bc_d)^2}{2b(8-3B_u-3B_d)^2}$ | $\dfrac{(16-9B_d)(A-bc_u-bc_d)^2}{2b(8-3B_u-3B_d)^2}$ | $\dfrac{(9-8B_d)(A-bc_u-bc_d)^2}{b(9-4B_u-4B_d)^2}$ | — |
| $\pi_s$ | $\dfrac{3(A-bc_u-bc_d)^2}{2b(8-3B_u-3B_d)}$ | $\dfrac{3(A-bc_u-bc_d)^2}{2b(8-3B_u-3B_d)}$ | $\dfrac{2(A-bc_u-bc_d)^2}{b(9-4B_u-4B_d)}$ | $\dfrac{(A-bc_u-bc_d)^2}{2b(2-B_u-B_d)}$ |

注：$B_u=\dfrac{(\lambda+b\beta_u)^2}{b\gamma_u}$，$B_d=\dfrac{(\lambda+b\beta_d)^2}{b\gamma_d}$

命题 1　合作创新过程的知识溢出能够促进知识链成员的知识创造，即 $\dfrac{\partial x_i^k}{\partial \beta_i} > 0$，$i \in \{u, d, s\}$，$k \in \{UL, DL, LS, I\}$。

命题 2　①知识链成员的知识溢出与合作伙伴的利润及合作创新的整体利润具有正相关性；②知识溢出对知识链成员自身利润的影响伴随控制权的变化而变化：A. UL 模式，$\dfrac{\partial \pi_u^{UL}}{\partial \beta_u} > 0$，$\dfrac{\partial \pi_d^{UL}}{\partial \beta_d} < 0$；B. DL 模式，

$\dfrac{\partial \pi_d^{DL}}{\partial \beta_d} > 0$，$\dfrac{\partial \pi_u^{DL}}{\partial \beta_u} < 0$；C. LS 模式，$B_u < B_d$ 时，$\dfrac{\partial \pi_u^{LS}}{\partial \beta_u} > 0$，$\dfrac{\partial \pi_d^{LS}}{\partial \beta_d} < 0$；

$B_u > B_d$ 时，$\dfrac{\partial \pi_u^{LS}}{\partial \beta_u} < 0$，$\dfrac{\partial \pi_d^{LS}}{\partial \beta_d} > 0$。

命题 1、2 表明，提高知识溢出能够促进知识共享与创造，但不能保证知识链成员在利润上合作共赢，具体表现为："领导－跟随"型（UL、DL 模式）控制权配置模式时，领导者的知识溢出与利润呈正相关，跟随者的知识溢出与利润呈负相关；权力均衡（LS 模式）时，知识链成员的知识溢出与自身利润呈"倒 U 型"关系并在 $B_u = B_d$ 的拐点位置获得最大利润。

命题 3　控制权配置与知识链成员的知识创造以及知识链的整体利润满足：$x_i^I > x_i^{LS} > (x_i^{UL} = x_i^{DL})$，$i \in \{u, d\}$；$\pi_s^I > \pi_s^{LS} > (\pi_s^{UL} = \pi_s^{DL})$。

命题 3 可见，集中决策时，知识链成员的知识创造以及知识链的利润均优于分散决策。分散决策时，LS 模式的知识创造与知识链的利润优于 UL、DL 模式，即权力均衡型的控制权配置模式较"领导－跟随"型模式更有利于提高知识链成员的合作创新效率。

命题 4　①LS 模式下知识链成员的利润为 $\begin{cases} B_u < B_d, & \pi_u^{LS} > \pi_d^{LS} \\ B_u > B_d, & \pi_u^{LS} < \pi_d^{LS} \end{cases}$。②UL、

DL 模式下知识链成员的利润为 $\begin{cases} \pi_u^{UL} > \pi_u^{DL} \\ \pi_u^{UL} > \pi_d^{UL} \end{cases}$，$\begin{cases} \pi_d^{DL} > \pi_d^{UL} \\ \pi_d^{DL} > \pi_u^{DL} \end{cases}$。　（3）当

$\begin{cases} B_u < f_d(B_d) \\ B_d \in \left( \dfrac{936 - 390\sqrt{2}}{611}, \dfrac{8}{9} \right) \end{cases}$ 时，$\begin{cases} \pi_u^{LS} > \pi_u^{UL} > \pi_u^{DL} \\ \pi_d^{DL} > \pi_d^{LS} > \pi_d^{UL} \end{cases}$；当 $\begin{cases} B_d < f_u(B_u) \\ B_u \in \left( \dfrac{936 - 390\sqrt{2}}{611}, \dfrac{8}{9} \right) \end{cases}$ 时，

$\begin{cases} \pi_u^{UL} > \pi_u^{LS} > \pi_u^{DL} \\ \pi_d^{LS} > \pi_d^{DL} > \pi_d^{UL} \end{cases}$；其他条件时，$\begin{cases} \pi_u^{UL} > \pi_u^{LS} > \pi_u^{DL} \\ \pi_d^{DL} > \pi_d^{LS} > \pi_d^{UL} \end{cases}$。其中，$f_i(B_i) =$

$$\frac{(7+68B_i)-5\sqrt{576\,(1-B_i)^2+(25-8B_i)}}{52},\ i\in\{u,\,d\}。$$

命题 4 表明，权力均衡（LS 模式）时，知识链成员的相对创新贡献率与利润呈负相关关系，即创新贡献大的成员所获得的利润小于创新贡献小的成员。这一表现是造成知识链成员间利益冲突的重要原因，而且知识链的领导者在"领导－跟随"型（UL、DL 模式）的控制权模式中具有利润获取优势。各种控制权配置模式下知识链成员的利润分布可用图 5.1 表示。当知识链成员的创新贡献位于区域①时，代理组织在 UL 模式、核心企业在 DL 模式可获得最大利润；当知识链成员的创新贡献位于区域②时，代理组织在 UL 模式、核心企业在 LS 模式可获得最大利润；当知识链成员的创新贡献位于区域③时，代理组织在 LS 模式、核心企业在 DL 模式可获得最大利润。

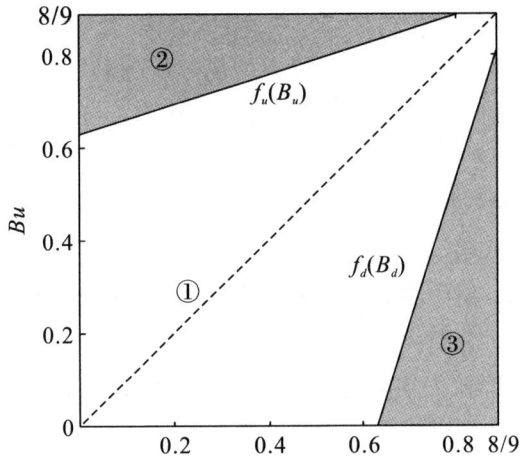

注：区域① $\begin{cases}\pi_u^{UL}>\pi_u^{LS}>\pi_u^{DL}\\\pi_d^{DL}>\pi_d^{LS}>\pi_d^{UL}\end{cases}$，区域② $\begin{cases}\pi_u^{UL}>\pi_u^{LS}>\pi_u^{DL}\\\pi_d^{LS}>\pi_d^{DL}>\pi_d^{UL}\end{cases}$，区域③ $\begin{cases}\pi_u^{LS}>\pi_u^{UL}>\pi_u^{DL}\\\pi_d^{DL}>\pi_d^{LS}>\pi_d^{UL}\end{cases}$

**图 5.1 各种权力结构的企业利润分布**

综上所述，权力均衡（LS 模式）的"对称依赖"关系较"领导－跟随"型（UL、DL 模式）的"非对称依赖"关系更有利于提升知识链成员的利润与知识创造，是知识链在分散决策下的最优控制权配置模式。然而，LS 模式也存在着知识链成员间的利益冲突，创新贡献大的成员将承受知识外溢损失及低利润回报的双重影响，进而威胁知识链的合作稳定性并削弱合作创新绩效。因此，选择何种机制推动知识链成员间的利益协调并实现创新绩效的帕累托（Pareto）改进，对于提高知识链成员间的关系质量具有重要作用。

## 5.5 基于纳什协商模型的利益协调机制

从上文分析可知，合作创新过程的控制权配置将诱发知识链成员间的利益冲突。本部分将采用纳什协商模型，分析知识链成员间的利益协调问题。自纳什（Nash，1950）率先开展双边讨价还价的"合作博弈"（Cooperative Game）研究后[①]，纳什协商模型被广泛应用于解决合作博弈中的利益分配问题，其均衡解满足对称性、帕累托最优、对不相关选择的独立性等性质，被学界视为能够兼顾效率与公平的利益协调机制。根据上文假设，我们保持合作创新博弈的第 Ⅰ 阶段不变，将第 Ⅱ 阶段设计为以 $UL$、$DL$、$LS$ 模式时知识链成员的创新利润为谈判起点的纳什协商模型：

$$\max_{p,w}(\pi_u)^\alpha(\pi_d)^{(1-\alpha)}$$

$$s.\ t.\ \begin{cases} \pi_u^k \leqslant \pi_u \\ \pi_d^k \leqslant \pi_d \end{cases} \quad (5-6)$$

其中，$\pi_i^k$、$k \in \{UL，DL，LS\}$ 是第 Ⅱ 阶段中知识链成员创新利润的均衡解，作为纳什协商模型的谈判起点，$\alpha \in (0，1)$ 代表知识链成员的谈判能力，即组织通过谈判行为获取更多利润份额的技巧或特长。当 $\alpha \in (0.5，1)$ 时，表示代理组织的谈判能力大于核心企业，即知识链的控制权配置采用 $UL$ 模式；当 $\alpha \in (0，0.5)$ 时，表示核心企业的谈判能力大于代理组织，即知识链的控制权配置采用 $DL$ 模式；当 $\alpha = 0.5$ 时，知识链成员的权力一致，即知识链的控制权配置采用 $LS$ 模式.

根据（5-6）式，构建 Lagrange 函数：

$$L(p，w) = (\pi_u)^\alpha(\pi_d)(1-\alpha) + \delta_1(\pi_u - \pi_u^k) + \delta_2(\pi_d - \pi_d^k) \quad (5-7)$$

其中，$\delta_1$、$\delta_2$ 为 Lagrange 乘子。

根据 Kuhn-Tucker 条件，求解（5-7）式得到：

---

① Nash Jr J F. The bargaining problem [J]. Econometrica，1950，18（2）：155—162.

$$\begin{cases} p^k = \dfrac{A + (\lambda - b\beta_u)x_u + (\lambda - b\beta_d)x_d + bc_u + bc_d}{2b} \\[4mm] w^k = \dfrac{\alpha A + \alpha(\lambda + b\beta_u)x_u + (\lambda\alpha - b\beta_d(2-\alpha))x_d + (2-\alpha)bc_u - \alpha bc_d}{2b} \end{cases}$$

$$(5-8)$$

将（5-8）式代入（5-3）式，得到知识创造的均衡解：

$$\begin{cases} x_u^k = \dfrac{B_u(A - bc_u - bc_d)}{(\lambda + b\beta_u)(2 - B_u - B_d)} \\[4mm] x_d^k = \dfrac{B_d(A - bc_u - bc_d)}{(\lambda + b\beta_d)(2 - B_u - B_d)} \end{cases}$$

$$(5-9)$$

可见（5-9）式与（5-5）式一致，表明知识链利润的 Hessian 矩阵为负定，（5-9）式为博弈模型的最优解。进一步，可计算出代理组织、核心企业与知识链的利润如下：

$$\begin{cases} \pi_u^k = \dfrac{(2\alpha - B_u)(A - bc_u - bc_d)^2}{2b(2 - B_u - B_d)^2} \\[4mm] \pi_d^k = \dfrac{[2(1-\alpha) - B_d](A - bc_u - bc_d)^2}{2b(2 - B_u - B_d)^2} \\[4mm] \pi_s^k = \dfrac{(A - bc_u - bc_d)^2}{2b(2 - B_u - B_d)} \end{cases}$$

$$(5-10)$$

将（5-8）、（5-9）、（5-10）式与 I 模式的均衡解比较，得到以下命题：

命题 5　纳什协商模型的知识创造及知识链利润的均衡解与 I 模式一致，即 $x_i^k = x_i^I$，$\pi_s^k = \pi_s^I$，$i \in \{u, d\}$，$k \in \{UL, DL, LS\}$。

命题 6　纳什协商模型的帕累托改进域为：　（1）UL 模式，$P^{UL}$：
$$\begin{cases} B_u > f^{UL}(B_d) \\ B_u, B_d \in \left(0, \dfrac{8}{9}\right) \end{cases}；（2）LS 模式，P^{LS}：\begin{cases} B_u < f^{LS}(B_d), B_d < f^{LS}(B_u) \\ B_u, B_d \in \left(0, \dfrac{8}{9}\right) \end{cases}；（3）DL$$

模式，$P^{DL}$：$\begin{cases} B_d > f^{DL}(B_u) \\ B_u, B_d \in \left(0, \dfrac{8}{9}\right) \end{cases}$；其中，$\begin{cases} f^{UL}(B_d) = \dfrac{6 + B_d - 2\sqrt{9(1-B_d)^2 + B_d}}{5} \\[3mm] f^{DL}(B_u) = \dfrac{6 + B_u - 2\sqrt{9(1-B_u)^2 + B_u}}{5} \end{cases}$，

$f^{LS}(B_i) = \dfrac{17 - 4B_i - \sqrt{(64B_i - 136)B_i + 73}}{12}$，$i \in \{u, d\}$。

命题 5、6 表明，纳什协商模型（机制）能够实现知识链成员在知识创造及创新利润方面的帕累托改进，并使知识链利润达到集中决策时的最

优值。对比各种权力结构的帕累托改进域（图5.2中阴影区域）可以发现以下特征：

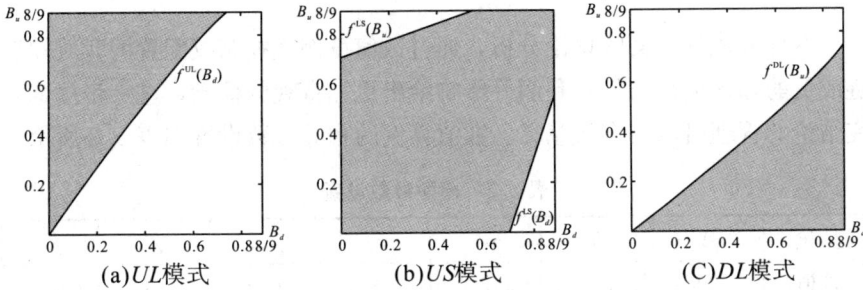

**图5.2 合作创新的帕累托改进域**

第一，只有保证领导者的创新贡献大于跟随者，才能实现"领导-跟随型"模式的利益协调，即图5.2（a）中 $B_u > f^{UL}(B_d)$ 与图5.2（b）中 $B_d > f^{DL}(B_u)$。

第二，权力均衡模式的帕累托改进域大于"领导-跟随型"模式（$P^{LS} = 0.44$，$P^{UL/DL} = 0.30$），表明权力均衡的合作关系为知识链成员间的利益协调提供了更多的协商机会与解决对策。对比图5.2（a）、（c）的空白区域与图5.2（b）中阴影区域的重叠部分可见，即使个体间不可避免地存在创新贡献差异，$LS$ 模式仍可通过协商机制实现知识链成员间的利益协调，$LS$ 模式的这种利益协调功能是 $UL$ 与 $DL$ 模式所无法企及的。

第三，$LS$ 模式存在使知识链成员均以最大的创新贡献 $\left(B_u, B_d \to \dfrac{8}{9}\right)$ 或最小的创新贡献（$B_u, B_d \to 0$）开展合作创新的利益协调效果，而且一定程度上避免了知识链成员间一方对另一方资源的过度依赖问题，例如图5.2（a）中 $\left(B_u \to \dfrac{8}{9}, B_d \to 0\right)$ 所包含的区域以及图5.2（c）中 $\left(B_u \to 0, B_d \to \dfrac{8}{9}\right)$ 所包含的区域。

命题3、5、6表明，$LS$ 模式在个体的知识创造、知识链利润以及知识链成员间的利益协调等方面的表现上具有显著的效率优势，可将 $LS$ 模式视为知识链在分散决策下的最优控制权配置模式。

## 5.6　算例分析

本部分依据上文的理论分析，通过数值算例就控制权配置博弈对知识链成员的知识创造与创新利润等影响给出更加直观的检验，进一步提炼研究结论的管理启示与实践意义。数值算例的相关参数设置如表 5.2 所示。

表 5.2　模型参数设置

| 变量 | $A$ | $b$ | $c_u$ | $c_d$ | $\lambda$ | $\gamma_i$ | $\beta_i$ |
|---|---|---|---|---|---|---|---|
| 取值 | 20 | 0.3 | 2 | 3 | 0.2 | [1, 1.5] | (0, 1) |

注：$i \in \{u, d\}$。

在表 5.2 中，令 $A=20$ 代表市场基本需求量，$b=0.3$ 表示产品的需求价格弹性，$\lambda=0.2$ 表示产品创新效应；$b>\lambda$ 表明消费者对产品价格的敏感程度大于产品创新；知识溢出的取值范围为 $\beta_i \in (0, 1)$，用于分析知识链成员合作创新的交互过程；根据假设 6，个体的知识创造 $x_i$ 大于零，参数设置应满足约束条件 $B_i = \dfrac{(\lambda+b\beta_i)^2}{b\gamma_i} < \dfrac{8}{9}$，因此设置个体的创新能力为 $\gamma_i \in [1, 1.5]$；为体现知识链成员的运营成本差异，令 $c_u=2$，$c_d=3$；需要说明的是，当 $A$ 远大于 $c_i$ 时，知识链成员的单位运营成本不影响模型最终研究结论。

### 5.6.1　知识链成员创新能力的灵敏度分析

分别考察（$\gamma_d=1.2$，$\gamma_u=1$）时，知识链成员的创新能力对知识创造与创新利润的影响。为降低知识溢出对分析个体创新能力的干扰，令 $\beta_u=\beta_d=0.5$。知识溢出对合作创新相关指标的影响，将在下文中进行重点考察。基于以上条件，结合表 5.2 的参数设置，可计算得到如表 5.3 所示的结论。

表 5.3　创新能力对知识创造与创新利润的灵敏度分析

| $\gamma_i$ | $\gamma_j$ | $x_u$ | | $x_d$ | | $\pi_u$ | | $\pi_d$ | | | |
| --- | --- | --- | --- | --- | --- | --- | --- | --- | --- | --- | --- |
| | | UL/DL | LS | UL/DL | LS | UL | DL | LS | UL | DL | LS |
| $\gamma_d=1.2$ ($\gamma_u$) | 1 | 11.25 | 14.38 | 9.38 | 11.98 | 212.33 | 74.51 | 181.35 | 85.06 | 222.88 | 198.57 |
| | 1.1 | 10.04 | 12.75 | 9.20 | 11.69 | 209.88 | 77.25 | 181.65 | 81.86 | 214.50 | 189.11 |
| | 1.2 | 9.06 | 11.46 | 9.06 | 11.46 | 207.87 | 79.33 | 181.73 | 79.33 | 207.87 | 181.73 |
| | 1.3 | 8.25 | 10.41 | 8.94 | 11.27 | 206.19 | 80.97 | 181.68 | 77.28 | 202.50 | 175.81 |
| | 1.4 | 7.58 | 9.53 | 8.84 | 11.12 | 204.75 | 82.53 | 181.56 | 75.59 | 198.06 | 170.97 |
| | 1.5 | 7.00 | 8.79 | 8.76 | 10.98 | 203.52 | 83.36 | 181.41 | 74.16 | 194.33 | 166.93 |
| $\gamma_u=1$ ($\gamma_d$) | 1 | 11.67 | 15.06 | 11.67 | 15.06 | 228.24 | 80.09 | 198.98 | 80.09 | 228.24 | 198.98 |
| | 1.1 | 11.44 | 14.68 | 10.40 | 13.34 | 219.35 | 76.97 | 189.06 | 82.92 | 225.30 | 198.86 |
| | 1.2 | 11.25 | 14.38 | 9.38 | 11.98 | 212.33 | 74.51 | 181.35 | 85.06 | 222.88 | 198.57 |
| | 1.3 | 11.10 | 14.13 | 8.54 | 10.87 | 206.65 | 72.52 | 175.19 | 86.74 | 220.87 | 198.23 |
| | 1.4 | 10.97 | 13.92 | 7.84 | 9.95 | 201.96 | 70.87 | 170.16 | 88.08 | 219.17 | 197.86 |
| | 1.5 | 10.87 | 13.75 | 7.24 | 9.17 | 198.03 | 69.49 | 165.97 | 89.17 | 217.71 | 197.49 |

注：$i, j \in \{u, d\}$, $i \neq j$.

根据假设 4，知识链成员的创新能力 $\gamma_i$ 决定其知识创造成本 $I(x_i) = \frac{1}{2}\gamma_i x_i^2$，

$\gamma_i$ 越大表明个体的创新能力越小。由表 5.3 可见，当 $\gamma_d=1.2$（$\gamma_u=1$）时，随着 $\gamma_u$（$\gamma_d$）的提高，个体的知识创造与创新利润呈下降趋势，而且 LS 模式下知识链的利润（$\pi_u＋\pi_d$）及知识链成员的知识创造始终大于 UL 与 DL 模式，进一步验证了命题 3。

## 5.6.2　知识链成员知识溢出的灵敏度分析

当（$\gamma_d=1.2$，$\gamma_u=1$）时，作图 5.3。图 5.3 表明，知识溢出能够促进知识链成员的知识创造。在个体的知识创造效率表现上，集中决策优于分散决策；LS 模式优于 UL 与 DL 模式，即权力均衡的控制权配置较"领导－跟随"型更有助于促进知识链成员的知识创造。

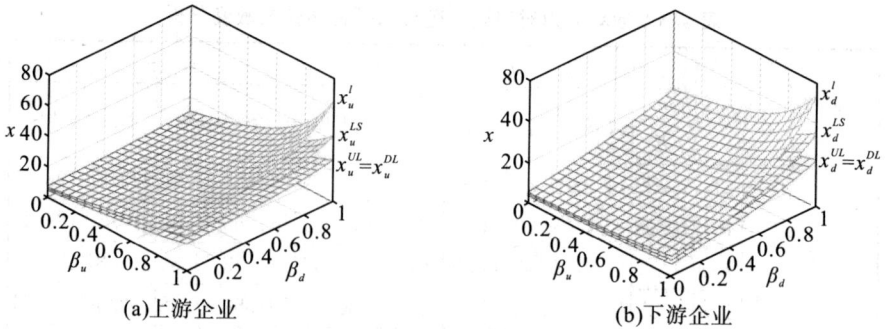

(a)上游企业                   (b)下游企业

图5.3   知识溢出与知识创造的相关性

为进一步考察知识溢出对个体的知识创造与创新利润的影响,当 $\beta_d$ =0.3时,分别作图5.4(a)、5.5(a)、5.6(a);当 $\beta_u$ =0.4时,分别作图5.4(b)、5.5(b)、5.6(b)。由图5-4可见,知识溢出能够提高知识链的利润。在知识链利润表现上,$I$ 模式最优,$LS$ 模式下知识链的利润介于 $I$ 模式与 $UL$(DL)模式之间。因此,由图5.3、5.4可进一步判断,在知识创造与知识链的利润表现上,$LS$ 模式是知识链在分散决策时的最优控制权配置模式。

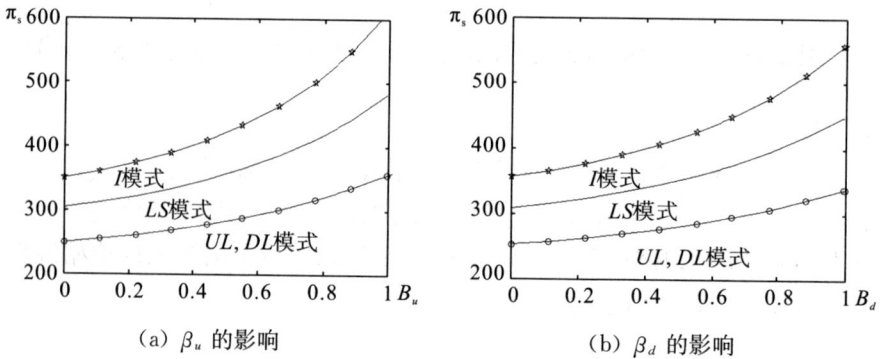

(a) $\beta_u$ 的影响                  (b) $\beta_d$ 的影响

图5.4   知识溢出与供应链利润的相关性

由图5.5可见,知识链成员的知识溢出能够提高合作伙伴的创新利润。在图5.5(a)中,当 $\beta_u > 0.83$ 时,$B_d < f_u(B_u)$、$\pi_d^{LS} > \pi_d^{DL} > \pi_d^{UL}$,即核心企业的创新利润位于图1中的区域②,进一步验证了命题4。

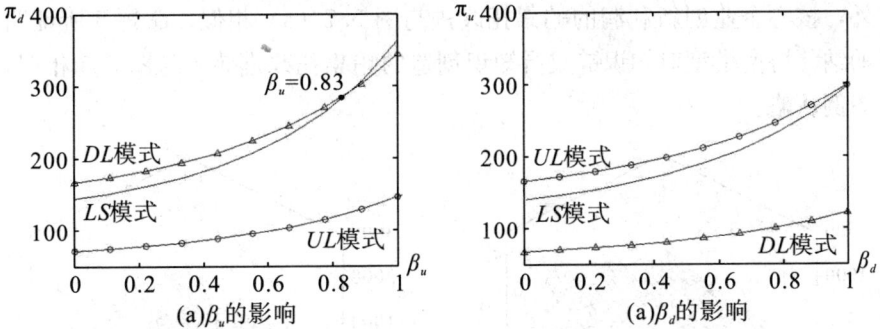

**图**5.5　**企业的知识溢出与合作伙伴创新利润的相关性**

图 5.6 表明,"领导－跟随"模式下,领导者的知识溢出与其创新利润正相关,跟随者的知识溢出与其创新利润负相关;权力均衡模式时,存在边界条件 $\begin{cases} \beta_u = 0.56 \\ \beta_d = 0.3 \end{cases}$, $\begin{cases} \beta_u = 0.4 \\ \beta_d = 0.67 \end{cases}$,使 $B_u = B_d$,表明知识链成员的知识溢出与其创新利润呈倒 U 型关系,即知识溢出达到一定的阈值后,继续提高知识溢出将为知识链成员带来知识外溢损失。

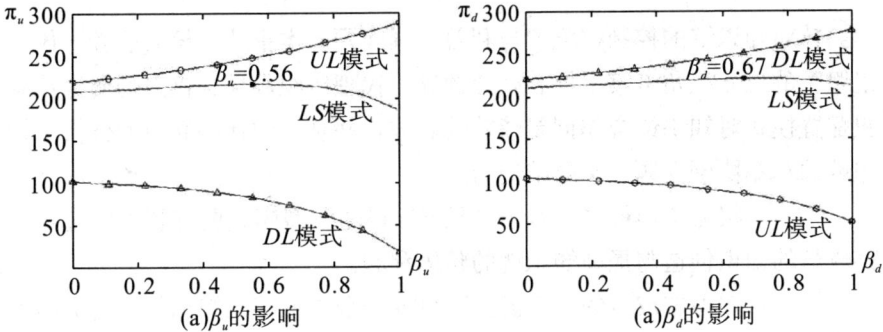

**图**5.6　**企业的知识溢出与其创新利润的相关性**

图 5.7 表现了纳什协商模型对 LS 模式时代理组织创新利润的帕累托改进效果。图 5.7(a)可见,满足 $\begin{cases} B_u < f^{LS}(B_d),\ B_d < f^{LS}(B_u) \\ B_u,\ B_d \in \left(0,\ \dfrac{8}{9}\right) \end{cases}$ 时,

$\pi_u^{LP} > \pi_u^{LS}$, $f^{LS}(D_i) = \dfrac{17 - 4B_i - \sqrt{(64B_i - 136)B_i + 73}}{12}$, $i \in \{u,\ d\}$, 即采用协商机制后的代理组织的创新利润($\pi_u^{LP}$)优于 LS 模式的情况;图 5.7(b)表明采用协商机制后的知识链利润达到集中决策的最优值。此

外，核心企业创新利润的帕累托改进与图 5.7（a）相似，命题 5 所证明的纳什协商模型对知识链成员知识创造的帕累托改进效果与图 5.3 相似，图例从略。

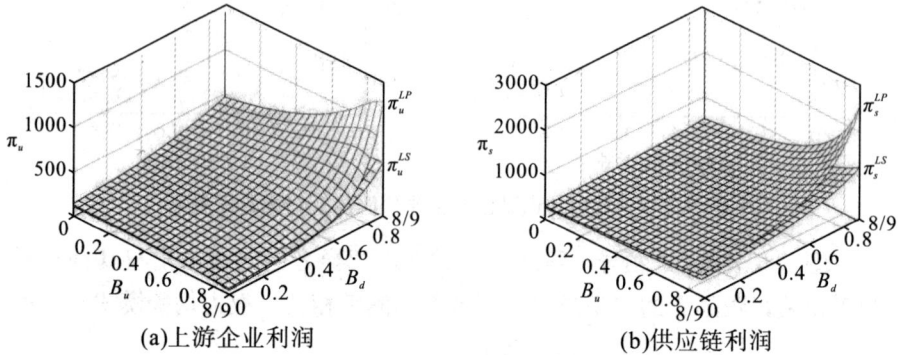

(a)上游企业利润　　　　　　　　　(b)供应链利润

**图 5.7　LS 模式时 Nash 协商模型的帕累托改进效果**

## 5.7　主要研究结论

针对知识链的控制权配置与利益协调问题，本章从"核心企业－代理组织"的二元视角考察了核心企业领导、代理组织领导、权力均衡等控制权配置模式对知识链合作创新绩效的影响，并基于纳什协商模型分析了知识链的利益协调问题。主要结论为：

第一，权力均衡模式相对于"领导－跟随"型模式更有利于促进知识链成员的知识创造与提高知识链的整体利润。

第二，知识链成员的知识溢出既可促进合作伙伴的知识创造与提高创新利润，也存在知识外溢损失风险；"领导－跟随"型模式下领导者的知识溢出与其创新利润正相关，跟随者的知识溢出与其创新利润负相关；权力均衡模式下知识链成员的知识溢出与其创新利润呈倒 U 型关系。

第三，知识链成员间的创新贡献差异是诱发合作利益冲突的重要原因，纳什协商模型能够有效实现分散决策时知识链的利益协调，使个体的知识创造与知识链的整体利润达到集中决策条件下的最优值。

第四，权力均衡模式在促进知识链成员的知识创造、提高知识链的整体利润以及协调知识链成员间的利益冲突等方面均优于"领导－跟随型"模式，是知识链在分散决策时的最优控制权配置模式。

## 5.8　本章小结

　　本章考察了一个由核心企业和代理组织构成的知识链中，权力均衡、核心企业领导、代理组织领导、集中决策控制权配置模式对创新主体的知识创造与创新绩效的影响。研究发现：权力均衡的控制权模式相对于"领导－跟随"型模式更有利于提高知识链成员的知识创造与知识链的整体利润；组织的知识溢出既可提高合作伙伴的知识创造与利润，也存在知识外溢所带来的利益损失风险；组织间不同的创新贡献率是引起合作利益冲突的重要原因，以纳什协商模型为代表的协调机制能够有效调与知识链成员间的利益冲突。

# 6 知识链组织间关系强度
## 对知识流动的影响

　　知识链组织间关系并不是一成不变的，而是一个动态的不断演化的过程。而知识链中成员间的关系既不是纯粹的市场交易，也不是单一企业内部部门之间的关系，因而知识链中组织成员所构建的关系强度，对于其在知识链中获取知识数量以及质量起着关键的影响。同时，成员间强关系和弱关系对于知识链中知识流动也产生了不同作用。因此，知识链组织成员间关系强度的变化对知识流动究竟会产生怎样的影响和作用，企业需要采用哪种策略提高关系强度获取更多的知识资源成为本章关注的焦点。

## 6.1　知识链组织间关系强度

### 6.1.1　关系强度

　　关系强度是讨论跨组织合作成员间关系重要特征，反映合作中企业与其他主体之间联结关系的强弱程度，直接影响组织间知识流动的频率和质量。

　　目前，国内外对关系强度的研究主要集中在两个方面：一是组织间关系强度的测量与衡量，二是关系强度对企业创新绩效和技术创新能力的影响。

#### 6.1.1.1　组织间关系强度的测量与衡量

　　学者们通常用组织间交往的"频率"来衡量网络关系强度，有的也采用"情感上的亲密性、互动时间、互信、关系维护成本"作为关系强度的直接表现。社会学家格兰诺维特（Granovetter，2005）[①] 通过研究认为，

---

　　① Granovetter M. The impact of social structure on economic outcomes [J]. The Journal of Economic Perspectives，2005，19（1）：33—50.

互动频率、情感强度、关系紧密、互惠服务是衡量关系强度的四个维度。国内代表性学者潘松挺和蔡宁（2010）① 在研究企业创新网络中的关系强度时，主要从接触时间、投入资源、合作交流范围和互惠性四个维度开展研究。

由此可见，国外学者在对组织间关系强度研究中较为关注成员间的关系亲密程度和互动频次，而国内的学者对关系强度的研究更为关注成员间资源的投入和互惠程度。成员间关系密切，即表现为强关系，相互之间的知识和资源流动就更为高效，形成的关系契约也会更加牢固。

### 6.1.1.2 关系强度对企业创新绩效和技术创新能力的影响

现有对跨组织合作的研究中，由于契约治理很难达到理想的效果，因而越来越多的学者开始关注合作中不同组织间的关系，并将关系强度作为一个变量来探究对企业创新绩效的影响。潘松挺和蔡宁（2010）② 研究发现不同强度的网络关系在合作交流与信息传递中发挥着不同的作用，对网络的技术创新绩效产生不同的显著影响。刘学元等（2016）③ 构建了网络关系强度、企业吸收能力和创新绩效三者间的关系理论模型，以 278 家制造企业为样本，研究发现创新网络关系强度对企业吸收能力和创新绩效都有显著的正向影响。王建平和吴晓云（2019）④ 从竞合的视角，运用国泰安数据企业的数据，研究发现中国当前情境下网络关系强度显著正向影响企业绩效。王庆金等（2018）⑤、李烨和涂跃俊（2018）⑥ 等则将关系强度研究深入到对企业中员工和人才的影响，研究发现强关系有利于员工创新

① 潘松挺，蔡宁. 企业创新网络中关系强度的测量研究［J］. 中国软科学，2010（5）：108－115.
② 潘松挺，蔡宁. 网络关系强度与组织学习：环境动态性的调节作用［J］. 科学决策，2010（4）：48－54.
③ 刘学元，丁雯婧，赵先德. 企业创新网络中关系强度、吸收能力与创新绩效的关系研究［J］. 南开管理评论，2016，19（1）：30－42.
④ 王建平，吴晓云. 竞合视角下网络关系强度、竞合战略与企业绩效［J］. 科研管理，2019，40（1）：121－130.
⑤ 王庆金，许秀瑞，袁壮. 协同创新网络关系强度、共生行为与人才创新创业能力［J］. 软科学，2018，32（4）：7－11.
⑥ 李烨，涂跃俊. 关系强度对员工创新绩效的影响机制研究［J］. 软科学，2018，32（9）：84－87.

和绩效的提升，并对隐性知识的共享有显著作用。张宁俊等（2019）[①] 从社会网络理论和认知信息加工理论视角，探究团队关系强度对团队创造力的中介和调节作用，研究结果表明团队内外关系强度的提升均对团队创造力产生正向影响。

综上所述，在中国背景下，关系强度对企业创新、技术创新以及员工创新都有显著的影响，尤其是强关系将产生显著的正向影响。主要表现为强关系有利于合作成员间形成高度的信任情感，进而有利于隐性和复杂有价值的资源的传递，激发了创新思路，同时降低了合作的风险，提高了整体创新能力和绩效。

## 6.1.2 知识链组织间关系强度的影响因素

在关系强度的研究中，以格兰诺维特为代表的研究者，认为组织间关系在强度上是有差别的，即分为强关系和弱关系。不同的关系强度，直接影响着知识链组织成员间知识共享的程度。知识链中稳定的合作关系可以促进组织间知识交流与互动，提升资源的获取效率，实现合作目标，达到双赢的效果。但在实际运行中，组织间竞争的关系对成员间的关系强度造成一定的影响。因此，知识链的稳定发展，实现组织成员间的关系治理就需要组织成员在追求自身利益的同时，愿意付出努力维系知识链合作关系。因而本部分将进一步探讨知识链组织成员间关系强度的影响因素，这将有助于成员间关系的维护，促进知识流动，提高合作和创新效率。

现有对关系强度影响因素的分析以及测量方面，目前还没有完整一致的研究结果以及严密统一的测量标准。乔坤和吕途（2014）[②] 深度研究了4家企业决策层的社会关系网络，对强关系与弱关系进行了再定义，并对关系强度类型进行了细分，运用关键词词频统计构建了关系强度的高频词

---

① 张宁俊，张露，王国瑞. 关系强度对团队创造力的作用机理研究［J］. 管理科学，2019，32（1）：101－113.

② 乔坤，吕途. 强关系与弱关系的内涵重构——基于4家企业 TMT 社会关系网络的案例研究［J］. 管理学报，2014，11（7）：40－48.

矩阵。蔡宁和潘松挺（2008）[①]、潘松挺和蔡宁（2010）[②]、刘学元等（2016）[③] 学者从多个角度探究了关系强度对企业创新以及技术创新的影响，并构建了关系强度的测量量表。上述研究中，关系强度主要与互动频率、认识时间的长短、亲密性、互惠程度、交往物质投资以及共同的价值观有着密切的联系。而知识链不同于联盟或是产业集群，其更强调组织间的交互学习，通过知识共享和知识创造实现知识优势。通常情况下，知识链中核心企业在知识链关系治理中起着主导作用，承担较大的责任，相关配套知识组织处于相对次要的地位。同时，在知识链中组织间知识共享和创新的行为主要是由参与者自行协调完成的，没有经过制度、仲裁者等第三方干预。鉴于上述知识链的特点以及关系强度相关研究，知识链关系强度影响因素主要包括组织成员间的交流频率、维护成本（时间和金钱）、信任程度以及互惠性四个方面。

#### 6.1.2.1 交流频率

通过对知识链组织成员的调研，组织中的工作人员无一例外提到了与其他组织的互动情况，包括发邮件、打电话、开会等正式和非正式的交往途径。格兰诺维特（Granovetter，1973）[④] 在关系强度的研究中，将交流频率分为经常、偶尔、很少，以此来界定成员间的交流情况。同时，每次交流沟通的时间对关系强度的增加也具有一定的影响。

#### 6.1.2.2 维护成本

在研究关系强度的过程中发现，为了维护关系一定成本的投入是必要的，王建平和吴晓云（2019）[⑤] 从竞合的视角，运用国泰安数据库里的数

① 蔡宁，潘松挺. 网络关系强度与企业技术创新模式的耦合性及其协同演化——以海正药业技术创新网络为例 [J]. 中国工业经济，2008 (4)：137—144.
② 潘松挺，蔡宁. 企业创新网络中关系强度的测量研究 [J]. 中国软科学，2010 (5)：108—115.
③ 刘学元，丁雯婧，赵先德. 企业创新网络中关系强度、吸收能力与创新绩效的关系研究 [J]. 南开管理评论，2016，19 (1)：30—42.
④ Granovetter M. The strength of weak ties [J]. American Journal of Sociology，1973，78 (6)：1360—1380
⑤ 王建平，吴晓云. 竞合视角下网络关系强度、竞合战略与企业绩效 [J]. 科研管理，2019，40 (1)：121—130.

据，研究发现中国当前情境下网络关系强度显著正向影响企业绩效。尤其是在中国的人情社会中，为了增加组织间的关系强度，往往需要投入一定比例的时间成本和物质成本。时间成本主要表现在认识时间的长短以及花费的时间和投入的精力。一段合作关系的持久保持，多数组织成员表示需要多年的交往经历，同时在这期间需要不断的沟通和交流，促进合作水平不断提高。而物质成本主要表现为人情交际的消费，例如中国传统节日的礼物、婚丧嫁娶的礼金以及请客吃饭等情况。在物质成本投资中，投入得越高表示对这段关系越重视，反之亦然；同时，一般这样的投入产生于单方面，是投资者为了取得一定的互惠性，但是根据情况，可单方面终止，不一定是长期而持续的。由此可见，关系强度的维护成本并不确定，需要根据互惠情况不断进行调整和变化。

### 6.1.2.3　信任

信任是知识链中知识流动的重要影响因素，众多研究者把信任视为组织间知识共享的重要前提条件。由于知识链中个体利益与整体利益的冲突容易导致机会主义发生，进而影响知识共享程度，损害合作利益。组织成员间通过不断沟通交流以及相关维护成本投入，建立一定的信任关系。信任程度越高，组织成员的关系亲密性就会提高，知识共享和交流的成本就会越低，同时关系强度也会提高[①]。反之，如果缺乏信任，知识交流就会变得困难，甚至中断合作。因而，信任程度是知识链中关系强度很重要的影响因素。

### 6.1.2.4　互惠性

本研究认为，在知识链中互惠性主要体现在成员间知识共享的深度以及知识创造带来的优势，成员通过深层次的知识流动和共享实现共同利益，形成一种长期共存和相互依赖的关系。在中国关系的情境中，利益的交换是形成关系的一种默契共识。当一方在知识共享中获得利益，那么就承担着对另一方某种回报的义务。互惠关系维持得越长，双方的合作关系就会更加具有约束力，作为利益共同体就会为对方考虑越多，信任程度以

---

① 吕冲冲，杨建君，张峰. 共享时代下的企业知识创造——关系强度与合作模式的作用研究 [J]. 科学学与科学技术管理，2017，38（8）：19-30.

及交往频率都会提高，那么在知识链中将会促进更多知识共享与合作。

## 6.2　知识链组织间关系强度对知识流动的影响

### 6.2.1　系统动力学方法介绍

系统动力学又称系统动态学（System Dynamics），是一门模拟经济系统、社会系统动态发展过程的方法论学科，是系统理论与管理科学的一个重要分支。该学科于 20 世纪五六十年代由美国麻省理工学院 J. W. 福莱斯特教授首次提出，他通过利用控制理论研究企业、市场以及企业内部结构的动态变化关系，提出了系统动力学。系统动力学深入分析系统上的各种控制因素，确定它们对整体系统的影响，着重于行为趋势、预测及预报方面的探讨，从而为决策提供依据。系统动力学认为，一个复杂系统的行为与表现模式主要取决于其内部已存在的结构。反馈是两个因素的相互映射与影响，我们不能孤立地分析两个因素的联系来分析系统的行为，需要把整个系统看成一个反馈系统才能得出正确的结论。

### 6.2.2　系统动力学方法的应用

知识链由不同知识主体组成，组织间知识共享和知识创造，促进了知识在不同组织间的流动，即由知识来源者向知识接收者进行转移。由上文分析可知，由于知识链组织间关系强度受多种因素的影响，组织成员间知识流动和共享的程度也千差万别，就构成了一个复杂的动态系统。

由于知识复杂性和隐秘性特征，一般很难量化，而知识流动的数据就更难获得，这给定量分析带来一定难度。而在现有研究中，没有任何模型可以绝对真实地反映系统内所有特性。而系统动力学作为专门研究复杂动态系统反馈结构与行为理论的一门科学，通过厘清系统内交错复杂的因果关系，把握问题实质，并能够借助计算机模拟仿真技术分析系统的结构与行为模式关系。现有系统动力学应用研究中，蔡坚和杜兰英（2015）[①]、

---

① 蔡坚，杜兰英. 企业创新网络知识流动运行机理研究——基于系统动力学的视角［J］. 技术经济与管理研究，2015（10）：23－28.

姚艳虹和周惠平（2015）[①]、张运华等（2017）[②] 在研究产学研知识流动时，通过构建系统动力学模型，运用仿真分析探究不同组织间知识流动对创新及绩效的影响。因此，本部分将运用系统动力学相关原理和分析方法，分析知识链组织成员间关系强度的影响因素对知识流动的影响，通过建立系统动力学因果关系图与系统流图来分析各类因素的关系与作用结果。

一个较完整的系统动力学建模可分为三个阶段，即初期（系统分析、结构分析）、中期（初步建立模型）、后期（完成模型调试），具体步骤如图 6.1 所示。在计算机对模型进行仿真模拟后需要对结果进行评估比较，并且进一步修正和完善模型，再根据仿真模拟结果对知识链组织成员提供对策建议。

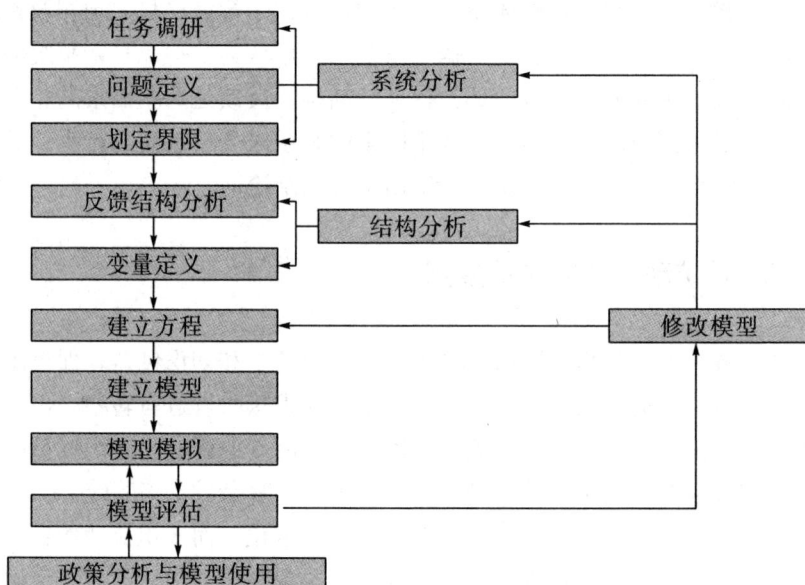

图 6.1 系统动力学建模阶段

① 姚艳虹，周惠平. 产学研协同创新中知识创造系统动力学分析 [J]. 科技进步与对策，2015，32（4）：116—123.

② 张运华，王美琳，吴洁. 基于系统动力学模型的产学研知识流动绩效研究 [J]. 科技管理研究，2017，37（8）：176—184.

## 6.2.3 关系强度对知识流动影响的系统边界

系统动力学模型构建前，需构建系统边界，以保证模型能够正确运行，这是得出预期结果的关键。确立系统边界首先明确研究问题有哪些影响因素，哪些影响因素可以划入模型研究框架内，将其他部分隔开，因此在确定建模界限前，应明确建模的目的。本章研究的对象是知识链组织成员间关系强度影响因素对知识流动影响的情况，因此，系统边界内需包括知识链运行中因组织成员关系强度的变化而产生的对知识流动的影响以及影响这些行为的要素集合。

## 6.2.4 关系强度对知识流动影响的因果关系

知识链中关系强度影响因素与知识流动之间形成一定的动态结构，并按一定的规律在动态系统中不断演化和发展。根据上文对知识链组织成员间关系强度影响因素分析发现，交流频率、维护成本、信任程度、互惠性对成员间关系强度变化有着重要影响。组织间知识流动主要表现为知识链中成员知识共享意愿以及知识吸收水平，随着知识不断流动，知识共享量增加了。知识共享量是指知识链中组织成员在知识转移与分享后共享知识的程度，取决于知识存量与知识流动的能力；知识创新主要体现是知识链中成员对知识吸收和创新的能力，通过获取的知识而有所创新和突破。

基于以上因素，知识链组织间关系强度对知识流动过程的因果关系如图 6.2 所示：

①合作意愿投入变化量→知识链组织成员关系状态→关系强度演化→知识流动→知识共享量→知识创新。

②信任→关系强度演化→知识流动→知识共享量→知识创新。

③互惠性→关系强度演化→知识流动→知识共享量→知识创新。

④交流频率→关系强度演化→知识流动→知识共享量→知识创新。

⑤维护成本→关系强度演化→知识流动→知识共享量→知识创新。

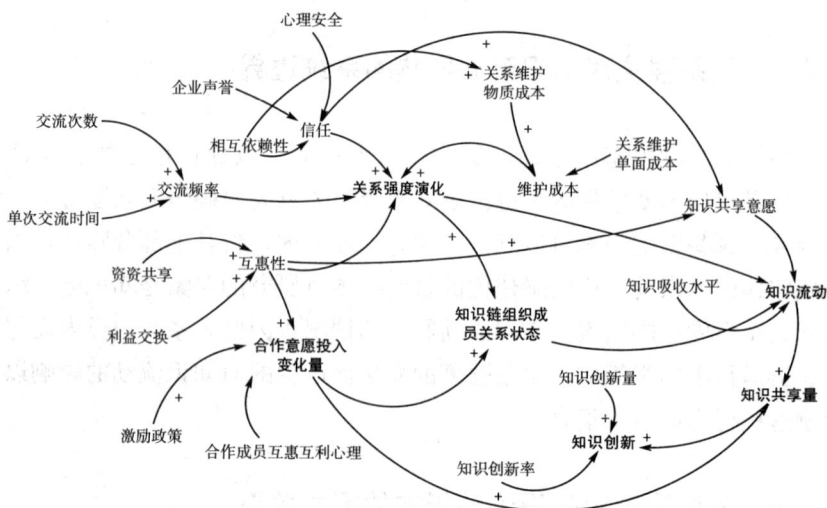

图 6.2　因果关系图

## 6.2.5　关系强度对知识流动影响的系统动力学模型

### 6.2.5.1　模型假设与系统流图设计

知识链中组织成员关系变化对知识流动的影响是个复杂而具有动态性的过程，为了清晰地反映这个过程中的动态机制的反馈机制，根据关系强度影响因素以及知识流动的过程的因果关系，构建模型假设条件，并绘制系统动力学流程图。

（1）模型假设

假设1　知识链中组织成员关系强度越高，知识流动的效率越高，有助于促进知识增加量、知识共享量和促进知识创新。

假设2　关系强度中交流频率越高、维护成本投入越多、信任程度和互惠性越强，知识共享量就越多，加速知识链中成员知识创新。

假设3　知识链中知识流动过程中，知识共享是为了让渡知识价值；知识增加是为了整合吸收知识，并进行知识创新，获取创新收益。

（2）系统流图设计

系统动力学的关键是建立结构流图，本文运用系统动力学原理，研究知识链组织成员间关系强度对知识流动影响的过程，构建系统流图，如图

6.3 所示。系统流图主要包括四个要素，即状态、决策、信息和行动，用来反映各变量间的因果关系回路，反馈系统动态性的积累效应，如表 6.1 所示。

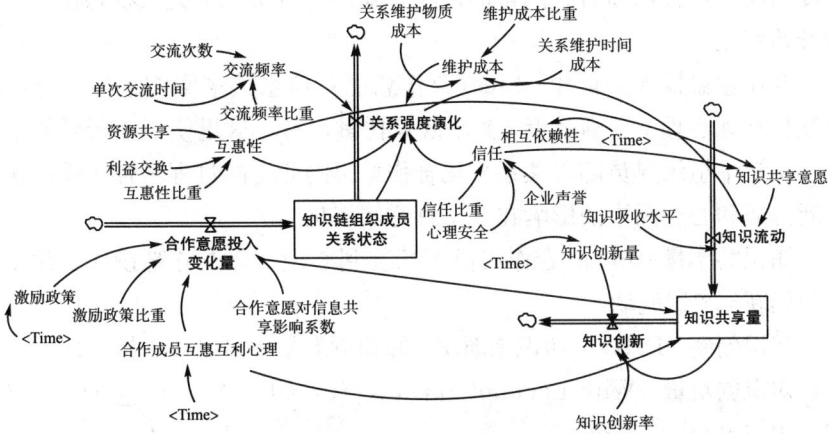

**图 6.3　系统流图**

**表 6.1　方程变量**

| 变量类别 | 变量名称 |
|---|---|
| 状态变量 | 知识链组织成员关系状态 |
| | 知识共享量 |
| 速率变量 | 合作意愿投入变化量、关系强度演化 |
| | 知识流动、知识创新 |
| 辅助变量 | 互惠性、交流频率、维护成本、信任、合作成员互惠互利心理、合作意愿对信息共享影响系数、激励政策、激励政策比重 |
| | 知识创新量、知识创新率、知识吸收水平、知识共享意愿 |

### 6.2.5.2　方程设计及说明

为了对模型进行数据测试，需要对概念模型进行公式化处理，以使概念之间的定性关系定量化，通过运用系统动力学软件 Vensim PLE 模拟，得出更为精确的系统行为结论。模型中相关模拟语言以及计算公式如下：

知识链组织成员关系状态＝Smooth(合作意愿投入变化量×关系强度演化，3)，采用信息延迟函数来反映组织成员间合作意愿投入情况对知识

链组织成员关系强度影响变化

关系强度演化＝Step 知识链组织成员关系状态×（互惠性＋交流频率＋信任＋维护成本，3），这里使用阶跃函数来模拟知识链中组织成员关系强度的演化过程，随着各因素的影响，知识链组织成员关系状态在 3 个月后开始变化

合作意愿投入变化量＝Step（合作意愿对信息共享影响系数×合作成员互惠互利心理＋激励政策×激励政策比重，3），这里使用阶跃函数来模拟知识链中组织成员随着关系变化合作意愿的变化的过程，合作成员随着不断沟通和心理因素的影响在 3 个月开始变化

知识共享量＝Integ（合作成员互惠互利心理×合作意愿投入变化量＋知识创新＋知识流动，5）

知识创新＝Delay1（知识创新率×知识创新量＋知识共享量，1，0）

知识创新量＝With Lookup（Time，（[（0，0）－（24，1）]，（0，0.3），（24，0.35）））

知识流动＝关系强度演化×（知识共享意愿＋知识吸收水平）

知识共享意愿＝Step（互惠性＋信任，2）

维护成本＝维护成本比重×（关系维护时间成本＋关系维护物质成本）

信任＝Step（信任比重×（企业声誉＋心理安全＋相互依赖性），1）

交流频率＝交流次数×单次交流时间×交流频率比重

合作成员互惠互利心理＝With Lookup（Time，（[（0，0）－（24，0.78）]，（0，0.4），（24，0.45）））

激励政策＝With Lookup（Time，（[（0，0）－（24，1.5）]，（0，0.2），（24，0.35）））

相互依赖性＝With Lookup（Time，（[（0，0）－（24，1）]，（0，0.2），（24，0.25）））

知识吸收水平＝Random Normal（0，1，0.6，0.01，0.35）

关系维护时间成本＝Random Normal（1，5，2.5，0.02，0.35）

关系维护物质成本＝Random Normal（1，6，2.5，0.03，0.35）

利益交换＝Random Normal（0，1，0.6，0.02，0.45）

单次交流时间＝Random Normal（0，1，0.5，0.01，0.2）

交流次数＝Random Normal（1，5，2，0.35，0.01）

资源共享＝Random Normal（0，1，0.6，0.01，0.65）

## 6.2.6 关系强度对知识流动影响的仿真分析

### 6.2.6.1 初值选取及参数设定

本书运用系统动力学分析软件 Vensim PLE，对知识链组织间关系强度进行仿真分析。结合既往知识链研究成果以及知识链组织成员合作特点，设定仿真时间为 24 个月，知识链组织成员关系状态的初始量为 3，知识共享量的初始值为 5。在研究知识链组织成员关系时，我们走访了大量企业、高校和科研院所，通过调查问卷和专家调查法，确定主要影响因素的系数赋值，如表 6.2 所示。

**表 6.2　主要影响因素及系数赋值**

| 变量 | 赋值 |
|---|---|
| 心理安全 | 0.35 |
| 相互依赖性 | 0.35 |
| 知识创新率 | 0.36 |
| 合作意愿对信息共享影响系数 | 0.14 |
| 激励政策比重 | 0.12 |
| 信任比重 | 0.35 |
| 互惠性比重 | 0.25 |
| 交流频率比重 | 0.15 |
| 维护成本比重 | 0.35 |

### 6.2.6.2 模型有效性检验

仿真的过程就是计算出不同变量在不同时间点的取值并描绘出各变量随时间变化的趋势图，然后在对仿真结果进行有效性分析的基础上，验证模型内各变量的变化趋势是否构成了对实际系统的有效解释，是否反映了实际系统的运行规律及变化趋势。本书选取了 7 个重要时点数值，主要变量重要时点的数值对比和仿真结果显示如表 6.3 所示。

表 6.3　主要变量重要时点数值对比

| 变量 | 1 | 4 | 8 | 12 | 16 | 20 | 24 |
|---|---|---|---|---|---|---|---|
| 知识链组织成员关系状态 | 3.00000 | 9.84074 | 33.58720 | 122.03400 | 453.20700 | 1822.48000 | 6547.25000 |
| 合作意愿投入变化量 | 0.172000 | 0.183708 | 0.195417 | 0.207125 | 0.218833 | 0.230542 | 0.242250 |
| 关系强度演化 | 9.94294 | 32.31550 | 113.15200 | 399.72600 | 1564.29000 | 5123.55000 | 31851.50000 |
| 知识共享量 | 5.0000 | 49.8133 | 477.8080 | 3210.8000 | 18848.9000 | 106490.0000 | 559147.0000 |
| 知识流动 | 6.05824 | 57.01330 | 205.22100 | 3210.95000 | 18849.10000 | 106490.00000 | 559147.00000 |
| 知识创新 | 5.07627 | 49.91040 | 177.94500 | 698.49200 | 3060.96000 | 6674.18000 | 107037.00000 |

知识链组织成员关系状态以及关系强度演化在仿真时间内以较快的速度增长，主要是合作意愿投入变化量在不断增加，促进了知识链组织成员合作关系不断加强，以此导致了关系强度的变化。

在仿真时间内，随着知识链组织间关系强度的变化，知识流动的速度也不断加快，同时促进知识共享量的增加。知识创新在仿真时段内也在快速增加，主要取决于知识流动速度和知识共享量增加。仿真结果与实际较为相符，说明该模型具有一定的有效性，能在较大程度上反映知识链中组织成员关系强度与知识流动与共享的变化情况。

### 6.2.6.3　模型灵敏度分析

灵敏度分析主要用于考察模型中某一个参数的变化对整体模型的影响变化，为研究工作提供理论和决策支持。根据灵敏度分析，可以对知识链组织合作中关系变化对知识流动及共享影响提出相关对策建议，具体分析如下。

（1）合作意愿投入变化量灵敏度分析

原有模型中合作意愿对信息共享影响系数设定为 0.14，激励政策比重为 0.12，将模型设定为 1。将模型中共享影响系数和激励政策比重分别扩大两倍，即 0.28 和 0.24，设定为模型 2；将模型中共享影响系数和激励政策比重分别扩大三倍，即 0.42 和 0.36，设定为模型 3。仿真结果如图 6.4 所示，合作意愿投入变化量不断增加，对知识链组织间成员关系强度有着明显的促进作用，知识流动明显加快，因此促进了知识共享和知识创新的增加。

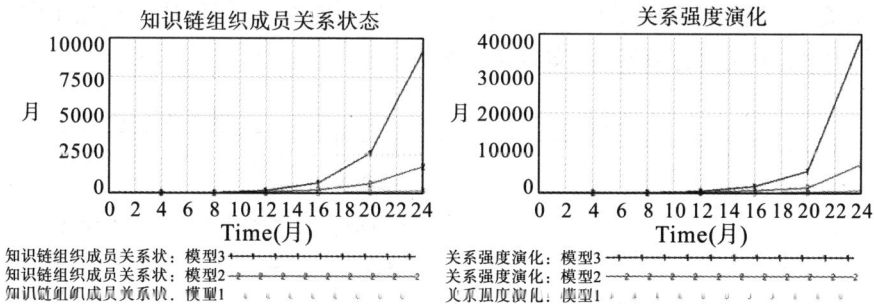

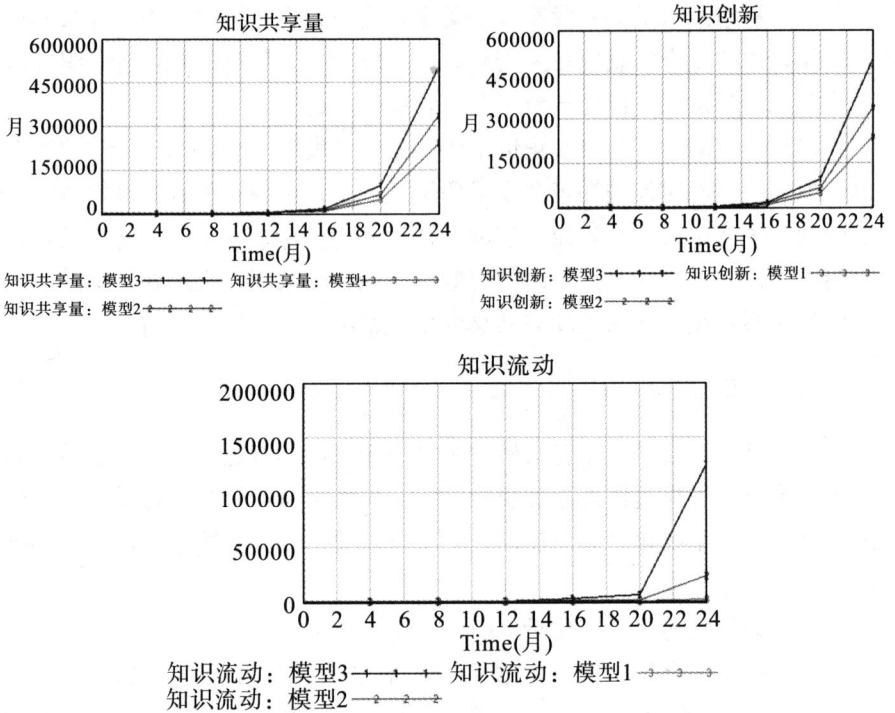

**图6.4 合作意愿投入变化量不同取值下关系强度和知识流动变化趋势**

（2）关系强度演化灵敏度分析

关系强度影响因素主要包括互惠性、交流频率、维护成本和信任。分别对四个要素进行取值测试，观察其对关系强度演化和知识流动的影响。

测试时，在不改变其他影响因素的前提下，当信任比重为 0.35，为模型 1；当信任比重增加 5%，即 0.4 时为模型 2；当信任比重增加 10%，即 0.45 千克时为模型 3，如图 6.5 所示。

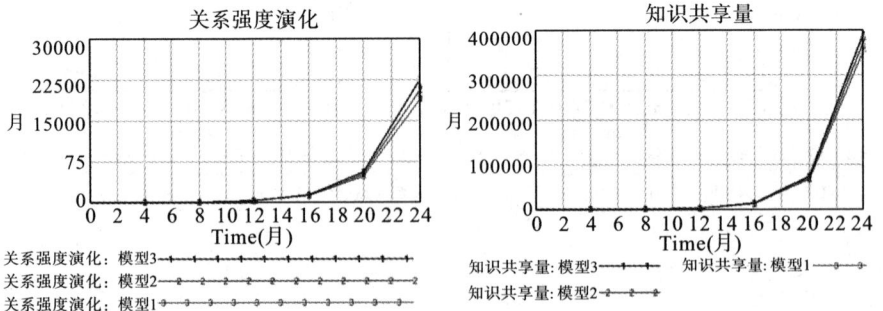

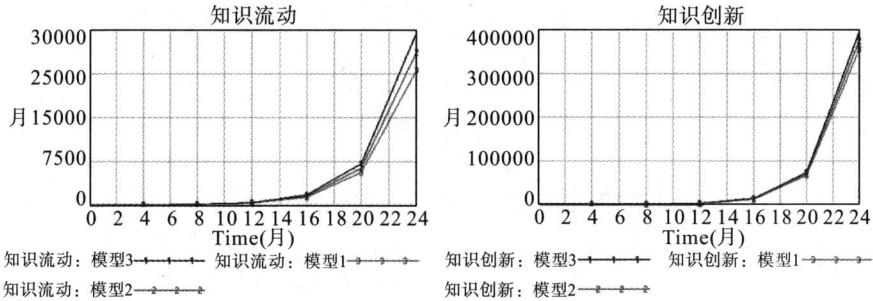

**图 6.5 信任不同取值下关系强度和知识流动变化趋势**

同上，在不改变其他影响因素的前提下，互惠性的比重由最初的 0.25，将分别增加 5% 和 10%，即 0.3 和 0.35，所对应的模型为模型 1、模型 2 和模型 3，如图 6.6 所示。

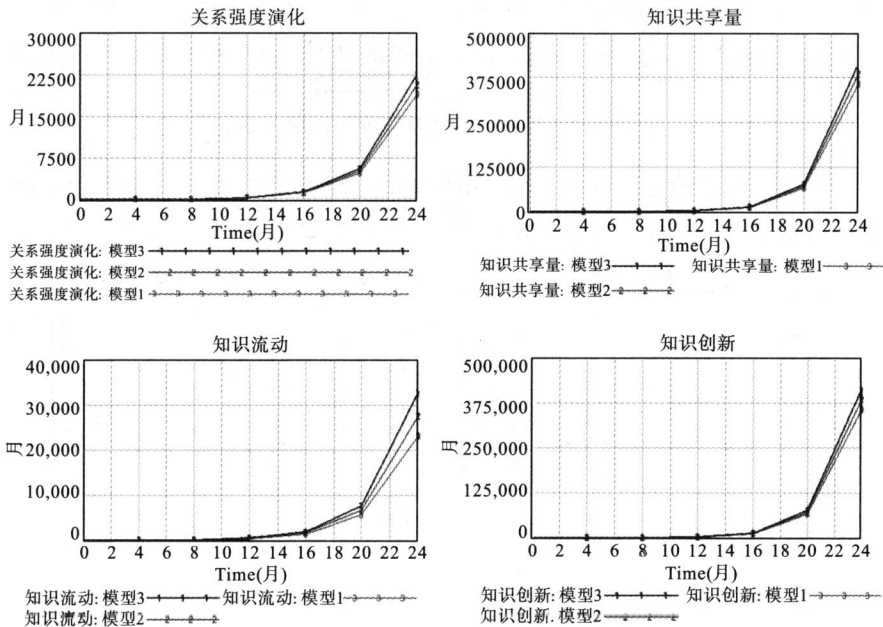

**图 6.6 互惠性不同取值下关系强度和知识流动变化趋势**

同上，交流频率的比重由最初的 0.15，分别变化为 0.2 和 0.25，所对应的模型为模型 1、模型 2 和模型 3，如图 6.7 所示。

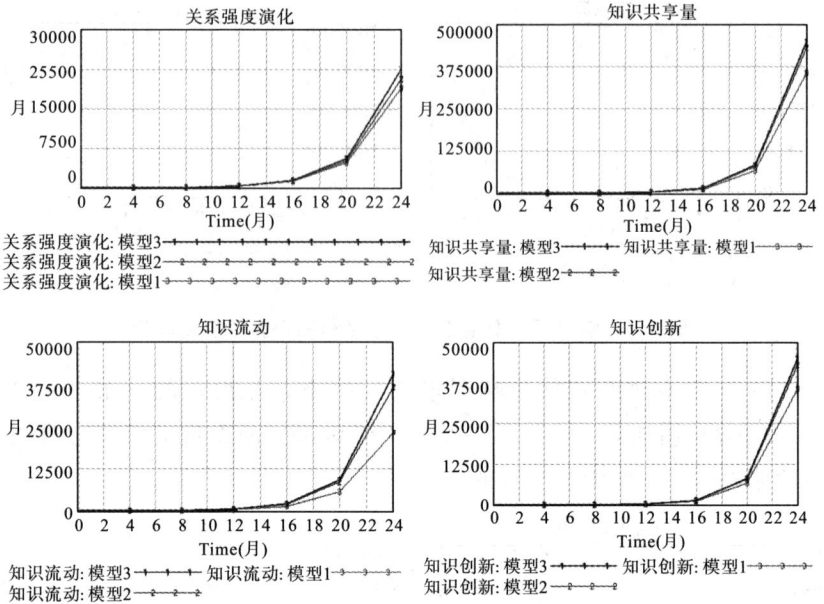

**图 6.7　交流频率不同取值下关系强度和知识流动变化趋势**

同上，维护成本的比重由最初的 0.35，分别变化为 0.4 和 0.45，所对应的模型为模型 1、模型 2 和模型 3，如图 6.8 所示。

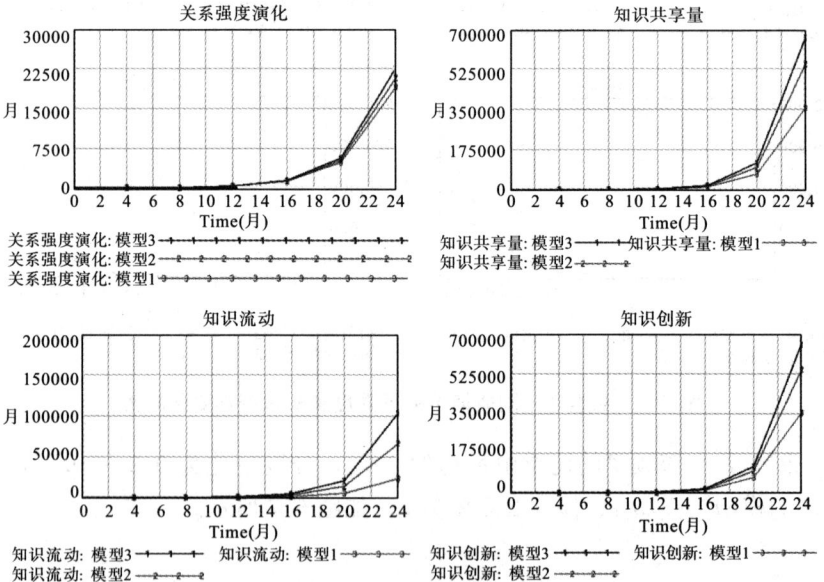

**图 6.8　维护成本不同取值下关系强度和知识流动变化趋势**

由信任、互惠性、交流频率和维护成本不同取值测试可以看出，这四个影响因素对知识链组织成员间关系强化和知识流动产生了促进作用。但对比来看，相对于其他影响因素，信任取值的变化对关系强度和知识流动影响更大，这与现实中知识链组织成员在合作中的情境也是符合的，人与人之间信任一旦建立，更有利于推进合作。而关系维护成本对知识流动的影响的促进作用，尽管调整取值变化，相较于其他三个因素并没有太大提高，这也说明现实中，知识链中成员开展跨组织合作，仅靠物质维护是远远不够的，更被看重的是利益的互换和资源共享的合作，以此建立较强的合作和信任关系。

## 6.3　相关建议对策

根据上述仿真结果可以看出，知识链组织成员在合作中关系强度的演化对知识流动以及创新都有一定的影响，而成员间的关系不同影响因素带来的关系强度变化也是不同的，尤其是合作伙伴间信任关系的建立和加深对知识共享有着较大的影响。因而知识链中的核心企业要想更好地维护知识链中组织合作关系，提高知识流动效率，促进知识创新，具体可以从以下几个方面入手：

第一，提高合作成员间交流频率，促进信息沟通和知识流动。通过改变交流频率，从仿真结果可以看出知识流动的曲线增加最为明显，而在实际商务合作中，通过多次交流和谈判，会传递丰富的异质性信息，尤其是初次合作的伙伴，更有利于获取新的信息和技术方面的创新，达成新的合作方式。

第二，维护成员间信任关系，提高知识创新效率。走访调研和仿真结果都证实了信任对于知识链组织成员关系强度有重要影响，而且信任程度越高，越有利于核心企业获得创新所需要的复杂的知识和技术，提高大学和科研院所知识创新和科研成果转化的动力。但是信任关系的建立需要时间和成本的维护，需要核心企业一方面提高自身企业声誉和知名度，另一方面通过互惠互利的合作与上下游企业以及科研院所保持关系粘性，从而确保稳定的信任关系。

第三，关系维护成本不可忽视，有助保持合作关系的长期性。关系维护成本主要包括时间成本和物质成本，通过分析以及结合中国实际人情特点，关系维护成本越高意味着对这段关系越重视，如果仅是金钱上的投入，缺乏时间及情感上的投入，往往也不能很好地达到预期效果。因此，关系维护成本投入的技巧及真诚度，决定了合作的长期性和持续性。同时，对于核心企业而言，面对不同的合作伙伴，除了互惠互利之外，更需要揣摩不同的合作对象的特点，建立一个既有较强的工作关系，同时保持良好的私人关系的合作状态保障知识的流动和创新。

## 6.4　本章小结

本章分析了知识链关系运行阶段中，组织成员关系强度变化对知识流动的影响。运用系统动力学相关理论，构建数学模型，借助 Vensim PLE 软件进行仿真分析，并验证了不同影响因素的变化对知识流动效果的影响。最后，基于关系强度影响因素，提出促进知识链组织成员间知识流动的对策和建议。

# 7 知识链关系治理机制

上一章对知识链中组织关系的演化强度对知识流动的影响进行了梳理和探讨，发现知识链中组织关系是动态、复杂和多样化的。并根据调研情况，从核心企业的角度出发分析了知识链中关系治理遇到的问题。因而，为解决和克服这些问题，有效实现知识链关系治理，就需要建立合理、完善的知识链关系治理机制体系，以此提高组织合作效率，降低知识共享中存在的潜在风险和机会主义，提升知识链整体的核心竞争力。

## 7.1 知识链关系治理机制的内涵及构成

### 7.1.1 知识链关系治理机制的内涵

治理机制是指用一整套规则或契约对组织成员行为、责任和权利进行规范，以保证组织的正常运行。根据知识链组织关系特征，本书认为知识链关系治理机制是指知识链中的核心企业用来制约和调节合作组织间进行知识交换的行为，作用是降低机会主义风险，达成知识共享和知识创造的目标，促进知识链关系持续发展的一种保证措施和手段。该定义有以下特点：第一，突出了核心企业在关系治理机制实施中的地位；第二，强调了关系治理机制在知识链治理中的重要作用，即调节和制约知识链组织成员的行为，对机会主义、搭便车、核心知识泄露等行为进行制裁；第三，关系治理机制的着眼点在于激励每个合作组织知识共享和知识创造；第四，关系治理机制不是依靠权威、命令、法律、法规、合同等规范合作组织的行为，而是通过信任、沟通、承诺等社会关系维持合作关系。

## 7.1.2 知识链关系治理机制的构成

在知识链运行过程中，由于合同或契约的不完备性以及合作组织所掌握的知识不对称性和外溢性等特征，关系治理机制相对于正式治理机制而言更有助于组织关系的改进、完善和隐性知识的共享，更能达到正式治理机制所无法达到的经济效果。实际上，关系治理机制在知识链组织内部以及组织之间架起了一座桥梁，对于特定的交互关系中治理机制的设计代表着一种关系合作者之间联合协作的战略决策。因此，知识链治理主要依靠关系治理机制发挥作用。当然，知识链的治理并不是完全不需要正式治理机制，而是建立在此基础上实行关系治理机制。据此，我们将知识链关系治理机制进一步划分为关系行为治理机制、关系控制治理机制和关系激励治理机制（如图 7.1 所示）。

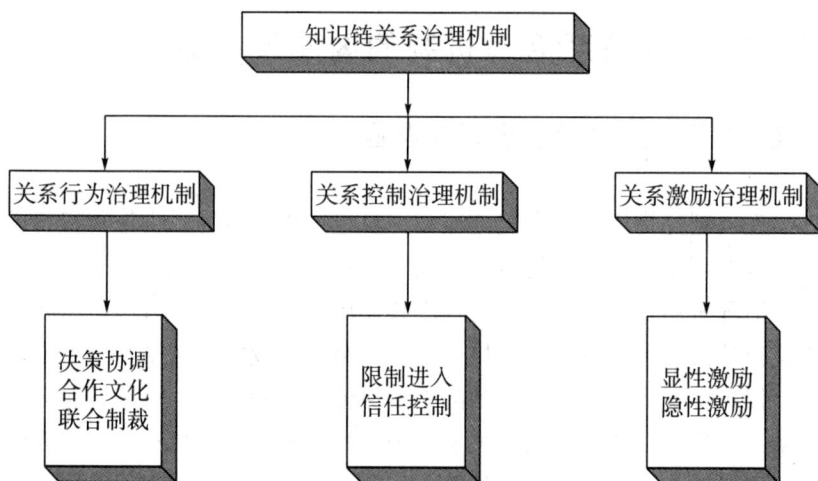

图 7.1　知识链关系治理机制体系

# 7.2　知识链关系行为治理机制

知识链关系行为治理机制是指协调各种影响知识链组织合作关系的动机、利益、机会主义、忠诚等要素的机制和措施，主要包括决策协调、合作文化、联合制裁等社会机制。

## 7.2.1 决策协调机制

知识链是由不同的利益主体构成的跨组织合作系统，在运行过程中，知识流动和共享将涉及不同的组织、企业、部门和个体，由于主体的差异性，尤其是在信息不对称和利益不均衡的环境下，知识链组织之间存在不可避免的冲突和竞争。而这些往往会导致知识链运行效率低和组织成员之间不信任。因而，需要决策协调机制对知识链中组织成员行为进行规范。知识链的决策协调机制主要包括两个部分：分散控制下的知识链组织间的信息共享和核心企业集中控制下的共同决策。

如图 7.2 所示，本书构建了一个知识链组织成员决策协调框架模型，框架模型中的节点代表知识链中不同的合作组织，同时这些合作组织也是决策者。由于不同的组织充分掌握和拥有与自身所承担业务相关的知识与信息，这就使得组织之间存在不同程度的知识差异。知识差异促使决策权力分散，在分散决策过程中，每个合作成员将各自的知识、信息或是经验等共享出来实现优势互补，就形成了知识共享的过程，以此实现对决策问题的知识解答，而决策权力的分散程度主要取决于知识链上知识共享（尤其是隐性知识）对决策结果的贡献值。而集中决策主要取决于核心企业，核心企业将根据知识需求对组织间共享知识进行整合。

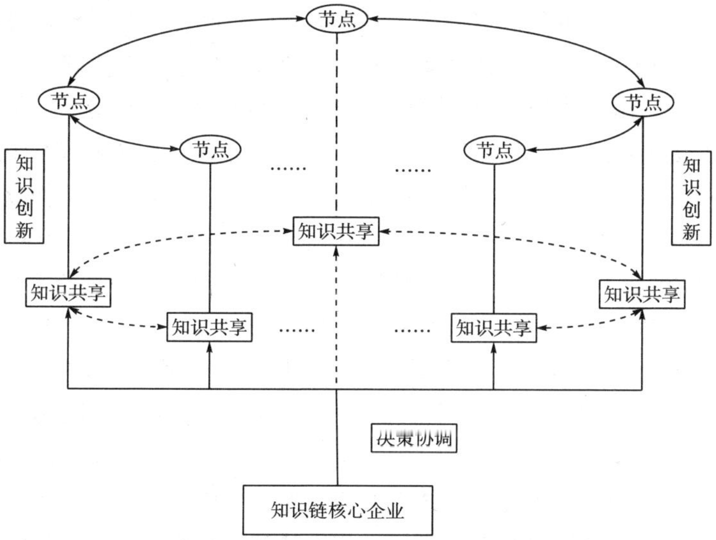

图 7.2　知识链决策协调框架模型

由此可见，知识链决策协调框架模型主要分为两个部分：第一部分，在具体的群体决策互动过程中，需要知识链中的各个合作组织（决策成员）独立行使决策权，将自身所具备的知识与所承担的决策任务相结合，同时与知识链中其他组织进行协调和资源调配；第二部分，是针对核心或是重大决策，由知识链中的核心企业（决策者）根据知识需求决定合作成员（决策成员）的任务分工和角色定位，通过成员之间进行的知识共享进行知识创造，并转化为知识优势，进而达到合作目标。

## 7.2.2 合作文化机制

知识链中的合作文化不同于单个企业或组织的公司文化，更具有社会性特征，是知识链成员在长期合作过程中形成的共同价值观和行为规范。由于知识链中的合作组织在文化和社会背景上存在差异，容易导致冲突和形成误解。需要说明的是，合作组织间的文化分歧并不意味着一定会导致合作失败，构建知识链的合作文化机制并不是要消除不同组织之间的文化差异，相反是在不同的文化之间搭建融会贯通的桥梁，以此促进彼此之间的相互认同和理解。

知识链合作文化主要从深层次影响知识链合作组织所处的社会文化环境，包括知识链内部成员主流的价值观、知识共享的方式、劳动力素质、追求的目标、合作的氛围等内容，以此减少组织间存在的差异，增强合作的一致性。构建知识链合作文化机制，主要经历以下几个步骤：

第一，合作前对将要合作的组织进行深入的认知，充分分析、了解和识别各方的文化差异，尽量选择文化相近或是兼容性较强的企业或是组织进行合作。第二，在合作中不断适应对方的文化和管理方式，促进合作成员之间的了解和沟通，引入对方的管理理念或价值观念，在自身原有文化的基础上创造新的合作文化。第三，在知识链组织合作中刻意培养团队合作文化。在知识链跨组织合作中文化冲突的协调关键是强调团队文化合作，这种合作文化不是以牺牲合作伙伴利益为代价去服从整体目标，而是通过相应机制系统的协调和考虑个体目标与整体目标的关系，达到个体目标与整体目标的一致。

通过合作文化机制的建立，加强组织成员间的沟通交流，消除因文化差异而产生的误会会促使知识链中的成员在合作中更加默契，成员之间的关系更加稳定，使原本存在差异的文化在知识链组织合作中得到融合和升华，进而提高组织间知识流动的效率。

## 7.2.3 联合制裁机制

联合制裁是对那些违背知识链成员共同构建的规范的组织给予集体处罚，包括公开违规行为、短期或长期驱除、切断知识交流等。目的是通过呈现违规的后果定义知识链中的组织可以接受的行为，以此降低行为的不确定性，保证知识链中知识共享顺利进行。

对于知识链中组织成员而言，遵守集体规范是有成本的，因此组织成员会选择背叛规范以谋求个人利益。这种情况下，就需要采用联合制裁机制督促知识链中组织成员遵守规范。在知识链运行中，组织成员之间知识共享产生相互依赖关系，使得运用联合制裁方式约束组织成员是有效的。由于每个组织成员都怕因为自己的机会主义而受到其他成员的集体惩罚，就会自觉遵守集体规范，可见联合制裁机制具有一定的警示作用，对组织成员的信任关系起到间接保护作用。同时，对于遵守集体规范的组织成员而言，考虑到如果合作伙伴不遵守集体规范会带来严重的后果，也乐意使用联合制裁机制惩罚违规者。为了更好地分析跨组织合作中联合制裁机制的原理，孙国强和宋琳（2005）[①] 从博弈论的角度探讨了这一问题，并构建了联合制裁博弈树，指出在跨组织合作中若是背叛的惩罚高于背叛的利益，那么成员总是选择合作。由此可见，在知识链中任何一个组织成员的机会主义是需要成本代价的，不仅会失去合作机会也会破坏其信誉。

因此，知识链中的联合制裁机制会让组织成员更加理性地考虑机会主义所带来的成本和损失，在一定程度上避免机会主义的发生，从而降低知识共享的交易成本。

## 7.3 知识链关系控制治理机制

知识链关系控制治理机制主要是基于知识链中限制性进入和信任程度的控制机制。

---

① 孙国强，宋琳. 网络组织联合制裁机制的博弈思考［J］. 当代经济管理，2005，27（4）：14－16.

### 7.3.1 限制进入机制

限制进入机制是指对网络交易内的伙伴数量进行战略性缩减。限制进入机制在知识链中实现关系治理主要采用两种措施:一种是从战略的角度考虑控制知识链中组织成员的数量,减少组织成员间关系协调所带来的成本;另一种是尽可能避免知识水平较低的组织进入知识链,以保证知识共享在地位和能力相近或是相似的成员之间进行。

随着知识链核心企业(盟主)知识需求增加以及规模经济的发展,不断有组织或是企业加入知识链的运行中进行知识共享,参与者数量越多,合作关系就会变得越复杂。而知识链选择合作组织是知识链组建期和发展期的关键环节之一,目标是选择或是接受有助于实现知识链目标、弥补知识缺口的合作伙伴。对合作组织的限制性进入可对知识链中知识共享的规模进行调解,降低运行中的协调成本,增加知识链中合作组织之间的互动频率,抑制机会主义行为,为合作组织建立强联系和共同行为规范创造条件。例如,德国汽车制造业由开始大量的、分散的没有特定关系的供应商,到现在主要倾向于数量有限的关键供应商,德国汽车行业有了飞速的发展和进步。随着组织网络规模的不断扩大,需要协调的关系也越来越多,合作组织之间的关系强度和质量都会下降。对于知识链而言,若不限制进入知识链的组织数量,就会使得知识流动和共享变得更加复杂,从中识别出有价值的知识也变得更加困难;而过多限制使得知识链不能及时补充新的知识,直接影响了知识创造。同时,限制进入机制还具有排除知识共享和创新能力较弱组织的激励效应,这部分组织成员将会被逐渐淘汰,也促使其他知识链合作组织不断进行学习和知识更新。

### 7.3.2 信任控制机制

信任是关系治理的基础,也是知识链中知识流动的重要影响因素。通过文献综述中对关系治理相关热点研究问题的回顾可以发现,信任是众多学者在研究关系治理中关注的焦点问题。由于人与人之间的信任关系建立需要一定时间和精力,而且对推动组织间合作起着至关重要的作用,因而在关系治理研究中学者们重点关注的是信任的积极作用。但是,由于组织间合作情况较为复杂，信任不仅仅具有积极作用，过度信任也会带来一定的负面影响和风险。因此，为了确保知识链中组织成员稳定的合作关系，保障组织间知识共享和创新有效地进行，本部分提出信任控制机制。信任控制机制在知识链关系治理中主要包括两个方面：一方面是提高知识链中组织成员间的信任水平；另一方面，防止由于过度信任而产生的负面影响。

### 7.3.2.1　提高知识链中组织成员间信任水平

现有对信任的研究成果中，众多研究者都把信任视为组织间知识资源共享的前提条件，若是信任缺失，知识资源不可能在交易双方中进行交换，并且信任对合作伙伴间知识共享有促进作用。在跨组织合作过程中，组织间信任对于提高联盟绩效、促进新技术使用以及提高合作满意度起着较为重要的作用。

知识链组织成员之间的相互信任是在面向未来各种不确定时，彼此间的一种承诺和相互信赖，由此产生各方在心理上的认可。知识链中组织间相互信任关系可以减少知识链运行中的各种不确定性因素、降低交易费用、化解成员之间冲突、促进成员之间的交互学习。同时，知识链中个体利益与整体利益的冲突容易导致机会主义发生，影响知识共享，并引发组织成员之间的信任危机，损害合作利益，最终导致知识链解体。由此可见，相互信任关系在跨组织合作中扮演着十分重要的角色，不仅起到"润滑剂"作用，还直接影响到知识链的整体运行。因而，提高知识链组织成员间信任水平是信任控制机制中的一个重要的部分。

### 7.3.2.2　防止过度信任引起的负面作用。

上文分析了组织间相互信任关系对知识链发展以及知识共享的影响，但是在现有对跨组织合作信任关系的研究中，学者们往往容易忽略过度信任带给知识链发展的负面影响，这也是本书提出信任控制的意义所在。在对信任的研究中，不少学者从不同领域对信任进行定义。其中，万根和哈克瑟姆（Vangen and Huxham，2003）[①] 认为，信任是假定合作伙伴能够

---

① Vangen S, Huxham C. Nurturing collaborative relations：Building trust in interorganizational collaboration［J］. The Journal of Applied Behavioral Science，2003，39（1）：5-31.

承受自身弱点所产生的风险。卢梭等（Rousseau et al., 1998）[①] 认为，信任是对他人意图或行为的正面期望而愿意将自身置于脆弱的状态。在对信任定义时，学者们通常将信任作为一种心理状态，而正面的期望和风险作为信任的两个关键要素，即在对他人产生正面期望信任的同时，也会带给自身一定的脆弱性和风险。因而，基于这两个因素，过度信任主要是指一方对另一方的期望超出对方的能力范围，从而导致自身具有一定的脆弱性和风险的心理状态。

过度信任在知识链组织合作关系中一般存在于以下两种情境：一种是知识链中部分组织成员在此次合作之前，就存在一次或是多次合作的经历，因而具有一定的信任基础，而且若是之前合作非常愉快，那么信任程度会随之增加；另一种是知识链中的组织成员之前并没有合作的经历，但是随着合作的深入，成员组织之间配合默契，信任程度也会不断增加。这两种情境下知识链组织成员产生的过度信任主要表现在两个方面：一是过度能力信任，是指知识链中组织成员对某个或是部分成员在某些特定知识领域技能水平的估计和期望超出其应有的水平；二是过度善意信任，是指知识链中组织成员（信任方）过高地估计其他合作组织（被信任方），认为其在合作中不会做出任何有损自身（信任方）利益的行为。

从以上分析看见，知识链中的过度信任是建立在一定信任基础上的，但是这种信任的程度往往会给知识链中组织间合作和知识共享带来负面影响。一方面，过度能力信任对知识共享的影响。知识链中合作组织在进行知识共享时，组织成员之间是一个相互的过程，即知识提供方所提供的知识能够被知识接受方很好地吸收和转化，知识接受方对知识吸收和转化能力越强，知识提供方所进行的知识共享才越有意义和价值。为了有效地实现知识共享，知识提供方需要对知识复杂程度以及接受方的吸收能力进行判断。若是知识链中知识提供方对接受方的吸收能力越是信任，就会越趋向于共享复杂程度较高的知识或是隐性知识。但是，若是知识提供方对知识接受方的能力过度信任，就会高估其知识吸收能力的水平，那么知识接受方就很难对知识进行吸收转化，不仅会影响知识提供方的知识共享成本，还会直接影响知识链中知识共享的速度。另一方面，过度善意信任对知识链组织间合作的影响。知

① Rousseau D M, Sitkin S B, Burt R S, et al. Not so different after all: A cross-discipline view of trust [J]. Academy of Management Review, 1998, 23 (3): 393—404.

识链中的组织成员会由于个人利益和整体利益的冲突而产生机会主义，危害知识链整体利益。过度善意信任会导致组织成员对其合作伙伴风险防范意识降低，不能及时察觉危害知识链运行的相关行为，并且还会继续对其进行知识和技术信息的共享。这给在今后知识链中组织合作中产生问题和冲突埋下了隐患，同时不能及时制止机会主义的发生，可能导致组织成员核心知识的泄露，最终影响知识链中合作组织成员之间的关系以及知识链的稳定性。由此可见，通过信任控制机制防范信任过度所带来的风险和危害性，对于知识链中组织成员信任关系的维护有着重要的作用。

综上所述，知识链信任控制机制主要针对的是知识链中组织成员不同的信任关系展开的关系治理，由于知识链中组织成员合作关系较为复杂，成员间的信任程度也参差不齐，因此信任控制机制一方面是提高组织成员间的信任水平，另一方面是对过度信任行为进行防范和治理，这两者并不矛盾，而是相互补充的关系。因此，信任控制机制的关系治理功能主要是对知识链中组织间相互信任关系的平衡与协调，解决和缓和知识链运行中组织间合作过程中潜在的不确定性，减少机会主义的发生，提高知识共享的效率，促进知识资源吸收和转化。

## 7.4　知识链关系激励治理机制

激励在管理学上的意义是激励主体用于启动和强化被激励者行为的机制，体现激励者的意图。知识链的组织形式是跨组织的战略合作，激励客体由传统的组织内的成员（如企业内部的管理者或是不同层级的员工）延伸到核心组织之外（如学校、科研机构、供应商等），因此对其组织关系的激励机制有别于对组织内部单个个体的激励机制。知识链关系激励治理机制是指知识链中的核心企业为了减少合作组织的道德风险，激励知识链中的组织进行知识共享，并能够稳定地保持合作关系，对其进行奖励或惩罚以激励合作组织按照整体利益最大化原则所实施的合作性行为。与单个组织内部激励机制相比，知识链关系激励机制更加侧重于对组织间合作关系的完善和提高，同时其奖惩资源主要来自组织成员知识创造所获得的合作收益。但是，由于知识链内部不存在明显的科层制度以及领导机构，因此除了依靠组织间正式契约或合同中关于激励的具体条款外，更多的是通过基于信任和长期合作的关系契约来发挥作用。

因此，知识链关系激励治理机制主要包括显性激励和隐性激励两个部分。显性激励主要产生于知识主体对知识链合作价值的向往与追求，主要侧重于信息和技术方面的激励，是知识链中组织成员激励协同的开端。隐性激励属于实施激励的"软件"，采用非公开的隐蔽的激励手段，侧重于精神层面的竞争性激励，使知识链中的成员组织在不设防的心理下无意识地受到激励。

## 7.4.1　显性激励机制

显性激励机制是指对知识链成员遵守契约或合同顺利进行的奖励的机制和措施。显性激励通常包括：信息激励、订单激励、知识和技术激励。

### 7.4.1.1　信息激励

伴随着企业信息化技术的广泛应用，信息在跨组织合作中扮演着越来越重要的角色，获取信息的多少以及及时性在一定程度上决定了组织发展的速度和收益。对于知识链中组织信息激励，主要从知识链核心企业的角度出发，对知识贡献程度越高的合作组织，将给予其更多信息和获取信息的渠道，使其获得更多的收益，以此激励知识链中合作组织积极参与知识共享。例如，核心企业将其掌握的客户资料和信息以及市场动态提供给组织成员，那么组织成员在与客户谈判或是交易时，由于事先掌握了信息，就会处于有利的地位，因此将获得更多的收益。相反，在知识流动过程中，知识链部分组织成员对知识共享积极性不高，贪图一时利益，那么核心企业就将不对其进行信息激励，不仅获利减少而且长期下去会影响与其他组织的合作关系。

### 7.4.1.2　订单激励

知识链中的组织通过知识共享，供需组织双方的知识量得到增加并通过知识共享创造出新的知识，而新的知识有助于促进产品和服务的创新，进而提升企业的市场竞争能力。因而，企业获得了更多的订单和市场份额，将大大增加收益。知识链中有知识需求的企业就需要按照事先签订好的契约，给予提供知识或是信息的企业、高校或科研院所一定数量的订单或回报，也使得提供知识的企业获得相应的收益。通过这样的方式鼓励知识链中的组织积极参与知识共享。

### 7.4.1.3 知识和技术激励

在知识链运行中，如果知识供应组织在共享知识后能得到知识需求企业，即核心企业的逆向知识反哺，将有助于增加提供知识组织的知识量以及其获取新知识的动力，并因此提升知识链中组织共享知识的意愿，起到激励知识共享的作用。知识链中的核心企业输入的新知识一方面是应用于生产经营，以此提高产品质量和服务水平；另一方面是经过消化、吸收与组织储备的知识后进行整合，形成新的知识。在这种情形下，核心企业将知识供应组织或是企业所不具备的新知识反哺给他们，知识供应企业将因此获得其他企业的知识和技术支持，自身的竞争力和经济收益得到增加。同时，特瑞布雷等（Tremblay et al.，2008）[①] 等学者通过实证研究发现：跨组织合作中，企业共享知识的程度和效率与从知识需求方知识反哺的价值和知识反哺所获得的收益呈正比，即知识共享企业获得的知识反哺的新知识价值越高，则对需求企业进行知识共享的积极性越高；若知识需求方从知识共享中获得的收益越高，就会更加努力地共享有价值的知识。

## 7.4.2 隐性激励机制

隐性激励机制是指知识链核心企业以隐性合约的形式加以规定的竞争性激励，主要包括声誉激励和竞争合作激励。

### 7.4.2.1 声誉激励

声誉是一个企业或组织的无形资产，在市场竞争的环境中对于企业和组织极为重要。声誉来源于合作成员以及社会公众对其能力的认可，主要包括经济地位、政治地位和文化地位。当契约不完善时，如果只进行一次交易合作，产生机会主义行为的可能性是很大的。但如果进行重复交易，机会主义行为会使参与者的声誉大大受损，并影响其之后的交易。由此可知，市场中重复交易行为可以促使组织声誉的形成。社会公

---

[①] Tremblay L，Cheng D T，Luis M. Randomizing visual feedback in manual aiming，Reminiscence of the previous trial condition and prior knowledge of feedback availability ［J］. Experimental Brain Research，2008，189（4）：403－410.

众以及市场中的竞争者普遍认为，良好的声誉可以增加未来的交易机会，尤其是可以防止企业机会主义行为的发生。因此，基于声誉的重复交易合作是关系治理外在的表现形式，并减少机会主义的风险。

从长期合作的角度看，知识链中的组织必须按照事先的约定来履行相应的职责，同时对自己的行为负责；否则，在激烈的市场竞争中，知识链中的核心企业或合作伙伴将会选择其他组织进行合作，这将严重影响被淘汰成员在市场中的声誉。知识链中知识流动体现了共同参与创新活动的组织间的交互作用，但不可否认，在合作过程中不是所有成员都能按照约定进行知识共享，会存在机会主义和搭便车的行为，就会影响合作者对其评价以及未来合作的期望。

因而，知识链运行中一个组织成员声誉的好坏直接关系到其他成员的信任程度，在不确定的环境下，合作各方将会更加关注合作伙伴在市场中的声誉。在知识流动过程中，采取机会主义会让合作组织获得短期的利益，但不可能长期维持下去，并且还会付出因投机而产生的较大的代价。良好的信誉会让信任扎根于组织成员的合作中，即使没有显性激励合同，合作组织也会积极投入知识链的知识共享的工作中，这样可以改进组织在市场上的声誉，从而实现长期的合作以及提高未来市场竞争力。由此可见，声誉激励的作用不仅仅是帮助知识链中的合作组织建立持久的交易关系，也在于合作过程中组织成员通过观察其知识共享行为能够对其未来行为做出合理预测。

### 7.4.2.2 竞争合作激励

知识链是由拥有不同知识资源的组织所构成的，各成员之间是一种既有合作又有竞争的战略合作伙伴关系。只有具备能对知识链有所贡献的专业知识和能力的组织，才能参与到知识链运行中。成员一旦提供的知识和信息不能满足其他组织成员的需求，就会被迫退出知识链，而核心企业（盟主）就会寻求新的合作伙伴，这就在无形中增加了知识链成员的压力，激励组织成员不断学习和创新。通过比较、竞争，同一领域或行业的组织就有了能力的标尺，在竞争中知识优势强、有能力的组织就能够获得良好的评价和成功的荣誉，将获得更多的合作机会以及市场竞争力，而不具备知识优势的组织则会面临更大的压力，为了生存和发展，这些组织不得不通过学习来进行技术创新，以此来提高自身竞争力。

# 7.5　知识链关系治理机制的特点及其作用机理

## 7.5.1　知识链关系治理机制的特点

上文从关系行为、关系控制以及关系激励三个方面提出知识链关系治理机制，由上述分析可见，知识链关系治理机制具有以下特征。

### 7.5.1.1　动态性

知识链组织成员的关系随着知识链生命周期的演进发生不同的变化，由最初建立关系到深入合作，知识链关系治理机制也在不断变化，这种变化主要表现在两个方面。一是随着知识链中组织成员合作关系的深入，占据核心地位的关系治理机制会发生变化。例如，在知识链组建初期，组织成员之间开始建立合作关系，这一阶段关系行为治理机制将会发挥非常重要的作用，主要是针对组织成员间的利益分配、行为、合作文化、忠诚等要素进行协调和规范，目的是保障知识链中组织之间的合作关系，确保知识流动顺利进行。当知识链运行逐步进入正轨，进入运行阶段，组织间合作关系逐渐深入，关系信任控制机制和激励机制就显得尤为重要，它们对成员间信任关系进行协调和控制，同时利用相关激励手段促进合作组织间知识共享和知识创造。二是在知识链关系治理过程中，由于外界环境的变化和组织成员合作中出现问题，现有的关系治理机制不能很好地满足治理的需要。因此，知识链关系治理机制是从实践出发，经历一个逐步完善和不断改进的过程。

### 7.5.1.2　互补性

在知识链组织关系发展的不同阶段，尽管占据核心地位的关系治理机制随着关系发展有所变化，但是从知识链整体发展看，在特定的时点上不同的关系治理机制之间是存在互补性的。某种关系治理机制的实施和推进都在不同程度上影响和强化另一种治理机制。例如，在知识链组建期和酝酿期，组织成员开始建立合作关系，在通过关系行为治理机制对关系进行协调和治理时，关系激励机制也让合作组织看到在未来合作中所能获得的利益以及机会主义所带来的惩罚，让组织成员在进行知识共享时更加明确自身的地位和需求。因而，这样的互补关系才能让知识链持续健康地发展。

### 7.5.1.3 多样性

知识链关系治理机制的多样性主要来源于知识链中合作组织的多样性，不同的合作组织有着属于其自身的历史、文化和技术的特征。而且知识链是一个复杂的跨组织合作联合体，在形成之初就受到环境、市场以及政策等多方面影响，再加上组织间关系复杂多变，使得知识链关系治理机制必须具备多样性的特征。如上文对不同关系治理机制的分析，知识链关系治理机制不仅要涉及知识链中组织成员间关系微观层面的治理，更是要对整体合作关系进行把握和控制。

## 7.5.2 知识链关系治理机制的作用机理

知识链关系治理机制体系构建的目的是能够有效地解决知识链关系治理中存在的问题，促进知识链组织间知识流动和知识创造，以此提高合作绩效。在知识链关系治理过程中，知识链中的核心企业发挥着主导作用，协调组织成员间的关系，而其他合作组织为了实现和获取各自利益也都会积极参与机制的制定以及治理，以确保关系治理机制顺利实现。在第 4 章中，结合实地调研和相关文献分析，探讨了基于核心企业知识链关系治理中存在的问题，本部分将基于此探讨知识链关系治理机制的作用机理。

知识链关系治理机制作为知识链组织成员合作关系一种约束机制，是介于市场治理和层级治理的一种中间态治理，不是单独依靠市场力量和法规权力等来协调关系，而是以核心企业为主导，凭借组织间合作关系进行治理。知识链运行中组织间关系既有合作也有竞争，由于个体利益和整体利益的冲突会产生文化差异风险、信任危机风险、信息不对称风险、运作障碍风险、核心能力丧失风险等问题，就需要运用知识链关系行为治理机制，采用分散控制下的知识链组织间的信息共享和核心企业集中控制下的共同决策解决利益分配、运作障碍以及信息不对称的问题。对那些机会主义、破坏知识链运行的行为给予集体联合制裁机制，以此定义知识链中的组织可以接受的行为，并降低合作行为中的不确定性。

而在合作过程中，知识链组织间信任关系建立和拓展关系到知识共享和知识创造的有效性，同时为避免由于过度信任引发机会主义危机，这时知识链中的核心企业就需要运用知识链关系控制治理机制，一方面对知识链组织成员数量进行控制，减少关系协调的复杂性；另一方面对信任关系程度进行控制，在这一过程中核心企业以及合作组织要实时关注组织间关系发展的动态变化。

知识链组织间进行知识共享和创新的过程，实际上体现了组织成员间相互依赖的关系，但是由于知识链发展周期不同，对所需要的知识资源的侧重性也会发生变化，组织间相互依赖的强弱程度也会不同。若是核心企业不能很好地平衡知识链中相互依赖的强弱关系，就会导致部分企业觉得自身不再重要而退出合作，从而影响知识链整体发展。而关系激励治理机制贯穿于知识链组织合作不同阶段，适时调整组织间在知识流动中产生的冲突，根据情况采用不同的激励机制，以此来刺激组织间合作的积极性，形成良好的合作氛围，避免组织成员产生消极情绪。

综上所述，知识链关系治理机制作用的发挥需要知识链中核心企业与其他合作组织同步互动和高效协作，协调不同发展阶段组织间关系，并针对出现的问题有效地采用不同的关系治理机制，以此促进知识流动，推动知识链正常运行和发展（如图7.3所示）。

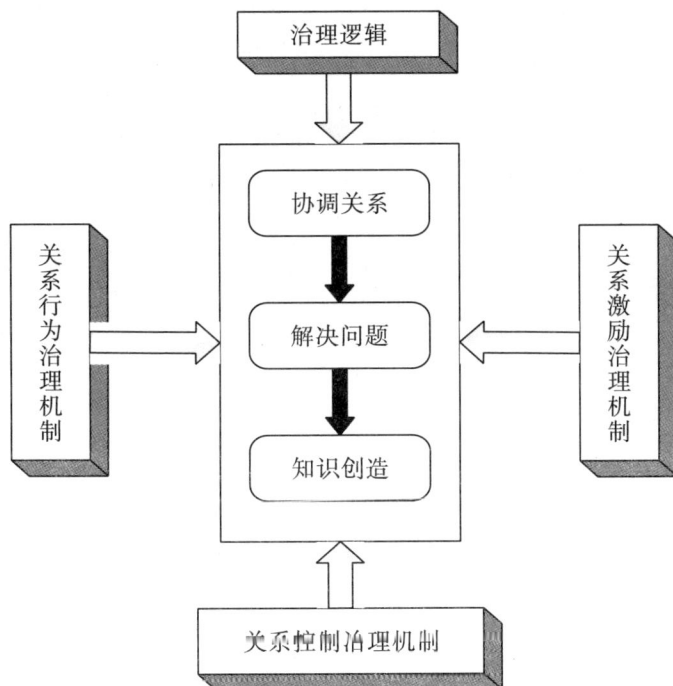

图 7.3　知识链关系治理机制作用机理

# 7.6　本章小结

　　本章主要结合知识链组织间关系以及关系治理中存在的问题，提出了知识链关系治理机制体系。首先，对知识链关系治理机制的内涵及构成进行了分析，主要包括关系行为治理机制、关系控制治理机制和关系激励治理机制。其次，分别对这三种治理机制的内涵、内容以及作用进行了阐述。其中，知识链关系行为治理机制包括决策协调机制、合作文化机制和联合制裁机制，知识链关系控制治理机制包括限制进入机制和信任控制机制，知识链关系激励机制包括显性激励机制和隐性激励机制。最后，分析和探讨了知识链关系治理机制的特点以及在协调组织间关系的作用机理。

# 8　知识链关系治理对合作绩效的影响

知识链关系治理通过协调知识链中组织成员间的关系，加速知识共享和知识创造，其最终目的是提高组织成员合作绩效。上一章分析了知识链关系治理机制，为关系治理在知识链中的实现提供了途径。在此基础上，本章将分析知识链关系治理机制对组织合作绩效的影响，构建相应的理论模型，并提出假设。

## 8.1　知识链的合作绩效

绩效主要是企业所从事经营活动的效率和业绩的统称，通常是指企业或组织战略目标的实现程度，包括活动的结果和活动的效率等几个层面。组织合作绩效不是合作企业或组织简单的绩效相加，而是侧重探讨跨组织合作而产生的整体绩效。因而，本书在研究知识链关系治理机制的效应时，主要是讨论关系治理机制对知识链组织合作绩效的影响。

安德森（Anderson，1990）[①] 指出，由于企业之间合作方式的多样性以及合作动机的不一致性，合作成员在合作中投入的资源也不尽相同，导致绩效难以用市场上的价格衡量。张哲和李随成（2007）[②]、莱恩等（Lane et al.，2001）[③] 认为，合作绩效是指企业对合作目标的实现程度；

---

[①] Anderson T E. The performance of spin lock alternatives for shared-money multiprocessors [J]. IEEE Transactions on Parallel and Distributed Systems，1990，1（1）：6－16.

[②] 李随成，张哲. 不确定条件下供应链合作关系水平对供需合作绩效的影响分析 [J]. 科学学研究，2007，17（5）：85－87.

[③] Lane P J，Salk J E，Lyles M A. Absorptive capacity，learning，and performance in international joint ventures [J]. Strategic Management Journal，2001，22（12）：1139－1161.

程和禅（Cheng and Chan，2005）[1]、格拉斯伯格等（Gransberg et al.，1999）[2] 研究认为，合作绩效是指企业之间从合作中得到的非经济性收益和经济性收益的总和，体现了合作双方对合作关系和绩效的满足感。随着全球经济化和知识经济的发展，企业间的合作逐渐扩展到不同组织间合作，合作绩效研究范围也逐渐拓宽。

宋远方和宋华（2012）[3]、张旭梅和陈伟（2011）[4]、潘文安和张红（2007）[5] 等探讨了供应链中组织合作绩效，认为随着供应链中合作伙伴关系的形成与发展，成员之间愿意投入更多的努力，以达成策略目标和获得综合效益，并认为建立此关系是有一定价值的。郭斌等（2003）[6] 等学者研究产学研合作绩效，提出产学研合作绩效主要是指企业、科研机构和大学在技术和知识创造等相关领域合作所获得的效果。

综上所述，学者们对组织合作绩效的研究主要考虑三个问题：组织间关系的发展、整体战略目标的实现以及合作带来的整体效应。组织合作绩效是跨组织合作后的关系价值和合作效应的变化量，因而有时不易测量合作关系的发展程度以及合作中各组织间关系的亲疏，因此这个变化量一方面是看合作后所带来的整体经济效应，另一方面通过主观感受即合作成员间关系的满意度来测量。

本书主要探讨知识链组织合作绩效，考虑到知识链中各成员之间关系是一种及合作又竞争的战略合作伙伴关系，综合上述学者的观点，笔者认为知识链组织合作绩效是指：知识链中组织成员随着合作关系的不断发

① Cheng S T，Chan A. Comparative performance of long and short forms of the Geriatric Depression Scale in mildly demented Chinese ［J］. International Journal of Geriatric Psychiatry，2005，20（12）：1131—1137.

② Gransberg D D，Dillon W D，Reynolds L，et al. Quantitative analysis of partnered project performance ［J］. Journal of Construction Engineering and Management，1999，125（3）：161—166.

③ 宋远方，宋华. 协同价值创造能力对服务供应链关系绩效的影响研究 ［J］. 经济理论与经济管理，2012，（5）：91—102.

④ 张旭梅，陈伟. 供应链企业间信任、关系承诺与合作绩效——基于知识交易视角的实证研究 ［J］. 科学学研究，2011，29（12）：1865—1874.

⑤ 潘文安，张红. 供应链伙伴间的信任、承诺对合作绩效的影响 ［J］. 心理科学，2007，29（6）：1502—1506.

⑥ 郭斌，谢志宇，吴惠芳. 产学合作绩效的影响因素及其实证分析 ［J］. 科学学研究，2003（1）：140—147.

展，合作组织之间更愿意进行知识资源的共享，并积极推进知识创造以此实现知识优势，最终使得知识链中的合作组织达成目标以及获得收益。

## 8.2 理论模型构建

知识链进行关系治理的主要目的是通过协调和治理合作组织成员在知识共享和知识创造中的关系，解决关系治理中存在的问题，进而促进知识优势的形成，以此实现知识链中组织合作绩效的提高。而这一过程的实现就需要相应的关系治理机制作为手段，对知识链中的组织行为和关系进行协调、整合和控制。同时，知识链组织合作绩效的提高与知识链中知识共享和知识创造的效率密不可分，而关系治理机制在协调成员关系的同时也对组织间知识流动产生了直接影响，进而影响知识组织合作绩效。通过上述分析，本书构建了知识链关系治理对知识链组织合作绩效影响的理论模型，如图 8.1 所示。

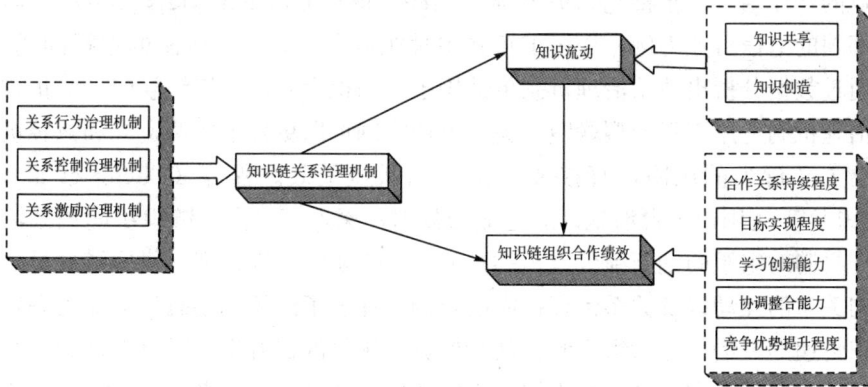

图 8.1　知识链关系治理机制对知识链组织合作绩效理论模型

## 8.3 研究假设提出

本部分将在现有理论文献和上文相关分析的基础上，结合知识链的特点，提出本研究的研究假设。

### 8.3.1 关系治理机制与知识链的合作绩效

关系治理会对组织间的关系或合作组织绩效带来怎样的影响，一直是学者们对关系治理研究重点关注的部分。社会学和经济学大量文献研究显示，关系治理能够有效化解或降低合作伙伴在交易过程中面临的各类风险。经济学家更看重关系治理的谋算性，特别强调对未来合作关系的影响以及合作绩效的提升程度；社会学家则从社会学角度着重研究合作伙伴的交易历史如何推动社会关系网络的形成。关系治理机制则是组织进行关系治理的具体手段和途径。李和卡瓦斯基尔（Lee and Cavusgil，2006）[①] 借鉴交易成本经济学和关系资本理论研究了关系治理机制对联盟绩效的影响，通过对北美 184 家企业联盟的数据分析发现，相对于契约治理，以关系治理机制为基础的治理措施，更有助于加强企业间合作伙伴的关系，有助于保持联盟的稳定性，并促进联盟伙伴之间的知识转移，提高联盟中企业的合作绩效。霍特克和梅勒维格（Hoetker and Mellewigt，2009）[②] 以德国的电信行业为例，探讨了正式治理机制和关系治理机制的选择问题，通过数据分析出关系治理机制更适用于以知识为基础的组织联盟，而正式治理机制适用于资产型联盟，关系治理机制可以更好地协调资源和减轻机会主义行为的风险，直接或间接影响联盟绩效。程等（Cheng et al.，2014）[③] 运用中国台湾地区制造业的数据，深入探讨供应链组织间关系治理机制对组织间创新绩效差异的影响，通过实证研究发现，供应链成员之间关系的互动以及关系治理机制的协调，加强了组织间动态活动能力和知识传递的灵活性，为组织间创新绩效竞争优势的提升提供了有效动力。基于上述关系治理机制对跨组织合作绩效影响的分析，笔者对知识链关系治理对合作绩效的影响的分析，可以得出以下假设：

---

① Lee Y，Cavusgil S T. Enhancing alliance performance：The effects of contractual-based versus relational-based governance [J]. Journal of Business Research，2006，59（8）：896—905.

② Hoetker G，Mellewigt T. Choice and performance of governance mechanisms：Matching alliance governance to asset type [J]. Strategic Management Journal，2009，30（10）：1025—1044.

③ Cheng J H，Chen M C，Huang C M. Assessing inter-organizational innovation performance through relational governance and dynamic capabilities in supply chains [J]. Supply Chain Management：An International Journal，2014，19（2）：173—186.

H1：关系治理机制对知识链组织合作绩效具有显著正向影响。

### 8.3.1.1 关系行为治理机制与知识链的合作绩效

关系行为治理机制主要是对知识链中的合作组织的各种动机、利益分配、机会主义、忠诚等行为进行协调和约束，本书中知识链关系行为治理机制主要包括决策协调、合作文化和联合制裁机制三个方面。

知识链作为跨组织合作的一种形式，尽管核心企业对知识链整体进行决策协调，但是知识链中的其他合作组织又各有独立的决策权，因此知识链在运行过程中的决策协调是一个复杂的过程。而决策协调的有效性表现为知识链中知识共享和创新有效进行，资源能够得到合理配置，组织成员之间关系和谐，尽量避免冲突的产生。知识链决策协调主要采用集中决策和分散决策相结合的模式。由知识链中的核心企业对知识链未来的发展和当前市场需求进行正确和迅速的判断和决策，并在组织成员发生冲突和矛盾时，制定对策、化解冲突，保障知识链中组织的合作关系，使知识链能够正常运转。而分散决策主要是指对知识链中合作成员而言，在总体利益不变的情况下，根据自身情况进行局部优化，进而达到知识链整体的最优化。由此可见，决策协调机制是知识链进行关系治理中必不可少的治理机制之一，通过集中决策有效避免了各个成员组织的自利现象，弱化机会主义，以满足知识链整体利益最大化的要求；分散决策也有助于避免出现核心或是权威企业独断的现象，实现信息共享和优势互补，有利于知识链整体绩效的提高和组织成员的协调管理。因而，知识链决策协调机制可以充分调动知识链成员组织的积极性，对知识链组织合作绩效的提升具有正向推动作用。

知识链中组织在合作过程中，组织间文化差异对关系治理带来不小的挑战。合作组织之间的文化差异会影响双方知识流动的效率以及交易成本，甚至产生思维方式和行为方式的严重冲突。因而，在知识链构建之初，核心企业就需要判断合作伙伴的行为理念和关系规范等相关企业文化的兼容性，并通过合作文化机制对合作组织之间文化差异性进行协调。知识链中组织合作文化契合度决定了合作关系的发展趋势，同时对于组织之间进行知识共享、交换和整合产生重要的影响。当知识链内合作组织文化相似性较低时，组织之间在核心价值观和处理事务方式上就会产生摩擦，直接影响组织间的知识共享，当这样的摩擦无法调和时，知识链中组织合作关系就会破裂；但反之，合作过程中文化契合度越高，组织之间的核心或专有知识共享速度越快，则能提高处理复制知识的能力，排除信息不对称的困扰，以此提高知识链中组织合作绩效。霍特等（Hult et al.，2007）[①] 抽样调查了 201 家公司在不同市场动荡条件下供应链绩效的竞争力与组织合作文化之间的关系，通过研究发现竞争与合作文化之间存在协同效应，并与绩效呈正相关，即合作文化的契合度越高，供应链的绩效就会越高，竞争力也越强。曾（Tseng，2010）[②] 提出组织文化可以显著促进或阻碍知识转移，合作组织的文化相似性越高，知识转移和共享的正向效应就越显著；而相似性越低则差异越大，组织合作的可能性就越低，知识转移的概率也会降低。由此可见，知识链中合作关系治理机制对组织合作绩效有促进作用。

　　知识链中的联合制裁机制是对那些违背共同规范，尤其是针对知识共享中机会主义和搭便车行为或泄露核心知识的行为给予集体处罚。孙国强和宋琳（2005）[③] 从博弈论的角度探讨了网络组织联合制裁机制，认为联合制裁机制在网络组织治理中具有不可替代的作用，而且具有一种对机会主义行为实施严厉惩罚的威慑作用，促使网络组织成员互动合作朝向正协同的方向发展。通过联合制裁机制对知识链中的成员起到警示作用，让知识链中组织预见到不进行合作的行为将要付出的代价或机会主义产生的成本。同时，联合制裁机制让合作组织之间意识到制裁或惩罚能够让其他成员更加遵守规则并值得信赖。因而，联合制裁机制运用到知识链关系治理中，一方面可以防止机会主义；另一方面有助于增加知识链中成员间的信任，对知识链中知识共享和创新起到很好的推动作用，进而对知识链组织合作绩效有正向促进作用。

　　H1a：关系行为治理机制对知识链组织合作绩效具有正向促进作用。

---

　　① Hult G T M, Ketchen D J, Arrfelt M. Strategic supply chain management：Improving performance through a culture of competitiveness and knowledge development [J]. Strategic Management Journal，2007，28（10）：1035-1052.

　　② Tseng S M. The correlation between organizational culture and knowledge conversion on corporate performance [J]. Journal of Knowledge Management，2010，14（2）：269-284.

　　③ 孙国强，宋琳. 网络组织联合制裁机制的博弈思考 [J]. 当代经济管理，2005，27（4）：14-16.

### 8.3.1.2  关系控制治理机制与知识链的合作绩效

知识链关系控制治理机制主要包括知识链中建立关系组织的数量和关系质量两个方面，即限制进入和信任程度控制。

限制进入是对知识链中组织数量进行控制的一种手段。知识链中的每一个组织都是这条链的节点，而任何一个组织都呈辐射状与其他组织之间发生知识流动，从而构成了一个网链式结构。在这样一个网链式结构中，并不是合作组织越多越好，主要是考虑组织之间的协调能力以及核心企业的核心能力。知识链中的成员组织可能来自不同的国家或地区，有企业、学校、研究机构或供应商等，各自有较强的独立性，运行中难免会产生矛盾和冲突，彼此之间的有效协调显得尤为重要。随着知识链中成员组织数量增多，组织间对协调的需求也越来越多，同时核心企业对这些组织的吸引力和资源整合能力也更加突出。因此，在一定程度上，知识链中组织的协调能力与组织数量成反比。黄海鹰（2010）[①] 提出网络组织结点的数量是有上限的，在这个数量上各结点的协调能力才能达到最佳，网络组织治理边界的绩效才能最大化。因此，限制进入机制确保了知识链中组织合作的稳定性，不仅便于核心企业对合作组织进行协调，同时也对外部进入知识链中的组织起到很好的过滤和屏蔽作用，有助于知识链内部的组织更好地进行知识共享和核心知识保护，在一定程度上促进了知识链中组织合作绩效的提升。

信任是知识链中组织合作的基石，而信任程度的强弱是影响知识链组织合作绩效高低的重要因素。知识链中的不同组织在开始合作时其相互之间的关系是相对脆弱的，由于无法判断对方在合作过程中是否会采取机会主义，或在知识共享中的不积极，就很容易让合作组织以怀疑的眼光看待对方，从而对知识链的运行以及所能获得的收益缺乏信心。如果知识链中组织合作的目的仅仅是想将对方的核心技术或是知识在自己组织内部化，而不是抱着长期合作的目的，在知识链运行的过程中就很容易产生冲突和不信任，最坏的结果是直接导致知识链关系提前终止。因此，相互信任是增加知识链中组织参与风险以及交换程度的重要条件。但同时还存在一个问题，过度信任或盲目信任不仅不会提高绩效，反而会影响组织合作绩效

---

① 黄海鹰. 网络组织治理边界的界定与效益分析［J］. 商业经济，2010（11）：106–108.

的提高。因而，知识链中合作组织间需要建立必要的信任，同时控制好信任的程度，才能促进合作顺利进行，也才能够提高组织合作绩效。

通过以上对知识链关系控制机制中的限制进入和信任程度控制机制的分析，可以得出以下假设：

H1b：关系控制治理机制对知识链组织合作绩效具有正向促进作用。

### 8.3.1.3 关系激励治理机制与知识链的合作绩效

由于知识链是介于科层组织和市场交易之间的一种知识联盟组织形式，因而组织结构极为松散，成员间关系较为复杂。因此，知识链中组织合作关系的维系以及成员间知识共享的积极性的保持就需要建立恰当的激励机制。现有学者对跨组织合作治理的研究中，激励治理机制是他们重点关注的治理机制之一。杨波和徐升华（2010）[①] 从知识转移和共享的角度出发，探讨虚拟企业激励治理机制，认为在虚拟企业中，盟主企业对盟员企业知识转移的激励行为，能够适当降低盟员企业知识转移的风险和成本，提高整个虚拟企业的知识收益。赵庚科和郭立宏（2009）[②] 运用重复博弈理论对区域产业集群内企业间合作激励过程进行分析，并结合分析温州民间商会的形成及其激励机制发挥激励作用的过程，为合作企业提供一个制度性合作激励机制，进而激励区域产业集群内所有企业间实现长期合作，提高集群内所有企业的收益和集群的绩效。本书中对知识链关系激励治理机制分为显性激励和隐性激励。事实上通过上述研究和分析可见，不论何种激励机制，其作用一方面是提高知识链中组织成员信任程度，减少机会主义；另一方面是促进组织间资源、信息以及知识的共享进而提高知识链整体创新能力和组织合作的整体效益。因而，可以得出以下假设：

H1c：关系激励治理机制对知识链组织合作绩效具有正向促进作用。

## 8.3.2 知识流动与知识链的合作绩效

组织之间的知识流动是知识链形成的基础，体现了知识链中共同参与

---

① 杨波，徐升华. 虚拟企业知识转移激励机理的演化博弈分析 [J]. 情报理论与实践，2010 (7)：50—54.

② 赵庚科，郭立宏. 基于重复博弈的区域产业集群内多企业间合作激励机制研究 [J]. 管理评论，2009 (8)：122—128.

创新活动的组织之间的交互行为，由此实现知识优势的融合与互补。毛勒等（Maurer et al.，2011）[①]、科诺凯特等（Knockaert et al.，2011）[②] 在跨组织合作研究中指出，企业间合作的主要目的是共享双方特有的知识，尤其是隐性知识或核心技能，从而获得竞争优势。野中郁次郎和冯·克罗格（Nonaka and Von Krogh，2009)[③] 认为，联盟中的企业通过合作形成的知识共享机制不仅能促进企业间的知识流动和共享，更有利于减少冲突，提高互动频率和合作绩效。本书中知识流动主要包括知识共享和知识创造两个环节，因而知识流动的规模大小和效率高低与知识链组织合作的绩效高低密切相关。基于上述对知识流动与知识链组织合作绩效作用机制的分析，笔者可以得出以下假设：

H2：知识链中，知识流动对知识链的合作绩效具有正向影响。

知识链中的组织主要包括企业、科研院所、高校、供应商等，不同的组织所拥有的知识结构、知识专业化程度以及掌握信息和资源程度各有差异，为满足知识链中组织的知识需求并进行交换学习和知识共享创造了必要条件。知识共享的本质是帮助知识链内部的组织快速获取所需要的外部知识，提高组织的知识存量。知识的积累需要一定的时间，而知识链中的知识共享能够帮助组织提高知识积累的效率。获取知识的能力越强，组织创新的能力就会越强，这对组织技术创新有显著的推动力。随着技术创新，进而提高了知识链中组织创新绩效和市场竞争能力。刘二亮（2012）[④] 从知识联盟组织间知识共享的客体因素、主体因素和环境因素三个角度探讨了知识联盟组织间知识共享的影响因素，并运用案例分析和定量分析发现知识联盟组织间知识共享的水平对联盟成员绩效有显著影响。基于上述对知识链中知识共享与知识链组织合作绩效作用机制的分

① Maurer I, Bartsch V, Ebers M. The value of intra-organizational social capital: How it fosters knowledge transfer, innovation performance, and growth [J]. Organization Studies, 2011, 32 (2): 157—185.

② Knockaert M, Ucbasaran D, Wright M, et al. The relationship between knowledge transfer, top management team composition, and performance: The case of science-based entrepreneurial firms [J]. Entrepreneurship Theory and Practice, 2011, 35 (4): 777—803.

③ Nonaka I, Von Krogh G. Perspective tacit knowledge and knowledge conversion: Controversy and advancement in organizational knowledge creation theory [J]. Organization Science, 2009, 20 (3): 635—652.

④ 刘二亮. 知识联盟组织间知识共享与联盟成员绩效关系研究 [D]. 天津大学，2012.

析，笔者可以得出以下假设：

H2a：知识链中，知识共享对知识链的合作绩效具有正向促进作用。

而知识链竞争优势的形成，不仅仅需要各组织之间进行知识共享，弥补知识差距，更重要的是从大量的知识中进行筛选和吸收，然后进行知识创造。尤其是将这些知识和信息应用到实际的产品生产和经营管理中，从而降低产品成本，提高企业的经营决策水平，并对市场竞争中的对手快速进行反应，继而提升知识链整体组织合作绩效。朝等（Choi et al., 2010）[①] 通过研究发现知识共享对知识应用产生积极的影响，但是仅仅通过知识共享本身是不够的，还要将知识落实到实际应用中，才能直接影响团队的绩效。而知识创造则是在知识共享的基础上，让知识链中的组织对知识进行整合和吸收，形成知识优势进而提升市场竞争能力。基于上述对知识链中知识创造与知识链组织合作绩效作用机制的分析，笔者可以得出以下假设：

H2b：知识链中，知识创造对知识链组织合作绩效具有正向促进作用。

## 8.3.3　知识链关系治理机制与知识流动

笔者主要从关系行为、控制、激励三个方面探讨知识链中组织的关系治理机制，而每一类关系治理机制中都包含更加具体的治理机制。知识链关系行为治理机制主要是针对知识链中合作组织的动机、文化、利益等行为进行协调和沟通；主要是由于知识链中的组织形式各异，可能来自不同的国家或地区，因而在很多方面存在较大差异，但都是为了满足知识需求而进行的合作。这种情况下，尤其是构建知识链之初，要想有效地实现知识共享和创新就需要采用关系行为治理机制对知识链中的成员的关系和资源进行协调和整合。因此，知识链关系行为治理机制对知识流动的影响可以归纳为两点：一是通过关系行为治理机制为知识链中组织进行知识流动和信息共享等营造互利互惠、公平公正的合作环境，促进组织之间表达出

① Choi S Y, Lee H, Yoo Y. The impact of information technology and transactive memory systems on knowledge sharing, application, and team performance: A field study [J]. MIS Quarterly, 2010, 34 (4): 855-870.

积极的合作态度和意愿；二是关系行为治理机制促进合作组织间共同行动的一致性，加速组织间知识的共享和创新。

知识链关系控制治理机制主要是对知识链中成员的质量和数量控制以及信任程度的控制。知识链中组织在合作过程中，随着知识需求的增加，知识链的规模也随之扩大，不断会有企业进入知识链中，如果不能很好地进行限制，就会增加协调成本，影响知识流动。同时，伴随合作的深入，知识链中组织成员信任程度也会随之发生变化，这都会对知识链的发展产生影响。因而，知识链关系控制治理机制对知识流动的影响主要包括以下几点：一是通过关系控制行为使得知识链中合作组织的数量和质量得到保证，进而消除知识流动中由于协调不畅和知识冗余而产生的阻碍；二是知识链关系控制治理机制对降低协调成本，促进知识链中组织成员信任的维持和平衡起到较好的保障作用。

知识链关系激励治理机制主要是通过成员组织之间的相互激励，克服或降低知识链合作组织机会主义、搭便车以及不积极进行知识共享等行为的机制。激励要求个人理性与集体理性一致，在知识链中就是组织成员利益要与知识链整体发展目标相一致；否则一旦违背就会影响目的的实现，产生利益的冲突。因而，知识链关系激励治理机制对知识流动的影响可以认为，通过关系激励治理机制促使知识链中的组织以实现知识链整体绩效为目标，积极推进知识在组织间的交流和互动，同时组织成员相互激励更加主动和乐意进行知识共享。通过以上知识链关系治理机制对知识流动的分析，本书提出以下假设：

H3：在知识链中，关系治理机制对知识流动具有显著的促进作用。

H3a：在知识链中，关系行为治理机制对知识流动具有显著的促进作用。

H3b：在知识链中，关系控制治理机制对知识流动具有显著的促进作用。

H3c：在知识链中，关系激励治理机制对知识流动具有显著的促进作用。

## 8.3.4 知识流动的中介作用

知识链关系治理的过程中，利用关系治理机制作为手段对知识链中组织在进行知识共享和知识创造中的相关行为进行规范和治理。实际上，通过关系治理机制，提高了知识链中合作组织的信任程度，并通过相应的激励机制，更好地推动了组织间知识的流动，更是为隐性知识和核心技术的传递提供了一个良好的外部条件。知识流动的规模、质量和效率的提高，无疑为知识链中组织合作绩效的提高奠定了基础，因而本研究认为知识流动在关系治理机制和知识链组织绩效中起到了很好的桥梁作用。基于以上分析，得出如下假设：

H4：知识流动在关系治理机制与知识链的合作绩效间具有中介作用。

## 8.4　本章小结

本章首先对知识链组织合作绩效进行阐述和界定，主要从组织合作关系持续程度、目标实现程度、学习创新能力、协调整合能力、竞争优势提升程度这五个方面衡量知识链组织合作绩效。其次，构建了知识链关系治理机制、知识流动以及知识链组织合作绩效的作用机制理论模型。在此基础上，提出了相关理论假设。

# 9 问卷调查与实证分析

为了检验第 8 章提出的概念模型以及相关假设，本章在之前学者对知识链以及知识链关系治理相关研究的基础上，进行数据调研分析，运用相关数学统计分析方法进行实证研究，并对实证结果展开分析和探讨。

## 9.1 研究设计

科学合理的研究方法和真实可信的数据是保证科学研究质量的重要因素，本章将对问卷设计、变量测量、数据收集以及知识链关系治理及其对组织合作绩效的影响等研究所涉及的研究方法作系统的介绍。

### 9.1.1 问卷设计

实证数据收集工作是本研究的关键环节，数据收集方法的科学性直接关系到数据的质量，而数据的质量又直接关系到本研究结论的有效性和可靠性。本章探究知识链关系治理及其对组织合作绩效的影响，但是知识链中组织合作绩效的相关信息很少在财务报告中公示，而且关系治理机制以及对绩效的影响和作用也很难用公开的定量数据进行评价，因此本章将选择问卷调查的方式来获取数据对相关问题进行分析。调查问卷设计主要结合上一章提到的概念模型，对知识链关系治理机制（关系行为治理机制、关系控制治理机制和关系激励治理机制）、知识流动（知识共享和知识创造）、知识链组织合作绩效（合作关系持续程度、目标实现程度、学习创新能力、协调整合能力、组织成员竞争优势提升程度）这 3 个变量进行分析和测量，每一个测量项目将设计多个问题进行测量，以此提高变量测量的可信度。

一份设计科学、逻辑清晰的调查问卷不仅能够让被调查者快速理解，还可以可帮助研究者取得可信的研究数据。根据李等（Lee et al.，1999）① 建议的问卷设计流程，笔者在设计问卷时经历了四个阶段：

第一阶段，文献研究与实地访谈相结合。笔者阅读了大量有关跨组织合作关系治理、知识链、关系治理机制以及组织合作绩效等的文献 300 余篇，在吸收相关文献研究成果的基础上形成了本调查问卷的研究思路。在调查问卷设计的过程中，笔者与成都市高新区多家涉及跨组织合作的企业中层管理人员以及四川大学 MBA 部分在企业担任管理者的学员进行了开放式访谈，着重针对知识链中组织之间关系、如何进行关系治理以及关系治理对组织合作绩效的影响等问题进行了交流。笔者在国外对关系治理研究方面发展得比较成熟的量表的基础上，结合中国特有的关系文化情境与实地访谈的结果，形成了知识链关系法治理机制、知识流动与知识链组织合作绩效等变量的初始测量题项，并在此基础上，设计出此次调查问卷的初稿，使得设计出来的调查问卷更加兼具理论性和实践性。

第二阶段，征求相关领域专家和学者意见。在调查问卷初稿形成后，笔者分别邀请了导师与科研团队的其他老师和博士生同学对本次调查问卷的变量设置与测量题项进行了讨论。由于笔者所在科研团队常年从事关于知识链以及跨组织合作的研究，所以对调查问卷部分题项设置提出了非常具有参考价值的建议和意见。根据这些建议，笔者对部分题项进行了调整和修改，以确保各个变量下测量题项的正确性和代表性。同时，在测量题项的语言表达方面，团队中的博士生同学给出许多宝贵的意见，使得题项在表达上更加清晰和准确。

第三阶段，对被调研组织的管理者进行实地访谈。将修改好的调查问卷再次发给需要调研的企业相关部门管理者，请他们从企业自身的角度对问卷的测量内容、测量问题、专业用语以及问卷的语言表达等方面提出修改意见。根据他们的反馈，对调查问卷再次进行修改和补充，删除问卷中有歧义和不切实际很难回答的题项以及选项。经过本次对问卷的再次修改和调整，使问卷更加贴近现实，方便调研单位进行填写。

第四阶段，问卷小样本预测试。在进行大范围调查之前，笔者选取了四川大学 MBA 和 EMBA 班级中具备知识链特征的跨组织合作企业管理

---

① Lee C W，Taylor G，Dunn J. Factor structure of the schema questionnaire in a large clinical sample [J]. Cognitive Therapy and Research，1999，23（4）：441−451.

人员对调查问卷进行试填写。通过问卷填写情况，对填写不完整的问卷分析原因，并删除信度较低的测量题项，最后形成正式调查问卷。

结合第 8 章中的理论假设和概念模型中涉及的测量项目，遵从问卷设计构建测量变项体系的三个步骤，即构造测量项、测量项的修正和检验测量变项体系，本研究的测量问卷分为以下三个部分：

第一，问卷前言及填写说明。这部分主要是阐明本次调查的目的、填写规则以及对涉及的相关学术用语做出解释，帮助调查对象了解调查内容。

第二，对被调查对象及其所在机构基本情况的了解。主要包括机构性质、机构规模、机构成立时间、机构中研发人员的数量和研发投入等基本信息。这有助于筛选有效问卷，并获取样本描述性特征。

第三，问卷主体部分。这一部分主要包含对知识链相关特征的描述以及知识链关系治理相关测量指标的设计。其中，对机构能力及知识链关系行为治理机制、关系控制治理机制、关系激励治理机制、知识流动以及知识链组织合作绩效测量的所有问题，均采用李克特五级量表的形式予以反映，评价等级中数字 1~5 分别代表填写者对表中所陈述事实的判断，包括"完全符合""较符合""一般""较不符合""完全不符合"。问卷的具体内容请参看附录 1。

为了尽可能获得信度较高且真实的数据，并针对弗里曼等（Freeman et al.，2005）[①] 等提出的导致调查问卷出现偏差的四个问题，笔者在进行问卷调查的过程中采取以下相应的措施：

第一，针对填写问卷的人无法回答调查问卷题项的化解措施。本研究在选择样表填写人时主要选择在企业、高校或科研院所工作时间在 1 年以上的管理人员或研究人员。

第二，针对填表人有意隐藏信息致使调查问卷答案不完整的化解措施。在问卷首页详细交代此次研究的目的、意义，并郑重承诺此次调研只用于学术研究，而不用于任何商业活动，对于能够在现场发放的问卷会对被调查者再次进行解释以打消他们的顾虑。同时，为了激励填表人真实准

① Freeman D, Garety P A, Bebbington P E, et al. Psychological investigation of the structure of paranoia in a non-clinical population [J]. The British Journal of Psychiatry, 2005, 186（5）：427-435.

确地填写问卷，问卷最后会承诺愿意将研究成果与对此次研究感兴趣的企业进行分享，并对现场进行问卷填写的人员赠送小礼品。

第三，针对填写问卷过程中填表人因语义引发错误理解导致错填的化解措施。首先在问卷设计过程中反复与相关研究学者和企业人员进行沟通，尽量做到调查问卷中的题项措辞表达准确，并对其中出现的学术词语在问卷中给出相关概念进行解释。其次，对问卷进行小样本测试，对问卷中的表达反复进行修改和完善，尽量运用简单的语言进行表达，让填写人容易读懂。此外，在问卷中会详细注明联系方式，方便填写人在回答问卷时发现不明白的题项，可以及时进行沟通和反馈，确保问卷答案的准确性。

第四，针对填表人因为时间久远无法回忆出题项答案的化解措施。笔者在设计调查问卷测量问题时尽量选择接近现阶段运营特性的问题，针对企业主要是近三年的工作运行情况。同时，选择填写问卷的企业人员主要是管理人员或是工作至少一年以上的工作人员。

## 9.1.2 变量测量

本研究涉及的变量包括知识链关系行为治理机制、知识链关系控制治理机制、知识链关系激励机制、知识流动、知识链组织合作绩效等。这些变量均采用五分量表。数字 1~5 表示从"完全不符合"向"完全符合"过渡，3 为中性指标。为了让这些指标具有统计上的可操作性，本研究在借鉴现有文献对这些概念界定以及成熟量表的基础上，结合知识链的特征和实地调研的信息，为每个变量都设计了系列题项，旨在通过这些测量题项分析这些变量之间的相互影响关系。

### 9.1.2.1 被解释变量

对于知识链组织合作绩效这个潜变量的测度，很难利用单一的指标进行全面、准确的刻画和测度。同时，由于绩效是无形的，并且很难进行客观量化，因此，对组织间合作绩效如何评价，用哪些指标进行测评，目前还没有较成熟的测量方式。

薛卫等（2010）[①] 研究企业与大学技术合作绩效时，主要从技术知识获取和技术能力提升两个角度衡量合作绩效，其中技术知识获取主要从科学知识获取、产品工艺知识获取和技术诀窍获取三个方面测量，技术能力提升则从独立利用技术合作成果和有能力改善技术合作成果进行测量。李玲（2011）[②] 研究技术创新网络中的合作绩效，主要通过合作满意度、技术创新能力提高和关系稳定性三个维度进行衡量。李世超等（2011）[③] 通过实现预期目标、项目合作中的沟通协调是令人满意的和愿意在未来继续开展更深层次合作三个方面来衡量产学研合作绩效。段晶晶（2011）[④] 从无形绩效和有形绩效两个维度来探讨企业的产学研合作绩效，其中无形绩效指标包括企业技术竞争能力的提升、企业社会效益大小、企业协作水平和企业满足顾客需求能力；有形绩效的指标包括新产品销售利润、市场份额、机会窗口以及开发新产品新工艺数量。

麦吉（McGee，1955）[⑤]、麦金森等（Megginson et al.，1994）[⑥] 将合作绩效分为绝对绩效和相对绩效，绝对绩效通过客户满意度、物流成本、获利能力以及关系持续性等指标衡量，相对绩效主要通过目标达成、利润和利润增长率评价。加内桑（Ganesan，1994）[⑦] 用短期绩效和长期绩效来评价供应链成员间的合作，短期绩效主要是用市场效率所获取的利润评价，而长期绩效则有赖于建立良好的伙伴关系。祖奴等（Zollo et al.，2002）[⑧] 在研究联盟组织间合作绩效时主要通过直接绩效和间接绩效

① 薛卫，曹建国，易难. 企业与大学技术合作的绩效：基于合作治理视角的实证研究 [J]. 中国软科学，2010（3）：120−132+185.

② 李玲. 技术创新网络中企业间依赖，企业开放度对合作绩效的影响 [J]. 南开管理评论，2011（4）：16−24.

③ 李世超，苏竣，蔺楠. 控制方式、知识转移与产学合作绩效的关系研究 [J]. 科学学研究，2011，29（12）：1854−1864+1774.

④ 段晶晶. 基于企业合作绩效的产学研合作研究 [D]. 天津：天津大学，2011.

⑤ McGee H M. Performance of international joint ventures in two eastern european countries [J]. Management International Review，1955，34：329−313

⑥ Megginson W L，Nash R C，Randenborgh M. The financial and operating performance of newly privatized firms：An international empirical analysis [J]. The Journal of Finance，1994，49（2）：403−452.

⑦ Ganesan S. Determinants of long-term orientation in buyer-seller relationships [J]. The Journal of Marketing，1994，58（2）：1 19.

⑧ Zollo M，Reuer J，Singh H. Interorganizational routines and performance in strategic alliances [J]. Organization Science，2002，13（6）：701−713.

衡量合作绩效。直接绩效用合作伙伴之间达成目标的程度衡量，间接绩效用合作过程中企业所获得的盈利能力以及竞争优势衡量。

综上所述，现有对跨组织合作绩效的衡量主要从两个方面展开：客观评价和主观评价。客观评价的指标包括通过合作带来的整体利润程度增加、成本节约、销售额增加等财务指标，主观评价的指标包括目标实现程度、合作关系持续程度、合作满意程度等。而大多数学者在研究这个问题时，通常将主观评价和客观评价指标结合使用来对组织合作绩效进行衡量。

上文对知识链组织合作绩效进行了定义，主要强调了知识链中跨组织合作所带来的知识优势、战略目标的实现以及所获得的收益。因而，结合上文对组织合作绩效评价指标的研究，本部分主要从组织合作关系持续程度、目标实现程度、学习创新能力、协调整合能力、竞争优势提升程度这五个方面对这一变量进行衡量。

组织合作关系持续程度主要是指知识链组织成员在合作中是否还愿意继续合作，而不是中途终止合作，导致知识链断裂，同时，通过此次合作是否还愿意在未来发展中继续合作；目标实现程度主要是指知识链中的组织通过合作是否实现了其构建知识链时所设定的目标；学习创新能力指知识链中的组织通过知识共享和吸收从而实现知识创造的能力；协调整合能力是指知识链中组织在合作和知识共享中冲突解决能力和利益协调能力；竞争优势提升程度是指知识链中组织通过知识共享、知识吸收和知识创造进而产生的知识优势在市场中对组织竞争优势提高的程度。上述变量测度的具体题项内容如表 9.1 所示。

表 9.1　变量测度——知识链组织合作绩效

| 潜变量 | 操作变量 | 测度题项 |
| --- | --- | --- |
| 合作关系持续程度<br>（CP1） | CP11 | 将继续保持合作关系 |
| | CP12 | 将续签合作协议 |
| 目标实现程度<br>（CP2） | CP21 | 组织成员达到了预期合作目标 |
| | CP22 | 合作组织成员都实现了一定盈利 |
| | CP23 | 合作组织成员都认为合作富有成就感 |
| 学习创新能力<br>（CP3） | CP31 | 合作组织成员都学到了新的知识和技术 |
| | CP32 | 产品市场竞争能力得到提高 |
| | CP33 | 新产品的技术含量显著增加 |

| 潜变量 | 操作变量 | 测度题项 |
|---|---|---|
| 协调整合能力<br>（CP4） | CP41 | 解决问题和冲突的能力提高 |
| | CP42 | 从合作组织所获的信息质量更加可靠 |
| | CP43 | 合作组织成员间利益分配更加公正和透明 |
| 竞争优势提升程度<br>（CP5） | CP51 | 合作组织成员获得了持久的竞争优势 |
| | CP52 | 合作组织成员不同程度地提升了自己的市场价值 |

#### 9.1.2.2　解释变量

本书将知识链关系治理机制分为三个维度，即知识链关系行为治理机制、知识链关系控制治理机制以及知识链关系激励治理机制。首先，对于知识链关系治理机制并没有直接量表对这一变量进行测量，因而，本书在进行变量测量时首先借鉴了关系治理理论的相关概念。其次，对于关系治理机制的研究不论国内还是国外的学者主要都是从供应链、联盟或是网络组织等跨组织合作的角度去探讨，因而为了能准确测量这一变量，本书分别对知识链关系行为治理机制、关系控制治理机制以及关系激励治理机制进行测度。此外，在这三个子变量的测量过程中主要借鉴了易明（2010）[①]、孙国强（2004）[②]、科尔斯等（Coles et al.，2001）[③]，以及瓦内特和海德（Wathne and Heide，2004）[④]、霍特克和梅勒维格（Hoetker and Mellewigt，2009）[⑤] 对网络组织治理机制以及不同形式跨组织合作中对关系治理机制的定义和测量。

（1）关系行为治理机制

知识链关系行为治理机制主要包括决策协调机制、合作文化机制和联

---

[①]　易明. 产业集群治理：机制、结构、行动与绩效 [D]. 武汉：华中科技大学，2010.

[②]　孙国强. 关系、互动与协同：网络组织的治理逻辑 [J]. 中国工业经济，2004（11）：14－20.

[③]　Coles J W，McWilliams V B，Sen N. An examination of the relationship of governance mechanisms to performance [J]. Journal of Management，2001，27（1）：23－50.

[④]　Wathne K H，Heide J B. Relationship governance in a supply chain network [J]. Journal of Marketing，2004，68（1）：73－89.

[⑤]　Hoetker G，Mellewigt T. Choice and performance of governance mechanisms：Matching alliance governance to asset type [J]. Strategic Management Journal，2009，30（10）：1025－1044.

合制裁机制，主要是对知识链组织成员间利益、合作文化以及机会主义行为等进行协调和治理。知识链实质上是一种跨组织合作联合体，每一个参与组织都是独立的个体，都有权利单独决策，要想有效协调组织成员间的关系，实现资源优化合理配置，就需要采取有效的决策协调机制。邱灿华等（2005）① 对供应链组织成员间的决策协调机制进行了探讨，认为应采取分布式决策方式，以此协调不同利益主体的利益目标。孙国强和王博钊（2005）② 认为，在网络组织治理过程中，基于资源的部分让渡与共同拥有和重大问题的共同参与的特征，所采取的决策协调机制需要具备解决网络组织集中化与分散化问题的特征。

知识链中的组织成员都有着属于自身的文化背景，合作中由于文化冲突不可避免会产生矛盾，这就需要核心企业与合作组织共同建立起合作文化机制，通过此机制对组织成员的利益目标、价值理念、工作方式等进行协调，形成良好的合作氛围，促进组织间知识流动。

知识链运行中不可避免的问题就是如何处理机会主义行为，威塞尔奎斯特等（Wieselquist et al.，1999）③、徕斯等（Reis et al.，2000）④，以及张聪群（2008）⑤ 认为，联合制裁机制是处理组织成员机会主义较为有效的方式，它是通过呈现违规的后果定义可接受的行为，并加大机会主义成本让组织成员了解这种行为所要付出的代价，例如解除合作关系，暂时排除在"圈外"、封锁信息传递等手段，以此减少不确定行为的发生。

通过上述分析，本书主要通过 8 个题项对知识链关系行为治理机制这一变量进行测度，详细内容如表 9.2 所示。

---

① 邱灿华，蔡三发，沈荣芳. 分布式决策供应链的协调机制实施研究 [J]. 同济大学学报（社会科学版），2005（5）：126-130.

② 孙国强，王博钊. 网络组织的决策协调机制：分散与集中的均衡 [J]. 山西财经大学学报，2005（2）：77-81.

③ Wieselquist J，Rusbult C E，Foster C A，et al. Commitment，pro-relationship behavior，and trust in close relationships [J]. Journal of Personality and Social Psychology，1999，77（5）：942-946.

④ Reis H T，Collins W A，Berscheid E. The relationship context of human Behavior and development [J]. Psychological Bulletin，2000，126（6）：844.

⑤ 张聪群. 产业集群治理的逻辑与机制 [J]. 经济地理，2008，28·（3）：388-392.

表 9.2　变量测度——知识链关系行为治理机制

| 潜变量 | 操作变量 | 测度题项 |
| --- | --- | --- |
| 决策协调机制<br>（RA1） | RA11 | 核心企业与合作组织能够有效进行集中与分散平衡决策 |
| | RA12 | 协调合作组织达成共同的利益目标 |
| | RA13 | 协调合作组织进行知识流动的各个环节 |
| 合作文化机制<br>（RA2） | RA21 | 合作组织之间形成良好的合作氛围 |
| | RA22 | 合作组织之间形成共同的价值观和道德观 |
| | RA23 | 合作组织间的信任关系形成 |
| 联合制裁机制<br>（RA3） | RA31 | 对于泄露核心知识的组织，解除其合作关系 |
| | RA32 | 对于存在机会主义或搭便车行为的组织，在一定时间内不对其进行知识共享 |

（2）关系控制治理机制

知识链关系控制治理机制主要包括限制进入机制和信任控制机制。沈秋英等（2009）[①] 等从跨组织合作的角度探讨了限制进入机制对组织间合作的影响，在合作初期较低的进入壁垒会让大量的企业或组织涌入，随着后期发展规模增大，组织间协调的成本将大大增加，一方面是数量过多，另一方面是知识水平参差不齐。为了提高合作效率，不得不淘汰部分组织，这又可能造成核心知识的泄露。因此，对限制进入机制主要从控制合作组织数量和把控组织知识水平两个方面进行衡量。

组织间信任一直是学术界研究的热点问题，也是关系治理中重要的机制之一。里德（Reed，2001）[②] 在研究组织间信任关系控制时，主要从信任关系的建立、复制和改造三个方面进行考察。笔者探讨知识链组织间信任控制治理机制时，主要从信任关系的建立以及过度信任防范两个方面进行考虑，信任关系有助于组织间知识流动，但是过度信任和依赖反而会给组织间合作带来影响。现有对组织间信任影响因素的研究中，主要是通过知识共享水平、可依赖程度、忠诚度、遵守承诺等多个因素衡量组织成员

---

① 沈秋英，王文平，王为东. 基于信任和企业进入退出机制的产业集群规模演化研究 [J]. 中国管理科学，2009，17（4）：91—96.

② Reed M I. Organization, trust and control：A realist analysis [J]. Organization studies，2001，22（2）：201—228.

的信任水平。因而，本书对信任控制机制的测量主要从对知识流动和吸收、减少机会主义行为两个方面进行。

通过上述分析，本书主要通过 4 个题项对知识链关系行为治理机制这一变量进行测度，详细内容如表 9.3 所示。

表 9.3　变量测度——知识链关系控制治理机制

| 潜变量 | 操作变量 | 测度题项 |
|---|---|---|
| 限制进入机制（RC1） | RC11 | 控制合作组织数量，有助于减少知识链内组织协调的次数 |
| | RC12 | 避免低知识水平的组织进入知识链 |
| 信任控制机制（RC2） | RC21 | 组织成员间适度的信任关系有助于知识流动和吸收 |
| | RC22 | 组织成员间适度的信任关系有助于减少机会主义和搭便车行为 |

（3）关系激励治理机制

本书探讨的知识链关系激励治理机制主要包括显性激励和隐性激励，显性激励指从知识所获的收益层面对组织成员进行激励，包括信息、订单、知识和技术的激励，隐性激励指声誉和竞争合作激励所带来的精神层面的激励。本书在对关系激励治理机制这一变量进行测量时，显性激励主要借鉴了刘枭（2011）①、金辉等（2013）②、坎哈利等（Kankanhalli et al.，2005）③ 的组织间激励关系对知识共享影响的量表；隐性激励主要借鉴了陈静（2005）④、卡朋特（Carpenter，2014）⑤ 的隐性激励和声誉对组织合作影响的测量题项。本书主要用 4 个题项对知识链关系行为治理机制这一变量进行测度，详细内容如表 9.4 所示。

① 刘枭. 组织支持、组织激励、员工行为与研发团队创新绩效的作用机理研究 [D]. 杭州：浙江大学，2011.

② 金辉，杨忠，黄彦婷. 组织激励、组织文化对知识共享的作用机理——基于修订的社会影响理论 [J]. 科学学研究，2013（11）：1697-1707.

③ Kankanhalli A，Tan B C Y，Wei K K. Contributing knowledge to electronic knowledge repositories：An empirical investigation [J]. MIS Quarterly，2005，26（9）：113-143.

④ 陈静. 激励制度中的声誉激励 [J]. 工业技术经济，2005（9）：94-95，98.

⑤ Carpenter D. Reputation and power：Organizational image and pharmaceutical regulation at the FDA [M]. Princeton：Princeton University Press，2014.

#### 表9.4　变量测度——知识链关系激励治理机制

| 潜变量 | 操作变量 | 测度题项 |
|---|---|---|
| 显性激励机制<br>（RE1） | RE11 | 促进合作组织进行信息的沟通和传递 |
| | RE12 | 激发合作组织参与创新的意识 |
| 隐性激励机制<br>（RE2） | RE21 | 提高合作组织成员的声誉 |
| | RE22 | 提高合作组织成员合作的积极性 |

#### 9.1.2.3　中介变量

本研究中中介变量是指知识链中组织之间的知识流动，知识流动主要包含知识共享和知识创造两个维度。知识共享既包括组织内部员工也包括跨组织之间，彼此通过各种渠道或手段对知识进行交换，目的是扩大知识的利用价值并产生知识效应。本书主要借鉴了胡佛和里德（Hooff and Ridder，2004）[①]、周和李（Cho and Lee，2004）[②] 以及萨拉加和波纳切（Zarraga and Bonache，2003）[③] 对知识共享测量的量表，从知识共享的影响因素以及知识共享的能力这两个方面测量知识链组织间知识共享。知识创造对组织合作的直接影响就是合作绩效的提高，对伙伴关系产生鼓励和双赢的作用，在对这一指标测量时本书主要参照了拉德马克斯（Rademakers，2005）[④]、桑希尔（Thornhill，2006）[⑤] 以及张玲（2008）[⑥] 的量表，从管理绩效以及产品成本和科技含量两个方面设计题项，详细内容如表9.5所示。

---

① Hooff B，Ridder J A. Knowledge sharing in context：The influence of organizational commitment，communication climate and CMC use on knowledge sharing [J]. Journal of Knowledge Management，2004，8（6）：117-130.

② Cho K R，Lee J. Firm characteristics and MNC's intra-network knowledge sharing [J]. Management International Review，2004，21（3）：435-455.

③ Zarraga C，Bonache J. Assessing the team environment for knowledge sharing：An empirical analysis [J]. International Journal of Human Resource Management，2003，14（7）：1227-1245.

④ Rademakers M. Corporate universities：Driving force of knowledge innovation [J]. Journal of Workplace Learning，2005，17（2）：130-136.

⑤ Thornhill S. Knowledge，innovation and firm performance in high-and low-technology regimes [J]. Journal of Business Venturing，2006，21（5）：687-703.

⑥ 张玲. 基于社会网络的知识创新对集群企业竞争优势的影响研究 [D]. 长春：吉林大学，2008.

表 9.5　变量测度——知识流动

| 潜变量 | 操作变量 | 测度题项 |
|---|---|---|
| 知识共享<br>（KF1） | KF11 | 根据合作组织需要进行知识的深入交流和分享 |
| | KF12 | 根据自身优势进行知识和经验的分享 |
| 知识创造<br>（KF2） | KF21 | 提高合作组织管理绩效 |
| | KF22 | 降低产品生产成本，提高科技含量 |

## 9.1.3　数据收集

本项研究主要通过发放李克特五分量表式调查问卷收集样本数据，研究知识链关系治理及其对组织合作绩效的影响。根据对知识链的定义，凡与其他组织之间进行过知识合作活动的科研机构、企业、咨询机构、中介机构以及政府部门都可作为调查对象。由于现实条件的限制，为了确保样本调查的成功，本着调研的可行性与就近原则，本研究采用了多种途径发放问卷：第一部分是向四川大学 MBA 和 EMBA 在职班学员发放问卷；第二部分是利用本研究团队成员的私人关系向四川省成都市高新区内知识密集型企业、科研机构以及管理人员发放问卷；第三部分是以网络的形式在网上向全国发放问卷进行随机调查。

选择这三种途径的主要原因在于：第一，四川大学商学院开展了MBA 和 EMBA 专业学位教育，MBA 和 EMBA 学员多为川内企业的中高层管理人员以及技术型人才，可以在他们课程期间进行集中调研，便于面对面交流沟通调研问题，并能及时发放和集中收回问卷，提高了问卷回收的效率，保证了问卷的准确性。第二，笔者所处的科研团队内成员大多在成都工作和生活多年，利用私人关系向成都市高新区内相关机构和科研机构发放问卷进行调查，能够降低调研对象的防范心理，提高问卷的有效性。并且笔者家住成都市高新区附近，便于对相关知识型企业进行调研，降低调研成本。第三，网络是不受地域限制，高效、便捷的沟通和交流方式，通过互联网可以在全国范围内开展调研，并对调研对象根据本研究需求进行一定限制。

经过两个月调研和正式问卷调查工作，共计发放问卷 450 份，其中现场问卷发放 350 份，网络问卷 100 份，共回收 428 份，其中无效问卷 84 份，有效问卷 366 份，有效问卷回收率为 81.33%。现场发放的问卷由于调查对象把问卷弄丢或未及时上交等原因只回收了 290 份，而无效问卷主要是指受调查者只填写了问卷部分题目或对每个题项都选择了同一个选项。本次问卷的发放与回收情况如表 9.6 所示。

**表 9.6  问卷发放与回收情况统计**

| 发放方式 | 现场问卷发放 | 网络问卷调查 | 总计 |
|---|---|---|---|
| 发放数量（份） | 350 | 100 | 450 |
| 回收数量（份） | 328 | 100 | 428 |
| 有效问卷数量（份） | 290 | 76 | 366 |
| 有效回收率（%） | 82.86% | 76% | 81.33% |

## 9.2  数据统计分析与检验

本部分将对调查问卷收集的数据进行描述性统计分析、信度与效度检验、Pearson 相关分析以及运用结构方程模型（Structural Equation Modeling）对样本数据进行处理。在此基础上对实证分析的结果进行研究和讨论，并提出具有一定理论性和实践性的建议。

### 9.2.1  描述性统计分析

通过对此次调查问卷中有效问卷相关信息的整理，本部分对受调研者做了如下初步统计和分析。

#### 9.2.1.1  调研对象基本信息分析

问卷的第一部分是有关受调研者的基本信息，主要包括受调研者所在机构的性质、工作的性质、机构规模的大小、机构科研人员的数量等。以上信息可以在一定程度上保证本次调研数据的效用，因为知识链关系治理的研究需要对知识链中不同性质的合作组织进行了解，尤其是科研机构相关信息越多，越能更好地了解其在知识链中参与知识流动的情况。

（1）样本组织类型分布

此次研究调研的主要对象为知识链中的组织，依照本文对知识链的定义，将样本组织类型分为7类。由图9.1可见，在有效样本中，大专院校有72份，占19.67％；科研机构有82份，占22.40％；企业有70份，占19.13％；政府部门有44份，占12.02％；金融机构、咨询机构和其他组织有98份，共占26.78％。

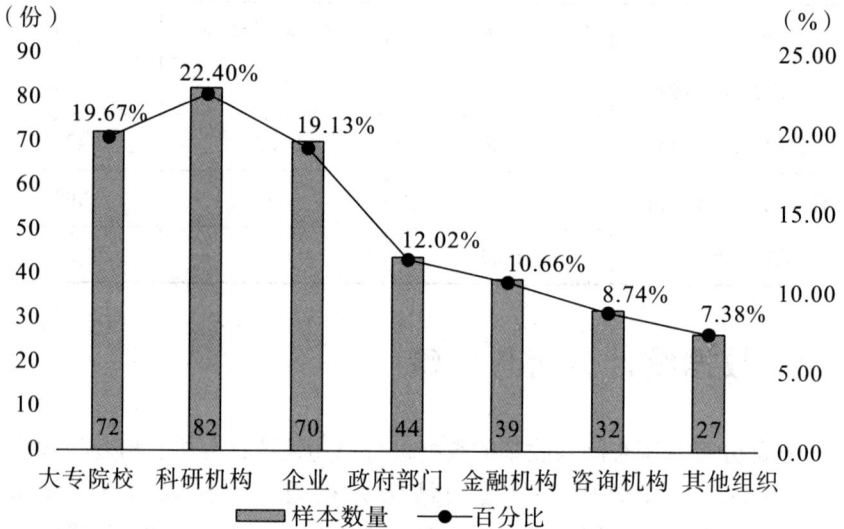

图9.1　样本组织类型分布（$N=366$）

（2）样本组织规模分布

本研究调研的是知识链的关系治理，而关系治理对知识链组织合作绩效的影响主要依靠不同组织之间知识流动而创造的价值。因而，从事与知识共享和知识创造相关工作的研发人员在知识链的运行中扮演着重要角色，所以此次调研主要从两个方面衡量样本组织：一是调研组织的职工人数，二是调研组织的研发人数。由图9.2可见，组织职工人数在300人及以下的组织有176份，占48％；301～500人的有52份，占14％；501～1000人的有40份，占11％；1000人以上的有98份，占27％。

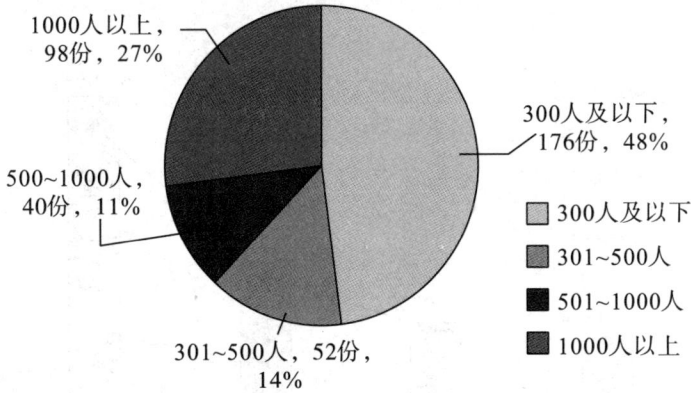

**图 9.2 样本组织规模一：职工人数统计**（N＝366）

由图 9.3 可见，组织研发人数 10 人及以下的有 120 份，占 33％；11~50 人的有 66 份，占 18％；51~100 人的有 95 份，占 26％；100 人以上的有 85 份，占 23％。

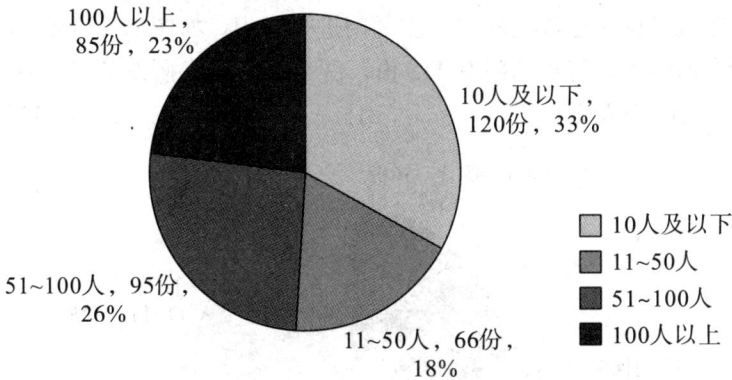

**图 9.3 样本组织规模二：机构研发人数统计**（N＝366）

（3）样本组织成立时间分布

知识链中合作组织间关系的产生取决于不同组织之间的合作过程与合作时间，因而调研组织本身的成立时间对于与其他组织建立合作起着至关重要的作用。由图 9.4 可见，组织成立时间 3 年及以下的组织，样本数量 48 份，占 13.11％；4~5 年的有 55 份，占 15.03％；6~10 年的有 87 份，占 23.77％；10 年以上的有 176 份，占 48.09％。

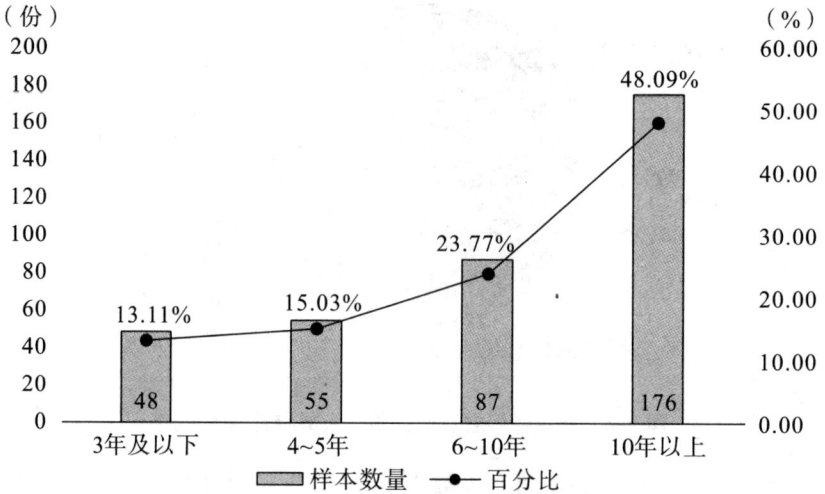

**图 9.4 样本组织成立时间统计**（$N$=366）

（4）样本人员构成分布

样本人员构成通过其所在工作部门进行辨识。如图 9.5 所示，样本调查的所在部门中，管理部门有 112 份，占 31%；技术研发部门 1 有 20 份，占 33%；后勤保障部门有 78 份，占 21%；职能部门有 56 份，占 15%。

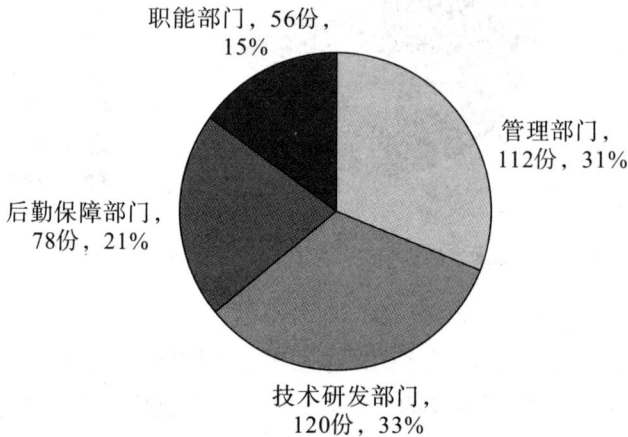

**图 9.5 样本人员构成分布**（$N$=366）

## 9.2.1.2 知识链特征描述

为了更好地研究知识链关系治理，笔者对知识链特征进行了抽样调查，由表9.7可见，本次调研的机构与行业内的企业均有知识互动行为，其中与供应商合作数量达1～5家的机构数量为134，比例占到了36.61%；合作的主要客户的数量20家以上的机构是150，比例为40.98%；与同行和供应商关系持续的时间两年以上的比例分别为48.36%和50.82%。按照本研究对知识链中合作组织关系治理的定义和研究，样本中机构的特征与本研究对象基本一致。

**表9.7　样本知识链特征描述**（$N=366$）

| | | 样本数量 | 百分比（%） | 累计百分比（%） |
|---|---|---|---|---|
| 供应商数量 | 1～5家 | 134 | 36.61 | 36.61 |
| | 6～10家 | 87 | 23.77 | 60.38 |
| | 11～20家 | 60 | 16.39 | 76.78 |
| | 20家以上 | 85 | 23.22 | 100.00 |
| | 总计 | 366 | 100.00 | |
| 主要客户数量 | 1～5家 | 57 | 15.57 | 15.57 |
| | 6～10家 | 81 | 22.13 | 37.70 |
| | 11～20家 | 78 | 21.31 | 59.02 |
| | 20家以上 | 150 | 40.98 | 100.00 |
| | 总计 | 366 | 100.00 | |
| 同行竞争者数量 | 1～5家 | 89 | 24.32 | 24.32 |
| | 6～10家 | 55 | 15.03 | 39.34 |
| | 11～20家 | 130 | 35.52 | 74.86 |
| | 20家以上 | 92 | 25.14 | 100.00 |
| | 总计 | 366 | 100.00 | |
| 与供应商关系持续时间 | 不到半年 | 54 | 14.75 | 14.75 |
| | 不到一年 | 45 | 12.30 | 27.05 |
| | 不到两年 | 90 | 24.59 | 51.64 |
| | 两年以上 | 177 | 48.36 | 100.00 |
| | 总计 | 366 | 100.00 | |

| | | 样本数量 | 百分比（%） | 累计百分比（%） |
|---|---|---|---|---|
| 与客户关系持续时间 | 不到半年 | 45 | 12.30 | 12.30 |
| | 不到一年 | 55 | 15.03 | 27.32 |
| | 不到两年 | 80 | 21.86 | 49.18 |
| | 两年以上 | 186 | 50.82 | 100.00 |
| | 总计 | 366 | 100.00 | |

## 9.2.2 数据正态分布检验

样本数据的正态分布性是一般常用参数估计方法对样本数据的基本假设，例如一般最小二乘法和最大似然法都要求样本数据符合正态分布的特性。对于结构方程的统计方法，其分析所需的数据应满足正态分布或近似正态分布的条件。如果样本数据不符合正态分布的特点，结构方程模型参数估计的标准差和显著性统计值将会产生偏差，进而导致估计结果的显著性检验失效。在统计学中，通常用样本数据的偏度和峰值的绝对值检验数据是否符合正态分布的特点，偏度值反映数据的对称性，峰度值反映数据的平坦程度。加西亚等（Garcia et al.，1998）[①] 等提出正态分布检验的参考指标，偏度的绝对值小于等于2，峰度的绝对值小于等于5。如表9.8所示，RC1题项中偏度绝对值最大为0.629，CP2题项中的峰度绝对值最大为0.616，均在参考标准范围之内。因而，本研究的样本数据满足正态分布的要求，可以运用结构方程建模和分析。

表9.8 样本数据正态分布检验

| 题项 | 最小值 | 最大值 | 平均数 | 标准差 | 偏度 | 峰度 |
|---|---|---|---|---|---|---|
| RA11 | 1.00 | 5.00 | 3.522 | 0.927 | −0.262 | −0.093 |
| RA12 | 1.00 | 5.00 | 3.607 | 0.869 | −0.331 | 0.047 |
| RA13 | 1.00 | 5.00 | 3.642 | 0.922 | −0.349 | −0.222 |

---

① Garcia M J，Thomas J D，Klein A L. New doppler echocardiographic applications for the study of diastolic function [J]. Journal of the American College of Cardiology，1998，32（4）：865−875.

| 题项 | 最小值 | 最大值 | 平均数 | 标准差 | 偏度 | 峰度 |
|---|---|---|---|---|---|---|
| RA21 | 1.00 | 5.00 | 3.721 | 0.863 | −0.434 | 0.108 |
| RA22 | 1.00 | 5.00 | 3.669 | 0.868 | −0.417 | 0.034 |
| RA23 | 1.00 | 5.00 | 3.798 | 0.887 | −0.398 | −0.190 |
| RA31 | 1.00 | 5.00 | 3.866 | 1.005 | −0.544 | −0.499 |
| RA32 | 1.00 | 5.00 | 3.773 | 0.988 | −0.476 | −0.342 |
| RC11 | 1.00 | 5.00 | 3.680 | 0.942 | −0.629 | 0.330 |
| RC12 | 1.00 | 5.00 | 3.634 | 0.917 | −0.260 | −0.347 |
| RC21 | 1.00 | 5.00 | 3.801 | 0.913 | −0.506 | 0.010 |
| RC22 | 1.00 | 5.00 | 3.691 | 0.948 | −0.298 | −0.467 |
| RE11 | 1.00 | 5.00 | 3.716 | 0.925 | −0.491 | −0.183 |
| RE12 | 1.00 | 5.00 | 3.762 | 0.864 | −0.342 | −0.245 |
| RE21 | 1.00 | 5.00 | 3.765 | 0.824 | −0.249 | −0.310 |
| RE22 | 1.00 | 5.00 | 3.770 | 0.880 | −0.335 | −0.335 |
| KF12 | 1.00 | 5.00 | 3.694 | 0.894 | −0.330 | −0.173 |
| KF22 | 1.00 | 5.00 | 3.691 | 0.913 | −0.328 | −0.273 |
| KF21 | 1.00 | 5.00 | 3.790 | 0.886 | −0.382 | −0.206 |
| KF22 | 1.00 | 5.00 | 3.768 | 0.893 | −0.408 | −0.201 |
| CP11 | 1.00 | 5.00 | 3.749 | 0.890 | −0.283 | −0.534 |
| CP12 | 1.00 | 5.00 | 3.735 | 0.909 | −0.267 | −0.616 |
| CP21 | 1.00 | 5.00 | 3.705 | 0.916 | −0.285 | −0.422 |
| CP22 | 1.00 | 5.00 | 3.686 | 0.890 | −0.279 | −0.194 |
| CP23 | 1.00 | 5.00 | 3.721 | 0.900 | −0.306 | −0.435 |
| CP31 | 1.00 | 5.00 | 3.721 | 0.824 | −0.272 | 0.032 |
| CP32 | 1.00 | 5.00 | 3.699 | 0.871 | −0.302 | −0.190 |
| CP33 | 1.00 | 5.00 | 3.724 | 0.899 | −0.223 | −0.414 |
| CP41 | 1.00 | 5.00 | 3.689 | 0.845 | −0.345 | −0.144 |
| CP42 | 1.00 | 5.00 | 3.689 | 0.895 | −0.152 | −0.540 |
| CP43 | 1.00 | 5.00 | 3.637 | 0.914 | −0.236 | −0.441 |
| CP51 | 1.00 | 5.00 | 3.612 | 0.920 | −0.301 | −0.254 |
| CP52 | 1.00 | 5.00 | 3.762 | 0.870 | −0.473 | 0.234 |

### 9.2.3 信度和效度检验分析

信度（Reliability）和效度（Vaidity）是任何测量工具都不可缺少的条件，因而本部分在对样本进行实证分析之前先做信度和效度检验分析。

信度用来反映数据效果的一致性、可靠性和稳定性，信度越高表示排除随机误差的能力越强。如果调查问卷中出现易得低分或易得高分的问题偏多等情况，就说明问卷的信度有偏差，信度较低。在李克特量表法中，一般采用 Cronbach's α 值测度量表整体的信度系数和各个构念的信度系数。通常认为，Cronbach's α 的值应该在 0～1 之间，值越大，可信度越高。社会科学研究中，一个通行规则是一个量表的 Cronbach's α 的值大于 0.60，表示量表信度可以接受，最好大于 0.70[①]。而吴明隆（2010）[②]总结认为，信度系数介于 0.50 和 0.60 之间可适用于先导性研究，以发展测量工具为目的的信度系数应大于 0.70，以基础研究为目的的信度系数应大于 0.80。而孙国强（2010）[③]则认为探索研究信度指标 Cronbach's α 的值应大于 0.70，应用研究则以大于 0.90 为宜。本研究主要检验样本数据内部的一致性，采用 Cronbach's α 值衡量研究数据信度：

$$\text{Cronbach's } \alpha = \left(\frac{K}{K-1}\right)\left(1 - \sum_{i=1}^{n} \frac{S_i^2}{s^2}\right) \qquad (9-1)$$

式中，$K$ 表示量表中的项目数，$S_i^2$ 是项目分数变异量，$s^2$ 是测验总分变异量。

效度主要是指调查问卷中测量题项对调查对象属性差异性进行测量的准确性，即测量题项是否能够客观、准确和真实地刻画出调查对象的差异性[④]。测量题项的效度越高意味着排除系统误差的能力越强。效度检验主要包括内容效度（Content Validity）、效标效度（Criterion-related Validity）、结构效度（Construct Validity）三类。内容效度（Content Validity）主要是指量表里的测量题项的代表性和适切性，即量表的内容

---

① Bagozzi R P，Yi Y. On the evaluation of structural equation models [J]. Journal of the Academy of Marketing Science，1988，16（1）：74－79.
② 吴明隆. 问卷统计分析实务 SPSS 操作与应用 [M]. 重庆：重庆大学出版社，2010.
③ 孙国强. 管理研究方法论 [M]. 上海：格致出版社，2010.
④ 孙国强. 管理研究方法论 [M]. 上海：格致出版社，2010.

是否能达到测量的目的和行为构念；效标关联效度主要指量表里的测量题项与外在效标间的关系的程度，若与外在效标间的相关度越高，表示此量表的测量题项的效标关联效度愈高。结构效度通常是指能够测量出理论的概念和特质的程度，即实际测量的分数能够解释多少某一个体行为的心理特质。因为测量难的问题，本研究很难在同一时期找到其他相关资料进行相关度分析，无法进行效标关联度分析，因而本研究量表的测量题项选择内容效度和构建效度对样本数据进行检验。

内容效度（Content Validity）又称表面效度，一般而言，内容效度由研究者自己判断。而内容效度目的在于检验量表题项内容的适切性，本研究此次所设定的量表以相关理论为依据，并将现有成熟的量表与实地调研的情况相结合，设计了知识链关系治理及其对组织合作绩效的问卷，并邀请了学术界的专家和企业的经营者对问卷内容进行讨论和修订，以此确保此次量表的内容效度。

为了提高问卷的质量，在效度检验方面，本书一方面是通过探索因子分析（Exploratory Factor Analysis）以求得量表的因子结构，确定量表是由哪些潜变量构成，以此建立问卷的结构；另一方面运用验证性因素分析（Confirmatory Factor Analysis）对问卷的效度做进一步检验，验证性因子分析检验的评价指标如表 9.9 所示。

表 9.9　验证性因子分析模型检验适配指标

| 检验内容 | 统计检验量 | 适配的标准或临界值 |
|---|---|---|
| 绝对拟合程度 | $\chi^2$ | 显著性概率值 $p>0.05$ |
| | $\chi^2/df$ | 介于 1~2 之间，越接近于 2，适配效果越好 |
| | GFI | >0.9，越接近 1，适配效果越好 |
| | AGFI | >0.9，越接近 1，适配效果越好 |
| | RMSEA | <0.1，可以接受；<0.05，适配度非常好 |
| 相对拟合程度 | NFI | >0.9，越接近 1，适配效果越好 |
| | RFI | >0.9，越接近 1，适配效果越好 |
| | IFI | >0.9，越接近 1，适配效果越好 |
| | TLI | >0.9，越接近 1，适配效果越好 |
| | CFI | >0.9，越接近 1，适配效果越好 |

### 9.2.3.1 知识链组织合作绩效的信效度检验

（1）信度检验

知识链组织合作绩效由合作关系持续程度、目标实现程度、学习创新能力、协调整合能力和竞争优势提升程度 5 个二级潜变量度量构成，通过信度检验，量表中所有操作变量的 CITC 值都大于 0.5，且对应的潜变量的 Cronbach's $\alpha$ 系数值都大于 0.7，这说明知识链组织合作绩效的所有操作变量内部一致性较好，量表的信度是可以接受的，具体信度分析的数据如表 9.10 所示。

表 9.10　知识链组织合作绩效的信度检验

| 二级潜变量 | 操作变量 | 校正的项总计相关性（CITC） | 已删除项的 Cronbach $\alpha$ | Cronbach's $\alpha$ | 基于标准化的 Cronbach's $\alpha$ |
|---|---|---|---|---|---|
| 合作关系持续程度（CP1） | CP11 | 0.512 | 0.871 | 0.725 | 0.725 |
| | CP12 | 0.549 | 0.869 | | |
| 目标实现程度（CP2） | CP21 | 0.545 | 0.869 | 0.742 | 0.743 |
| | CP22 | 0.571 | 0.868 | | |
| | CP23 | 0.566 | 0.868 | | |
| 学习创新能力（CP3） | CP31 | 0.554 | 0.869 | 0.739 | 0.739 |
| | CP32 | 0.546 | 0.869 | | |
| | CP33 | 0.561 | 0.868 | | |
| 协调整合能力（CP4） | CP41 | 0.583 | 0.867 | 0.756 | 0.756 |
| | CP42 | 0.553 | 0.869 | | |
| | CP43 | 0.545 | 0.869 | | |
| 竞争优势提升程度（CP5） | CP51 | 0.557 | 0.868 | 0.762 | 0.763 |
| | CP52 | 0.586 | 0.867 | | |

（2）效度检验

① 结构效度。

数据是否适合于因子分析主要采用 KMO 值进行判断：当 KMO 值 > 0.9，表示数据十分适合；当 KMO 值介于 0.8～0.9，表示较佳；当 KMO 值介于 0.5～0.6，表示较勉强；当 KMO 值 < 0.5，表示不适合。由表 9.11 可见，KMO 值为 0.807，大于 0.8，且 Bartlett 的球形检验结果显示近似卡

方值为 1767.380，自由度为 78，检验显著性水平为 0.000，拒绝变量之间的协方差阵是单位阵的假设，表示该数据适合进行探索性因子分析。

表 9.11 知识链组织合作绩效结构因子的 KMO 和 Bartlett 的检验

| 取样足够的 Kaiser-Meyer-Olkin 测量 | | 0.807 |
|---|---|---|
| Bartlett 的球形检验 | 近似卡方 | 2499.330 |
| | $df$ | 78 |
| | Sig. | 0.000 |

在知识链组织合作绩效结构效度测度方面，本书主要通过探索性因子分析，采用主成分分析（Principal Components）和最大方差旋转法（Varimax）实现，如表 9.12 和表 9.13 所示。知识链关系治理组织合作绩效对应的 5 个二级潜在变量中共提取出 4 个因子，这 4 个因子的解释的变异总量达到了 74.161%。为使抽取的因子结构可靠且结果易解释，本书对因子采用最大方差法进行旋转，旋转后各因子所包含的测量题项的载荷系数都大于 0.7，表明此量表具有较好的区分效度。

表 9.12 知识链组织合作绩效结构因子解释的变异总量

| 成分 | 起始特征值 | | | 提取平方和载入 | | | 旋转平方和载入 | | |
|---|---|---|---|---|---|---|---|---|---|
| | 合计 | 方差的% | 累积% | 合计 | 方差的% | 累积% | 合计 | 方差的% | 累积% |
| 1 | 4.618 | 35.52 | 35.52 | 4.618 | 35.52 | 35.52 | 3.662 | 28.166 | 28.166 |
| 2 | 2.511 | 19.312 | 54.831 | 2.511 | 19.312 | 54.831 | 2.043 | 15.712 | 43.878 |
| 3 | 1.408 | 10.833 | 65.664 | 1.408 | 10.833 | 65.664 | 1.974 | 15.184 | 59.062 |
| 4 | 1.105 | 8.497 | 74.161 | 1.105 | 8.497 | 74.161 | 1.963 | 15.099 | 74.161 |
| 5 | 0.645 | 4.962 | 79.124 | | | | | | |
| 6 | 0.571 | 4.393 | 83.516 | | | | | | |
| 7 | 0.526 | 4.048 | 87.564 | | | | | | |
| 8 | 0.445 | 3.424 | 90.989 | | | | | | |
| 9 | 0.309 | 2.378 | 93.367 | | | | | | |
| 10 | 0.268 | 2.062 | 95.429 | | | | | | |
| 11 | 0.229 | 1.759 | 97.188 | | | | | | |
| 12 | 0.211 | 1.62 | 98.808 | | | | | | |
| 13 | 0.155 | 1.192 | 100 | | | | | | |

提取方法：主成分分析

表 9.13　知识链组织合作绩效结构的旋转成分矩阵

| 二级潜变量 | 操作变量 | 成分 | | | |
|---|---|---|---|---|---|
| | | 1 | 2 | 3 | 4 |
| 合作关系持续程度<br>（CP1） | CP11 | 0.842 | 0.071 | 0.078 | 0.039 |
| | CP12 | 0.872 | 0.078 | −0.001 | 0.033 |
| 目标实现程度<br>（CP2） | CP21 | 0.851 | 0.194 | 0.077 | 0.085 |
| | CP22 | 0.791 | 0.168 | 0.143 | 0.042 |
| | CP23 | 0.860 | 0.076 | 0.020 | 0.024 |
| 学习创新能力<br>（CP3） | CP31 | 0.167 | 0.752 | 0.035 | 0.160 |
| | CP32 | 0.107 | 0.825 | 0.141 | 0.051 |
| | CP33 | 0.135 | 0.772 | 0.211 | 0.037 |
| 协调整合能力<br>（CP4） | CP41 | 0.034 | 0.092 | 0.329 | 0.846 |
| | CP42 | 0.023 | 0.034 | −0.113 | 0.803 |
| | CP43 | 0.141 | 0.218 | 0.433 | 0.720 |
| 竞争优势提升程度<br>（CP5） | CP51 | 0.147 | 0.190 | 0.881 | 0.178 |
| | CP52 | 0.043 | 0.155 | 0.889 | 0.109 |

提取方法：主成分分析
旋转法：具有 Kaiser 标准化的正交旋转
旋转在 6 次迭代后收敛

②验证性因子分析。

合作关系持续程度、目标实现程度、学习创新能力、协调整合能力和竞争优势提升程度五个方面度量了知识链中组织合作绩效，因此有必要分析维度之间的结构关系。根据探索性因子分析，本研究构建了知识链组织合作绩效的测量模型，并对其进行二阶验证性因子模型适配度分析。由表 9.14 可见，$\chi^2/df$ 系数小于 3，GFI、AGFI、NFI 的值均大于 0.85，RMSEA 的值小于 0.08，各项指标的拟合程度处于中度拟合程度，整体模型的适配度效果较好。对知识链组织合作绩效的五个维度进行二阶验证性因子分析模型的分析结果如图 9-6 所示。

表 9.14  知识链组织合作绩效二阶验证性因子模型适配度

| $\chi^2$ | $df$ | $\chi^2/df$ | $P$ | RMSEA | GFI | AGFI | NFI | IFI | CFI |
|---|---|---|---|---|---|---|---|---|---|
| 16.00 | 17 | 0.94 | 0.52 | 0.076 | 0.928 | 0.882 | 0.933 | 0.954 | 0.953 |

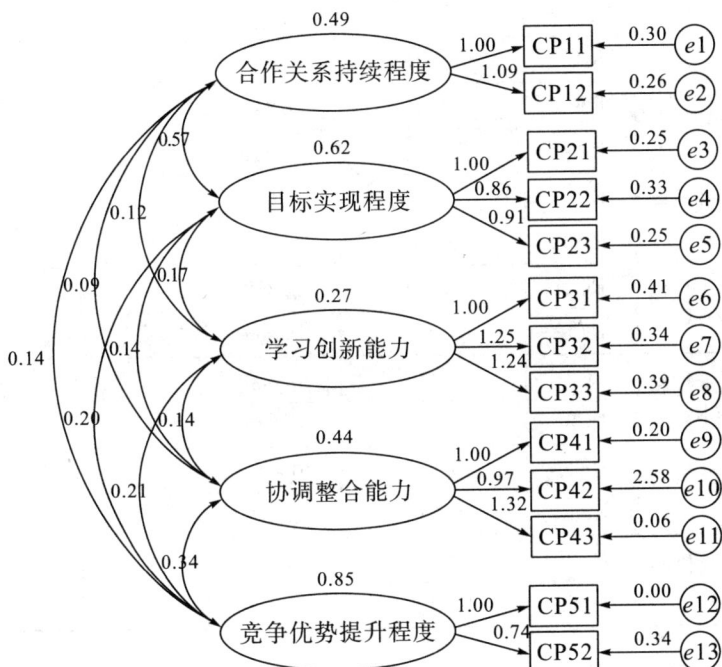

图 9.6  知识链组织合作绩效的验证性因子分析

## 9.2.3.2  知识链关系治理机制的信效度检验

（1）信度检验

知识链关系治理机制主要包括关系行为治理机制（决策协调机制、合作文化机制、联合制裁机制）、关系控制治理机制（限制进入机制和信任程度控制机制）和关系激励机制（显性激励机制和隐性激励机制）。如表9.15 所示，通过对 7 个三级潜变量信度的检验，知识链关系治理机制三级潜变量的所有操作变量的 CITC 的值，且对应的潜变量的 Cronbach's $\alpha$ 值都大于 0.6，这说明知识链关系治理机制的所有操作变量的内部一致性较好，予以保留。

表 9.15　知识链关系治理机制的信度检验

| 三级潜变量 | 操作变量 | 校正的项总计相关性（CITC） | 已删除项的 Cronbach α | Cronbach α | 基于标准化的 Cronbach α |
|---|---|---|---|---|---|
| 决策协调机制（RA1） | RA11 | 0.534 | 0.850 | 0.784 | 0.785 |
| | RA12 | 0.554 | 0.847 | | |
| | RA13 | 0.573 | 0.845 | | |
| 合作文化机制（RA2） | RA21 | 0.513 | 0.849 | 0.715 | 0.715 |
| | RA22 | 0.556 | 0.847 | | |
| | RA23 | 0.483 | 0.851 | | |
| 联合制裁机制（RA3） | RA31 | 0.490 | 0.850 | 0.678 | 0.678 |
| | RA32 | 0.459 | 0.852 | | |
| 限制进入机制（RC1） | RC11 | 0.534 | 0.862 | 0.735 | 0.735 |
| | RC12 | 0.454 | 0.866 | | |
| 信任程度控制机制（RC2） | RC21 | 0.488 | 0.850 | 0.695 | 0.695 |
| | RC22 | 0.516 | 0.849 | | |
| 显性激励机制（RE1） | RE11 | 0.547 | 0.847 | 0.750 | 0.751 |
| | RE12 | 0.513 | 0.849 | | |
| 隐性激励机制（RE2） | RE21 | 0.487 | 0.850 | 0.682 | 0.682 |
| | RE22 | 0.444 | 0.853 | | |

（2）效度检验

①结构效度。

如表 9.16 所示，知识链关系治理机制结构因子的 KMO 值为 0.841，大于 0.8，且 Bartlett 球形检验近似卡方值为 2059.77，自由度为 120，显著性水平为 0.000，拒绝变量之间的协方差阵是单位阵的假设，表示该数据适用于因子分析。

表 9.16　知识链关系治理机制结构因子的 KMO 和 Bartlett 的检验

| 取样足够的 Kaiser-Meyer-Olkin 测量 | | 0.816 |
|---|---|---|
| Bartlett 的球形检验 | 近似卡方 | 2955.119 |
| | $df$ | 120 |
| | Sig. | 0.000 |

在对知识链关系治理机制效度的测度方面，笔者主要通过探索性因子分析，采用主成分分析（Principal Components）和最大方差旋转法（Varimax）实现，根据特征根大于1的原则提取因子，如表9.17和9.18所示。提取4个共性因子对知识链关系治理机制的累计方差达到68.108%，系治理及资质具有较高的结构效度。为使抽取的因子结构可靠且结果易解释，笔者对因子采用最大方差法进行旋转，旋转后各因子所包含的测量题项的载荷系数都大于0.7，表明此量表具有较好的区分效度。

**表 9.17　知识链关系治理机制结构因子解释的变异总量**

| 成分 | 起始特征值 | | | 提取平方和载入 | | | 旋转平方和载入 | | |
|---|---|---|---|---|---|---|---|---|---|
| | 合计 | 方差的% | 累积% | 合计 | 方差的% | 累积% | 合计 | 方差的% | 累积% |
| 1 | 4.76 | 29.751 | 29.751 | 4.76 | 29.751 | 29.751 | 3.721 | 23.255 | 23.255 |
| 2 | 2.999 | 18.741 | 48.492 | 2.999 | 18.741 | 48.492 | 2.884 | 18.024 | 41.279 |
| 3 | 1.745 | 10.904 | 59.395 | 1.745 | 10.904 | 59.395 | 2.251 | 14.066 | 55.345 |
| 4 | 1.394 | 8.713 | 68.108 | 1.394 | 8.713 | 68.108 | 2.042 | 12.763 | 68.108 |
| 5 | 0.862 | 5.385 | 73.493 | | | | | | |
| 6 | 0.633 | 3.957 | 77.45 | | | | | | |
| 7 | 0.589 | 3.683 | 81.134 | | | | | | |
| 8 | 0.529 | 3.308 | 84.442 | | | | | | |
| 9 | 0.476 | 2.975 | 87.416 | | | | | | |
| 10 | 0.414 | 2.589 | 90.005 | | | | | | |
| 11 | 0.391 | 2.447 | 92.452 | | | | | | |
| 12 | 0.37 | 2.309 | 94.761 | | | | | | |
| 13 | 0.264 | 1.649 | 96.41 | | | | | | |
| 14 | 0.253 | 1.58 | 97.99 | | | | | | |
| 15 | 0.208 | 1.302 | 99.292 | | | | | | |
| 16 | 0.113 | 0.708 | 100 | | | | | | |

表 9.18 知识链关系治理机制结构的旋转成分矩阵

| 二级潜变量 | 三级潜变量 | 操作变量 | 成分 | | | |
|---|---|---|---|---|---|---|
| | | | 1 | 2 | 3 | 4 |
| 关系行为治理机制（RA1） | 决策协调机制（RA1） | RA11 | 0.024 | 0.164 | 0.057 | 0.763 |
| | | RA12 | 0.091 | 0.042 | 0.162 | 0.84 |
| | | RA13 | 0.167 | 0.089 | 0.205 | 0.75 |
| | 合作文化机制（RA2） | RA21 | 0.858 | 0.078 | 0.159 | 0.237 |
| | | RA22 | 0.784 | 0.073 | 0.066 | 0.182 |
| | | RA23 | 0.876 | −0.049 | 0.074 | 0.006 |
| | 联合制裁机制（RA3） | RA31 | 0.875 | −0.005 | 0.075 | 0.003 |
| | | RA32 | 0.858 | 0.036 | 0.169 | −0.011 |
| 关系控制治理机制（RC） | 限制进入机制（RC1） | RC11 | 0.048 | 0.163 | 0.705 | 0.155 |
| | | RC12 | 0.087 | 0.063 | 0.779 | 0.037 |
| | 信任控制机制（RC2） | RC21 | 0.135 | 0.017 | 0.744 | 0.119 |
| | | RC22 | 0.165 | 0.221 | 0.728 | 0.143 |
| 关系激励治理机制（RE） | 显性激励机制（RE1） | RE11 | 0.005 | 0.793 | 0.175 | 0.134 |
| | | RE12 | 0.081 | 0.835 | 0.062 | 0.107 |
| | 隐性激励机制（RE2） | RE21 | 0.041 | 0.867 | 0.103 | 0.116 |
| | | RE22 | −0.029 | 0.821 | 0.113 | −0.006 |

提取方法：主成分分析
旋转法：具有 Kaiser 标准化的正交旋转
旋转在 8 次迭代后收敛

②验证性因子分析。

由于关系行为治理机制、关系控制治理机制和关系激励治理机制是知识链关系治理机制的三个重要维度，因此有必要从整体的角度判断这三个维度之间的结构关系。根据对知识链关系治理机制的探索性因子分析，构建了如图 9.7 所示的测量模型，并对关系治理的三个维度进行二阶验证性因子分析，模型的适配度分析结果如表 9.19 所示。

表 9.19 关系治理机制二阶验证性因子分析模型适配度

| $\chi^2$ | $df$ | $\chi^2/df$ | $P$ | RMSEA | GFI | AGFI | NFI | IFI | CFI |
|---|---|---|---|---|---|---|---|---|---|
| 231.278 | 83 | 2.786 | 0.000 | 0.071 | 0.921 | 0.870 | 0.906 | 0.932 | 0.931 |

由表 9.19 可见，$\chi^2/df$ 系数小于 3，GFI、AGFI、NFI 的值均大于 0.85，RMSEA 的值小于 0.08，各项指标的拟合程度处于中度拟合程度，该结果验证了关系治理机制所构建的模型是合理的。对知识链关系治理机制的三个维度进行二阶验证性因子分析模型的分析结果如图 9.7 所示。

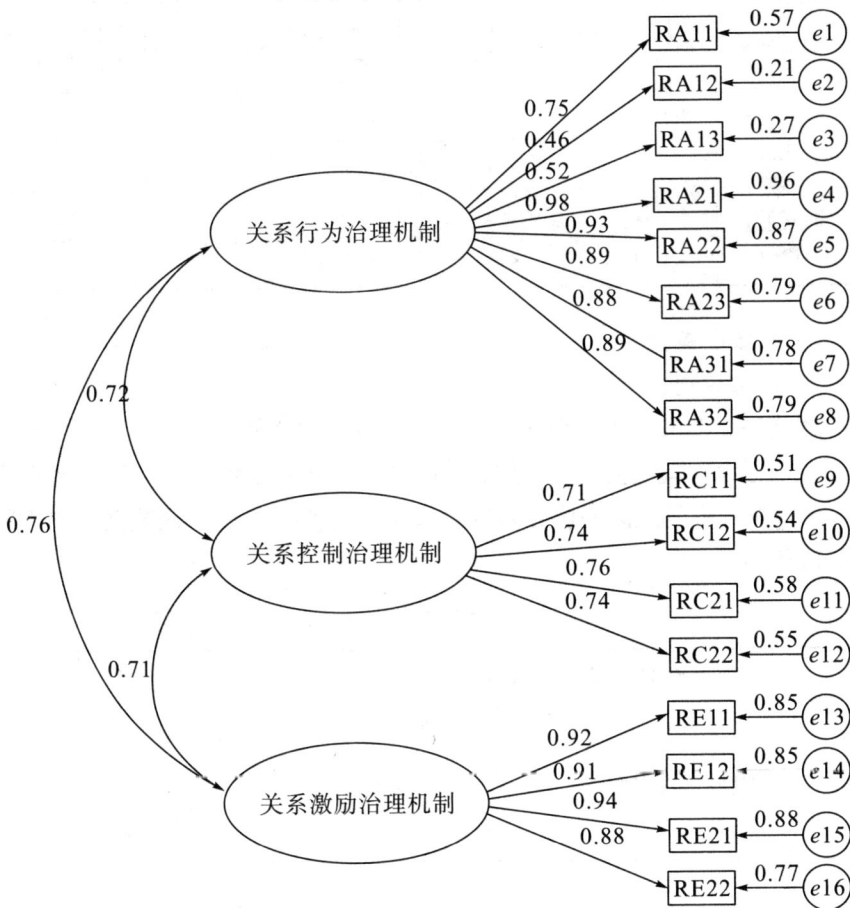

图 9.7 知识链关系治理机制的验证性因子分析

177

### 9.2.3.3 知识流动的信效度检验

（1）信度检验

知识链中知识流动由知识共享和知识创造这两个二级潜变量度量，这两个潜变量的信度检验如表 9.20 所示，知识流动的所有操作变量的 CITC 值都大于 0.5，且所对应的潜变量的 Cronbach $\alpha$ 值都大于 0.5，这说明知识链中知识流动的所有操作变量内部一致性较好，予以保留。

表 9.20　知识流动的信度检验

| 二级潜变量 | 操作变量 | 校正的项总计相关性（CITC） | 已删除项的 Cronbach $\alpha$ | Cronbach $\alpha$ | 基于标准化的 Cronbach $\alpha$ |
|---|---|---|---|---|---|
| 知识共享（KF1） | KF11 | 0.731 | 0.773 | 0.558 | 0.558 |
| | KF12 | 0.717 | 0.779 | | |
| 知识创造（KF2） | KF21 | 0.661 | 0.804 | 0.689 | 0.689 |
| | KF22 | 0.591 | 0.833 | | |

（2）效度检验

①结构效度。

由表 9.21 可见，知识流动结构因子的 KMO 值为 0.718，大于 0.7，Bartlett 球形检验近似卡方值为 1113.266，自由度为 6，显著性水平为 0.000，拒绝变量之间的协方差阵是单位阵的假设，表示该数据适用于因子分析。

表 9.21　知识流动结构因子的 KMO 和 Bartlett 的检验

| 取样足够的 Kaiser-Meyer-Olkin 测量 | | 0.718 |
|---|---|---|
| Bartlett 的球形检验 | 近似卡方 | 603.018 |
| | $df$ | 6 |
| | Sig. | 0.000 |

在对知识链知识流动效度测度方面，笔者主要通过探索性因子分析，采用主成分分析（Principal Components）和最大方差旋转法（Varimax）实现，根据特征根大于 1 的原则提取因子，如表 9.22 和表 9.23 所示。提

取 2 个共性因子对知识链关系治理机制的累计方差达到 93.334%，说明知识链关系治理及资质具有较高的结构效度。为使抽取的因子结构可靠且结果易解释，笔者对因子采用最大方差法进行旋转，旋转后各因子所包含的测量题项的载荷系数都大于 0.8，表明此量表具有较好的区分效度，且各测量题项与理论预期的因子结构是完全对应的。

表 9.22　知识流动结构因子解释的变异总量

| 成分 | 起始特征值 | | | 提取平方和载入 | | | 旋转平方和载入 | | |
|---|---|---|---|---|---|---|---|---|---|
| | 合计 | 方差的% | 累积% | 合计 | 方差的% | 累积% | 合计 | 方差的% | 累积% |
| 1 | 2.405 | 60.128 | 60.128 | 2.405 | 60.128 | 60.128 | 1.775 | 44.374 | 47.855 |
| 2 | 1.044 | 26.098 | 86.226 | 1.044 | 26.098 | 86.226 | 1.674 | 41.852 | 93.334 |
| 3 | 0.293 | 7.328 | 93.553 | | | | | | |
| 4 | 0.258 | 6.447 | 100 | | | | | | |

表 9.23　知识流动因子结构的旋转成分矩阵

| 二级潜在变量 | 操作变量 | 成分 | |
|---|---|---|---|
| | | 1 | 2 |
| 知识共享<br>（KF1） | KF11 | 0.934 | 0.09 |
| | KF12 | 0.882 | 0.28 |
| 知识创造<br>（KF2） | KF21 | 0.351 | 0.842 |
| | KF22 | 0.056 | 0.937 |

②验证性因子分析。

根据探索性因子分析，构建了知识流动的测量模型，如图 9.8 所示，并对知识流动的两个维度进行二阶验证性因子分析，模型的适配度分析结果如表 9.24 所示。

表 9.24　知识流动二阶验证性因子检验的模型适配度

| $\chi^2$ | $df$ | $\chi^2/df$ | $P$ | RMSEA | GFI | AGFI | NFI | IFI | CFI |
|---|---|---|---|---|---|---|---|---|---|
| 4.736 | 2 | 2.38 | 0.030 | 0.076 | 0.994 | 0.936 | 0.992 | 0.994 | 0.994 |

如表 9.24 所示，$\chi^2/df$ 系数小于 3，GFI、AGFI、NFI 的值均大于 0.9，RMSEA 的值小于 0.08，各项指标的拟合程度处于绝对拟合程度，该结果验证了知识链中知识流动是由知识共享和知识创造两个维度所组成。对知识链知识流动的二个维度进行二阶验证性因子分析模型的分析结果如图 9.8 所示。

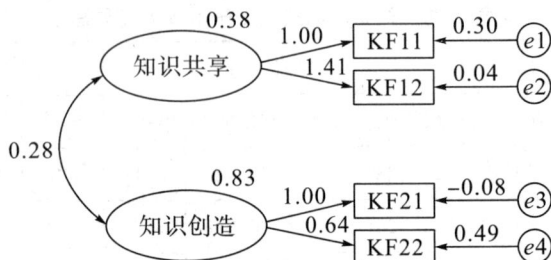

图 9.8　知识链关系治理机制的验证性因子分析

## 9.2.4　变量间 Pearson 相关分析

在进行实证分析之前，本部分需要检查各变量之间是否存在影响。通过相关分析，可以初步判断模型和假设的设置是否合理。检测的标准为，$r > 0.7$ 为相关性良好，$0.4 < r < 0.7$ 为中等相关性；$r < 0.4$ 为弱相关性（$p < 0.001$）。运行 SPSS 22.0，对模型中所有变量做 Pearson 相关分析，结果如表 9.25 所示。量表中各个变量之间的相关系数都小于 0.5，因此，各变量之间存在多重共线性的可能性不大。而且各变量之间存在显著相关关系，下一步可构建结构方程，分析各个变量之间相互影响的作用。

表 9.25　变量间 Pearson 相关系数

| | 均值 | 标准差 | RA1 | RA2 | RA3 | RC1 | RC2 | RE1 | RE2 | KF1 | KF2 | CP1 | CP2 | CP3 | CP4 | CP5 |
|---|---|---|---|---|---|---|---|---|---|---|---|---|---|---|---|---|
| RA1 | 3.590 | 0.757 | 1 | | | | | | | | | | | | | |
| RA2 | 5.594 | 1.044 | 0.324** | 1 | | | | | | | | | | | | |
| RA3 | 3.820 | 0.867 | 0.358** | 0.403** | 1 | | | | | | | | | | | |
| RC1 | 3.657 | 0.826 | 0.316** | 0.299** | 0.442** | 1 | | | | | | | | | | |
| RC2 | 3.746 | 0.815 | 0.310** | 0.349** | 0.407** | 0.456** | 1 | | | | | | | | | |
| RE1 | 3.739 | 0.800 | 0.398** | 0.344** | 0.302** | 0.333** | 0.488** | 1 | | | | | | | | |
| RE2 | 3.768 | 0.743 | 0.314** | 0.379** | 0.295** | 0.304** | 0.366** | 0.418** | 1 | | | | | | | |
| KF1 | 3.796 | 0.700 | 0.188** | 0.342** | 0.173** | 0.169** | 0.201** | 0.312** | 0.317** | 1 | | | | | | |
| KF2 | 3.795 | 0.764 | 0.375** | 0.369** | 0.278** | 0.289** | 0.307** | 0.367** | 0.309** | 0.416** | 1 | | | | | |
| CP1 | 3.742 | 0.796 | 0.277** | 0.281** | 0.215** | 0.220** | 0.343** | 0.301** | 0.343** | 0.290** | 0.468** | 1 | | | | |
| CP2 | 3.704 | 0.732 | 0.373** | 0.376** | 0.255** | 0.306** | 0.349** | 0.333** | 0.250** | 0.296** | 0.434** | 0.506** | 1 | | | |
| CP3 | 3.715 | 0.701 | 0.365** | 0.367** | 0.292** | 0.301** | 0.368** | 0.415** | 0.341** | 0.363** | 0.452** | 0.435** | 0.516** | 1 | | |
| CP4 | 3.671 | 0.725 | 0.409** | 0.395** | 0.316** | 0.286** | 0.278** | 0.309** | 0.318** | 0.281** | 0.425** | 0.411** | 0.456** | 0.490** | 1 | |
| CP5 | 3.687 | 0.805 | 0.418** | 0.413** | 0.279** | 0.315** | 0.330** | 0.314** | 0.356** | 0.329** | 0.453** | 0.369** | 0.449** | 0.456** | 0.538** | 1 |

注：RA1——决策协调机制；RA2——合作文化机制；RA3——联合制裁机制；RC1——限制进入机制；RC2——信息程度控制机制；RE1——显性激励机制；RE2——隐性激励机制；KF1——竞争优势提升程度；KF2——知识共享；CP1——知识创造；CP2——目标实现程度；CP3——学习创新能力；CP4——协调整合能力；CP5——合作关系持续程度

**表示在 0.01 水平（双侧）上显著相关；*表示在 0.05 水平上显著相关

# 9.3 结构方程建模分析方法

为了更好地探究知识链关系治理机制、知识流动以及知识链组织合作绩效的作用机理以及验证上文提出的假设，本部分将采用结构方程方法定量分析变量之间的关系。

## 9.3.1 结构方程方法介绍

结构方程模型（Structural Equation Model）是20世纪六七十年代时出现的基于变量的协方差矩阵分析变量之间关系的一种统计方法，包括因素模型与结构模型，体现了传统路径分析与因素分析的完美结合。目前，结构方程主要应用于经济学、社会学、心理学一级行为科学等领域。

SEM中根据变量能否被直接测量将其分为潜在变量和观测变量。潜在变量是不能被直接观察到的，通常使用理论或假设来建立；而观测变量是可以直接被测量的变量。从相互关系上分为内源变量（因变量）和外源变量（自变量）。内源变量是在模型中受其他变量影响而变化的变量，而外源变量是引起其他变量变化和自身变化的变量。在SEM中变量之间的联结关系通常用结构参数表示，通常这些变量可以归纳为两种模型，即结构模型和测量模型。结构模型是指潜在变量因果关系模型，表示潜变量之间的关系，模型形式（9－2）9－2所示：

$$\eta = \beta\eta + \Gamma\xi + \zeta \tag{9－2}$$

其中，$\eta$ 是内源潜在变量，$\beta$ 代表内源潜变量间的关系；$\xi$ 为外源潜在变量，$\Gamma$ 表示外源潜变量对内生潜变量的影响，$\zeta$ 是结构方程的残差项，反映了在方程中未能被解释的部分。测量模型主要表示观测变量和潜变量之间的关系，一般由两个方程式组成：

$$X = \Lambda_x\xi + \sigma \tag{9－3}$$

$$Y = \Lambda_y\eta + \varepsilon \tag{9－4}$$

其中，$X$ 为外源观测变量，$Y$ 为内源观测变量组成的向量；$\Lambda_x$ 代表外源观测变量与外源潜在变量之间的关系，而$\Lambda_y$ 代表内源观测变量与内源潜在变量之间的关系；$\sigma$ 和 $\varepsilon$ 分别为外源观测变量和内源观测变量的误差；$\xi$ 和 $\eta$ 分别为 $X$ 和 $Y$ 的潜在变量。

本书采用结构方程分析变量之间的关系，是基于以下几个考虑：首先，本研究的许多变量的概念比较抽象，而且变量涉及较多，而结构方程能同时处理多个因变量之间的关系；其次，本部分的数据主要来自问卷调查，而结构方程模型包含了路径和验证性因子分析，使分析结果更加接近实际。此外，还可以通过一系列模型适配拟合指标来比较不同的模型，以此更好地验证提出来的理论假设是否在研究中被接受。

## 9.3.2 结构方程拟合指标介绍

在将模型中的参数估计出来之后，就要检测模型拟合程度的好坏，并要对模型进行合理的评价，这时候就需要通过一系列拟合指数进行判断。拟合指数通常包括绝对拟合指数、相对拟合指数以及简约指数，其中简约指数用得较少（如表 9.26 所示）。

表 9.26　结构方程评价指标

| 分类 | 评价指标 |
| --- | --- |
| 绝对拟合指标 | $\chi^2$（$p \geqslant 0.05$）、$\chi^2/df$（介于 $1 \sim 2$）、GFI（$\geqslant 0.90$）、AGFI（$\geqslant 0.90$）、RMSEA（$\leqslant 0.05$） |
| 相对拟合指标 | NFI（$\geqslant 0.90$）、IFI（$\geqslant 0.90$）、CFI（$\geqslant 0.90$） |
| 简约指数 | PGFI（$\geqslant 0.50$）、PNFI（$\geqslant 0.50$） |

$\chi^2$（卡方值）越小表示整体模型的因果路径与实际资料越匹配，不显著的 $\chi^2$ 值表示模型的因果路径与实际数据不一致的可能性较大；$\chi^2/df$（卡方自由度比）值 $>2$ 时，则表示假设模型无法反映真实观察数据，模型适配度不佳；RMSEA 值越小越好，当 RMSEA（近似误差均方根）小于 0.05 时模型拟合度非常好，介于 0.05 与 0.08 之间模型拟合较好；GFI（拟合优度指数）和 AGFI（调整拟合优度指数）值都介于 $0 \sim 1$ 之间，越接近 1，表示模型的拟合程度越好；NFI（标准拟合指标）、IFI（相似拟合指标）和 CFI（比较拟合指标）数值都介于 $0 \sim 1$ 之间，数值越接近 1，表示模型拟合程度越好，一般相对拟合指标数值在 0.9 以上，表示模型与实际数据有良好的适配度。

# 9.4 模型拟合与假设

## 9.4.1 关系治理机制对知识链合作绩效的影响

本部分首先计算了关系治理机制中的关系行为治理机制、关系控制治理机制以及关系激励治理机制与知识链组织合作绩效的 Pearson 相关系数，具体结果如表 9.27 所示。由表中数据可见，关系行为治理机制、关系控制治理机制和关系激励治理机制与知识链组织合作绩效之间均存在显著的正相关关系，分别为 $r = 0.456^{**}$，$r = 0.391^{**}$，$r = 0.233^{**}$（$p < 0.01$），而且这些变量之间不存在多重共线性的问题。

表 9.27 知识链关系治理机制与知识链组织合作绩效的
Pearson 相关系数表（$N = 366$）

| 变量 | 均值 | 标准差 | RA | RC | RE | CP |
|------|------|--------|-----|-----|-----|-----|
| RA | 3.753 | 0.583 | 1 | | | |
| RC | 3.717 | 0.675 | 0.384** | 1 | | |
| RE | 3.693 | 0.707 | 0.180** | 0.303** | 1 | |
| CP | 3.718 | 0.545 | 0.456** | 0.391** | 0.233** | 1 |

注：** 表示 $p < 0.01$，RA——关系行为治理机制，RC——关系控制治理机制，RE——关系激励治理机制，CP——知识链组织绩效

通过结构方程来分析知识链关系治理机制对知识链组织合作绩效的影响作用，将关系行为治理机制、关系控制治理机制和组织合作绩效同时纳入结构方程模型中，模型拟合指标以及模型如表 9.28 和图 9.9 所示，模型拟合程度较好，可以用来对理论假设进行分析。

表 9.28 知识链关系治理机制与知识链组织合作绩效的模型拟合程度指标

| $\chi^2$ | $df$ | $\chi^2/df$ | $P$ | RMSEA | GFI | AGFI | NFI | IFI | CFI |
|------|------|-------------|-----|-------|-----|------|-----|-----|-----|
| 521.357 | 350 | 1.490 | 0.000 | 0.037 | 0.912 | 0.890 | 0.874 | 0.955 | 0.954 |

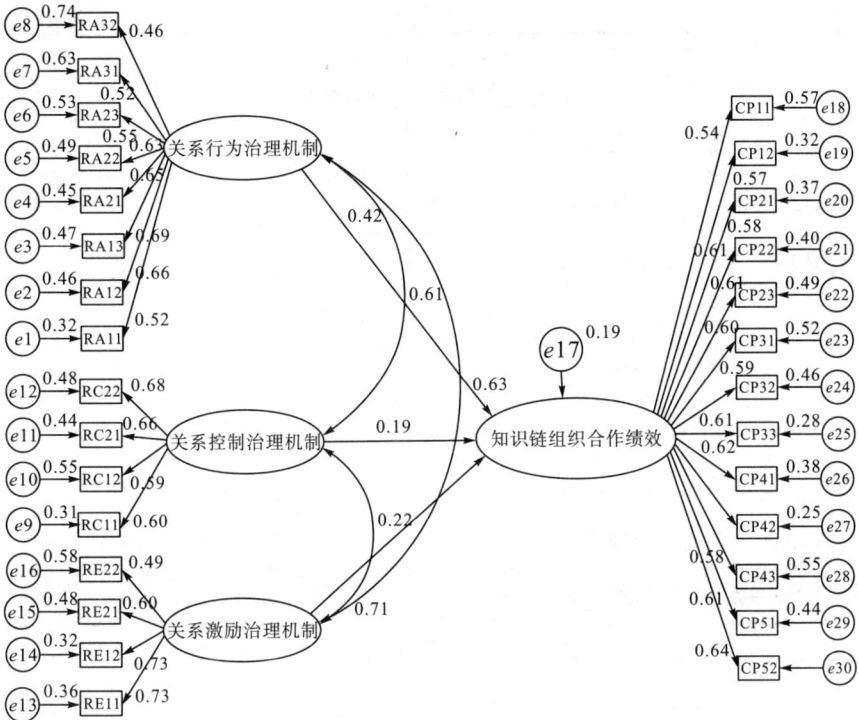

**图 9.9　知识链关系治理机制对知识链组织合作绩效的影响（标准化路径系数）**

由表 9.29 所示，关系行为治理机制、关系控制治理机制、关系激励治理机制对知识链组织合作绩效均具有显著正向影响作用，其标准化回归系数分别为 $\beta = 0.631$，$\beta = 0.193$，$\beta = 0.712$（$p < 0.001$），研究假设 H1、H1a、H1b、H1c 得到验证。

表 9.29　知识链关系治理机制与知识链组织合作绩效的模型主要路径系数

| 变量 | Estimate（标准化） | Estimate（非标准化） | S. E. | C. R. | $p$ |
|---|---|---|---|---|---|
| 知识链组织合作绩效<---关系行为治理机制 | 0.631 | 0.59 | 0.131 | 4.519 | * * * |
| 知识链组织合作绩效<---关系控制治理机制 | 0.193 | 0.171 | 0.108 | 1.588 | * * * |
| 知识链组织合作绩效<---关系激励治理机制 | 0.712 | 0.124 | 0.066 | 1.879 | * * * |

| 变量 | Estimate（标准化） | Estimate（非标准化） | S. E. | C. R. | p |
|---|---|---|---|---|---|
| RA11<---关系行为治理机制 | 0.487 | 1.000 | | | |
| RA12<---关系行为治理机制 | 0.616 | 1.374 | 0.158 | 8.679 | *** |
| RA13<---关系行为治理机制 | 0.666 | 1.583 | 0.202 | 7.83 | *** |
| RA21<---关系行为治理机制 | 0.623 | 1.385 | 0.183 | 7.56 | *** |
| RA22<---关系行为治理机制 | 0.591 | 1.325 | 0.181 | 7.333 | *** |
| RA23<---关系行为治理机制 | 0.537 | 1.201 | 0.171 | 7.013 | *** |
| RA31<---关系行为治理机制 | 0.509 | 1.302 | 0.192 | 6.788 | *** |
| RA32<---关系行为治理机制 | 0.454 | 1.134 | 0.181 | 6.267 | *** |
| RC11<---关系控制治理机制 | 0.501 | 1.000 | | | |
| RC12<---关系控制治理机制 | 0.504 | 0.937 | 0.111 | 8.412 | *** |
| RC21<---关系控制治理机制 | 0.684 | 1.306 | 0.165 | 7.913 | *** |
| RC22<---关系控制治理机制 | 0.717 | 1.464 | 0.182 | 8.041 | *** |
| RE11<---关系激励治理机制 | 0.758 | 1.000 | | | |
| RE12<---关系激励治理机制 | 0.758 | 0.935 | 0.077 | 12.084 | *** |
| RE21<---关系激励治理机制 | 0.542 | 0.637 | 0.069 | 9.177 | *** |
| RE22<---关系激励治理机制 | 0.465 | 0.571 | 0.077 | 7.414 | *** |
| CP11<---知识链组织合作绩效 | 0.527 | 1.000 | | | |
| CP12<---知识链组织合作绩效 | 0.547 | 1.050 | 0.107 | 9.827 | *** |
| CP21<---知识链组织合作绩效 | 0.555 | 1.079 | 0.136 | 7.906 | *** |
| CP22<---知识链组织合作绩效 | 0.58 | 1.097 | 0.135 | 8.116 | *** |
| CP23<---知识链组织合作绩效 | 0.604 | 1.161 | 0.139 | 8.344 | *** |
| CP31<---知识链组织合作绩效 | 0.638 | 1.122 | 0.13 | 8.61 | *** |

| 变量 | Estimate<br>（标准化） | Estimate<br>（非标准化） | S. E. | C. R. | p |
|---|---|---|---|---|---|
| CP32<---知识链组织合作绩效 | 0.591 | 1.100 | 0.134 | 8.231 | *** |
| CP33<---知识链组织合作绩效 | 0.593 | 1.136 | 0.138 | 8.224 | *** |
| CP41<---知识链组织合作绩效 | 0.593 | 1.068 | 0.13 | 8.242 | *** |
| CP42<---知识链组织合作绩效 | 0.552 | 1.045 | 0.133 | 7.876 | *** |
| CP43<---知识链组织合作绩效 | 0.542 | 1.048 | 0.135 | 7.785 | *** |
| CP51<---知识链组织合作绩效 | 0.581 | 1.131 | 0.14 | 8.067 | *** |
| CP52<---知识链组织合作绩效 | 0.627 | 1.164 | 0.137 | 8.522 | *** |

## 9.4.2 知识流动对知识链合作绩效的影响

本部分首先计算了知识流动与知识链组织合作绩效的 Pearson 相关系数，具体结果如表 9.30 所示，知识共享和知识创造与知识链组织合作绩效之间均存在显著的正相关关系，分别为 $r=0.362**$，$r=0.470**$（$p<0.01$），而且这些变量之间不存在多重共线性的问题。

表 9.30 知识流动与知识链组织合作绩效的 Pearson 相关系数表（$N=366$）

| 变量 | 均值 | 标准差 | KF1 | KF2 | CP |
|---|---|---|---|---|---|
| KF1 | 3.718 | 0.545 | 1 | | |
| KF2 | 3.796 | 0.701 | 0.416** | 1 | |
| CP | 3.795 | 0.764 | 0.362** | 0.470** | 1 |

注：** 表示 $p<0.01$，KF1——知识共享，KF2——知识创造，CP——知识链组织绩效

用结构方程分析知识流动对知识链组织合作绩效的影响作用，将知识共享、知识创造和组织合作绩效同时纳入结构方程模型，模型拟合指标以及模型图如表 9.31 和图 9.10 所示，模型拟合程度较好，可以用来对理论假设进行分析。

表 9.31　知识流动与知识链组织合作绩效的模型拟合程度指标

| $\chi^2$ | $df$ | $\chi^2/df$ | $p$ | RMSEA | GFI | AGFI | NFI | IFI | CFI |
|---|---|---|---|---|---|---|---|---|---|
| 191.704 | 104 | 1.843 | 0.030 | 0.048 | 0.945 | 0.918 | 0.992 | 0.939 | 0.971 |

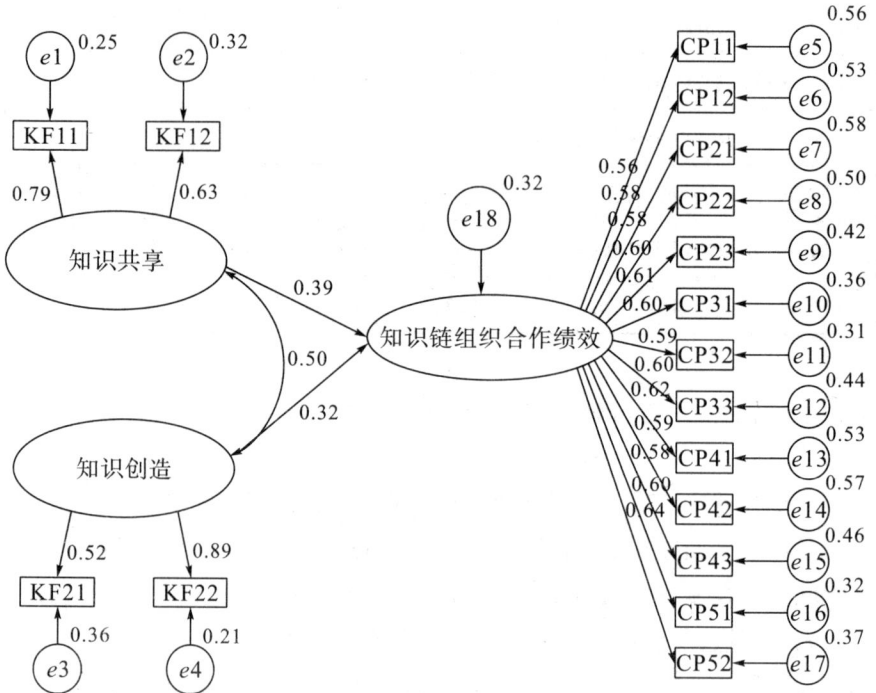

图 9.10　知识流动对知识链组织合作绩效的影响（标准化路径系数）

如表 9.32 所示，知识共享和知识创造对知识链组织合作绩效均具有显著正向影响作用，其标准化回归系数分别为 $\beta = 0.391$，$\beta = 0.324$（$p < 0.001$），研究假设 H2、H2a、H2b 得到验证。

表 9.32　知识流动与知识链组织合作绩效的模型主要路径系数

| 变量 | Estimate（标准化） | Estimate（非标准化） | S. E. | C. R. | $p$ |
|---|---|---|---|---|---|
| 知识链组织合作绩效<---知识共享 | 0.391 | 0.296 | 0.052 | 5.731 | *** |
| 知识链组织合作绩效<---知识创造 | 0.324 | 0.216 | 0.040 | 5.410 | *** |
| CP11<---知识链组织合作绩效 | 0.557 | 1.000 | | | |
| CP12<---知识链组织合作绩效 | 0.579 | 1.051 | 0.105 | 9.983 | *** |

| 变量 | Estimate（标准化） | Estimate（非标准化） | S. E. | C. R. | p |
|---|---|---|---|---|---|
| CP21<---知识链组织合作绩效 | 0.578 | 1.043 | 0.132 | 7.911 | *** |
| CP22<---知识链组织合作绩效 | 0.597 | 1.051 | 0.130 | 8.077 | *** |
| CP23<---知识链组织合作绩效 | 0.607 | 1.161 | 0.136 | 8.546 | *** |
| CP31<---知识链组织合作绩效 | 0.587 | 1.061 | 0.125 | 8.519 | *** |
| CP32<---知识链组织合作绩效 | 0.596 | 1.026 | 0.128 | 8.042 | *** |
| CP33<---知识链组织合作绩效 | 0.580 | 1.090 | 0.133 | 8.188 | *** |
| CP41<---知识链组织合作绩效 | 0.621 | 1.096 | 0.128 | 8.569 | *** |
| CP42<---知识链组织合作绩效 | 0.587 | 1.081 | 0.132 | 8.196 | *** |
| CP43<---知识链组织合作绩效 | 0.578 | 1.039 | 0.131 | 7.905 | *** |
| CP51<---知识链组织合作绩效 | 0.596 | 1.100 | 0.135 | 8.117 | *** |
| CP52<---知识链组织合作绩效 | 0.635 | 1.132 | 0.132 | 8.582 | *** |
| KF11<---知识共享 | 0.786 | 1.000 | | | |
| KF12<---知识共享 | 0.628 | 1.413 | 0.093 | 15.256 | *** |
| KF22<---知识创造 | 0.877 | 1.000 | | | |
| KF21<---知识创造 | 0.519 | 1.194 | 0.055 | 21.801 | *** |

## 9.4.3　关系治理机制对知识流动的影响

本部分计算了知识链关系治理机制与知识流动的 Pearson 相关系数，具体结果如表9.33所示，关系行为治理机制、关系控制治理机制、关系激励治理机制与知识流动之间均存在显著的正相关关系，分别为 $r=0.356^{**}$，$r=0.347^{**}$、$r=0.154^{**}$（$p<0.01$），而且这些变量之间不存在多重共线性的问题。

表 9.33　知识链关系治理机制与知识流动的 Pearson 相关系数表（$N=366$）

| 变量 | 均值 | 标准差 | RA | RC | RE | CP |
|---|---|---|---|---|---|---|
| RA | 3.753 | 0.583 | 1 | | | |
| RC | 3.717 | 0.675 | 0.384** | 1 | | |
| RE | 3.693 | 0.707 | 0.180** | 0.303** | 1 | |
| KF | 3.748 | 0.675 | 0.356** | 0.347** | 0.154** | 1 |

注：**表示 p<0.01，RA——关系行为治理机制，RC——关系控制治理机制，RE——关系激励治理机制，KF——知识流动

采用结构方程模型分析关系行为治理机制、关系控制治理机制、关系激励治理机制对知识链中知识流动的影响作用，将这些变量同时纳入结构方程模型（如图 9.11 所示），如表 9.34 所示，模型各项拟合指标均达到参考值，说明模型拟合程度较好，可以用来理论讨论。但从该表模型路径系数中发现，关系激励治理机制对知识流动的作用并不显著（$p=0.074>0.05$）。

表 9.34　知识链关系治理机制与知识流动的模型拟合程度指标

| $\chi^2$ | $df$ | $\chi^2/df$ | $P$ | RMSEA | GFI | AGFI | NFI | IFI | CFI |
|---|---|---|---|---|---|---|---|---|---|
| 220.317 | 146 | 1.509 | 0.030 | 0.037 | 0.942 | 0.917 | 0.992 | 0.976 | 0.975 |

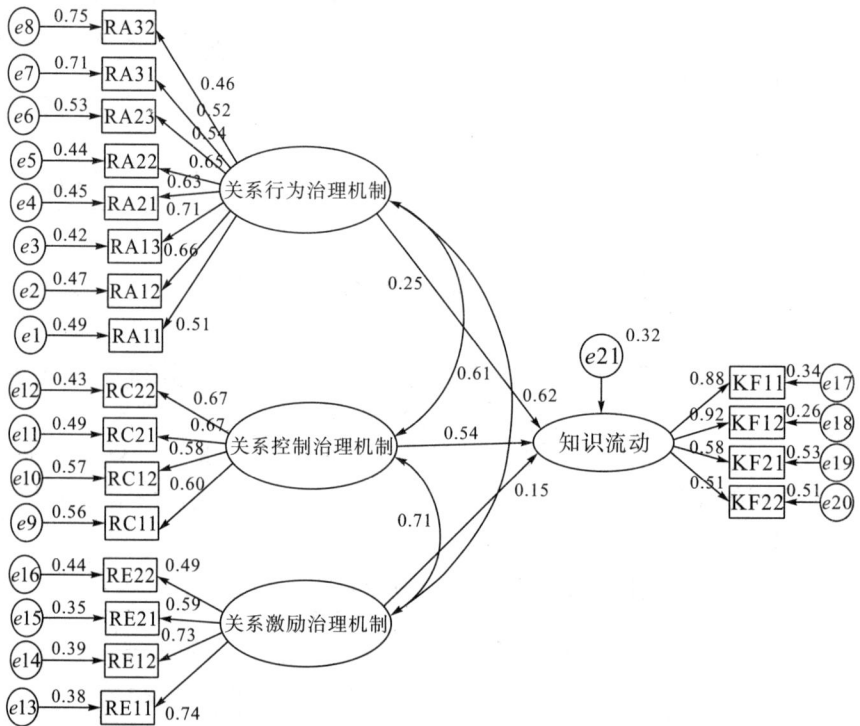

图 9.11　知识链关系治理机制对知识流动的影响（标准化路径系数）

从表 9.35 模型路径系数中发现，关系行为治理机制和关系控制治理机制对知识链中知识流动有显著正向影响作用，其标准化回归系数分别为 $\beta=0.62$ 和 $\beta=0.54$（$p<0.001$），但是关系激励治理机制对知识流动的

作用并不显著（$p=0.074>0.05$）。故而假设 H3a 和 H3b 得到验证，而假设 H3c 不支持。

表 9.35　知识链关系治理机制与知识流动的模型主要路径系数

| 变量 | Estimate（标准化） | Estimate（非标准化） | S. E. | C. R. | p |
|---|---|---|---|---|---|
| 知识流动<---关系行为治理机制 | 0.621 | 0.581 | 0.164 | 3.535 | *** |
| 知识流动<---关系控制治理机制 | 0.536 | 0.164 | 0.132 | 1.248 | *** |
| 知识流动<---关系激励治理机制 | 0.152 | 0.147 | 0.082 | 1.786 | 0.074 |
| RA11<---关系行为治理机制 | 0.487 | 1.000 | | | |
| RA12<---关系行为治理机制 | 0.614 | 1.370 | 0.160 | 8.575 | *** |
| RA13<---关系行为治理机制 | 0.721 | 1.712 | 0.215 | 7.954 | *** |
| RA21<---关系行为治理机制 | 0.629 | 1.398 | 0.184 | 7.610 | *** |
| RA22<---关系行为治理机制 | 0.592 | 1.322 | 0.180 | 7.338 | *** |
| RA23<---关系行为治理机制 | 0.511 | 1.143 | 0.168 | 6.806 | *** |
| RA31<---关系行为治理机制 | 0.538 | 1.374 | 0.200 | 6.863 | *** |
| RA32<---关系行为治理机制 | 0.416 | 1.034 | 0.176 | 5.861 | *** |
| RC11<---关系控制治理机制 | 0.500 | 1.000 | | | |
| RC12<---关系控制治理机制 | 0.567 | 1.040 | 0.125 | 8.319 | *** |
| RC21<---关系控制治理机制 | 0.693 | 1.304 | 0.167 | 7.825 | *** |
| RC22<---关系控制治理机制 | 0.717 | 1.443 | 0.186 | 7.771 | *** |
| RE11<---关系激励治理机制 | 0.794 | 1.000 | | | |
| RE12<---关系激励治理机制 | 0.742 | 0.873 | 0.076 | 11.428 | *** |
| RE21<---关系激励治理机制 | 0.613 | 0.684 | 0.075 | 9.150 | *** |
| RE22<---关系激励治理机制 | 0.410 | 0.479 | 0.070 | 6.885 | *** |
| KF11<---知识流动 | 0.881 | 1.000 | | | |
| KF12<---知识流动 | 0.925 | 1.150 | 0.079 | 14.578 | *** |
| KF21<---知识流动 | 0.582 | 0.713 | 0.066 | 10.772 | *** |
| KF22<---知识流动 | 0.512 | 0.610 | 0.066 | 9.183 | *** |

## 9.4.4 知识流动的中介作用检验

在本部分中，知识链关系治理机制（RGM）为自变量，知识链组织合作绩效（CP）为因变量，知识链中知识流动（KF）为中介变量。通过前文的分析，各变量之间相关关系得到了验证。首先，自变量和因变量之间有显著的相关关系；其次，中介变量与因变量之间有显著的相关关系；再次，中介变量与自变量之间有显著相关关系，由此数据具备了中介作用分析的条件。公式（9-6）为知识链关系治理机制对知识链组织合作绩效的直接效应，公式（9-5）和（9-7）是知识流动的中介效应，其中 $e_i$（$i=1$，2，3）为随机误差。知识流动中介效果成立需要经历以下几个步骤：公式（9-5）中系数 $a \neq 0$ 且显著；公式（9-6）中 $c \neq 0$ 且总体效果显著；公式（9-7）中 $b \neq 0$ 且显著时，当 $c' \neq 0$ 代表知识流动具有部分中介效应，而当 $c'=0$ 时知识流动具有完全中介效应。三个变量的关系如图 9-12 所示。

$$KF = aRGM + e_1 \quad\quad (9-5)$$

$$CP = cRGM + e_2 \quad\quad (9-6)$$

$$CP = bKF + c'RGM + e_3 \quad\quad (9-7)$$

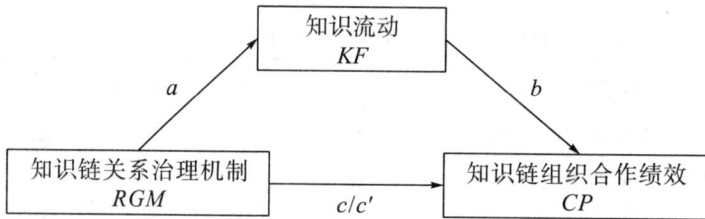

图 9.12　中介效应分析图

笔者将采用 SEM 中的信赖区间法（Bootstrap Method）检验知识流动在知识链关系治理机制与组织合作绩效中的中介作用。Boostraping 在统计过程中不受抽样分布形态的限制，在运用原始数据进行检验时，笔者将 Bootstrap 样本设为 1000，置信区间设定为 0.95。将知识流动、知识链关系治理机制与组织合作绩效纳入结构方程模型中，得到的分析路径以及模型拟合指标表（如图 9.13 和表 9.36 所示）。

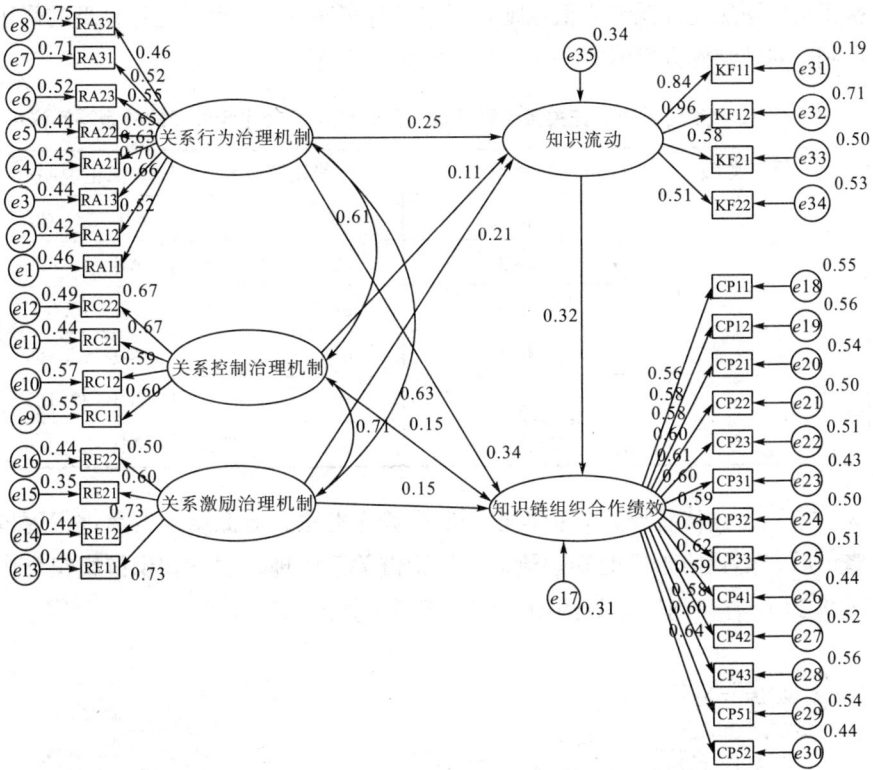

图 9.13 知识流动在知识链关系治理机制与知识链组织合作绩效间的中介作用

表 9.36 知识流动在知识链关系治理机制与知识链组织合作绩效间的模型拟合程度指标

| $\chi^2$ | $df$ | $\chi^2/df$ | $p$ | RMSEA | GFI | AGFI | NFI | IFI | CFI |
|---|---|---|---|---|---|---|---|---|---|
| 220.317 | 146 | 1.509 | 0.000 | 0.087 | 0.902 | 0.847 | 0.879 | 0.901 | 0.912 |

但由表 9.36 的数据可见,此结构方程模型的拟合程度指标并未全部达到参考标准,因而还需要对模型进行修正和优化。学者吴明隆指出当所提出的假设模型在经过适配度检验无法与观察数据适配时,就需要通过以下两个方法对模型进行修正:一是将不合理的影响路径或是没有达到显著性水平影响的路径删除;二是参考 AMOS 软件分析结果中的修正指数(Modification Indices,MI)数据来判别。笔者根据以上两种方法对模型进行修正和优化,但在使用修正指标对模型进行修正时,原则上每次只修改一个参数,并从最大值开始估算。同时,修正指标的改变必须配合期望参数的改变,若通过此

修正可以明显地降低卡方值，则修正才具有实质意义。根据上述模型的修正原则，对此结构方程模型进行修正，如表9.37所示。

表 9.37　知识流动在知识链关系治理机制与知识链组织合作绩效间的模型路径修正

| 修正类型 | 路径类型 | 修正路径 | 修正说明 |
|---|---|---|---|
| 增加 | 相关 | e32<-->e34 | MI=281.307 |
| | 相关 | e29<-->e30 | MI=58.500 |
| | 相关 | e27<-->e28 | MI=45.960 |
| | 相关 | e18<-->e19 | MI=52.486 |
| | 相关 | e7<-->e8 | MI=52.137 |
| | 相关 | e24<-->e25 | MI=35.236 |

按照上述修正原则，根据模型路径修正办法，对此结构方程进行逐步修正后，得到修正后的知识流动对知识链关系治理机制与知识链组织合作图 9.14 中有"间"绩效的中介作用模型，如图9.14所示。

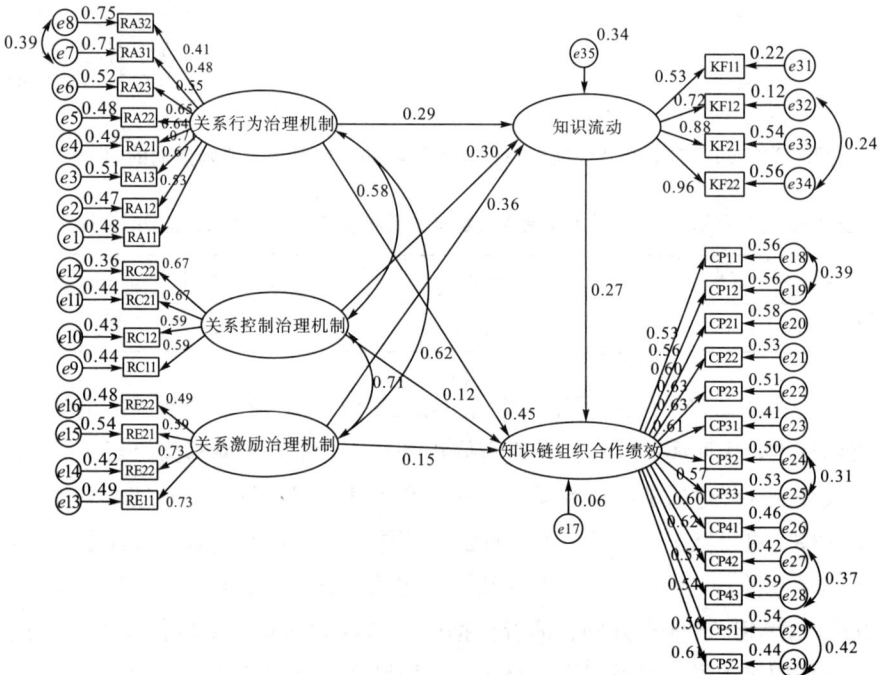

图 9.14　修正后知识流动在知识链关系治理机制与知识链组织合作绩效的中介作用

修正后模型的各项拟合指标如表 9.38 所示，比起原模型有较大改善，所有指标都在标准值范围内。因而，修正后的模型相对原模型更加有效，具有进行理论分析的意义。

表 9.38　修正后模型拟合程度指标

| $\chi^2$ | $df$ | $\chi^2/df$ | $p$ | RMSEA | GFI | AGFI | NFI | IFI | CFI |
|---|---|---|---|---|---|---|---|---|---|
| 603.177 | 454 | 1.329 | 0.000 | 0.030 | 0.910 | 0.901 | 0.914 | 0.971 | 0.970 |

其中，$\chi^2/df = 1.329$ 小于 3 代表理想水平，RMSEA $= 0.030$ 小于 0.08 达到理想水平，同时 GFI $= 0.910$、AGFI $= 0.901$、NFI $= 0.914$、IFI $= 0.971$ 和 CFI $= 0.970$ 均大于 0.90，表示模型适配度良好，可以对理论假设进行分析。

由表 9.39 修正后模型路径系数数据可见，当知识流动加入知识链关系治理机制与知识链组织合作绩效之间后，关系控制治理机制和关系激励治理机制与知识链组织合作绩效之间的相关关系由显著正相关变为不显著相关（$\beta = 0.117$，$p = 0.057 > 0.05$；$\beta = 0.147$，$p = 0.088 > 0.05$），这说明关系控制治理机制与关系激励治理机制对知识链组织合作绩效的影响完全通过知识流动得以实现，其中介效应值分别约等于 0.081（0.301×0.269）和 0.097（0.361×0.269）。关系行为治理机制与知识链组织合作绩效之间关系仍然显著（$\beta = 0.290^{***}$，$p < 0.001$），这说明关系行为治理机制对知识链组织合作绩效的影响一方面会通过知识流动间接影响知识链组织合作绩效，另一方面也会直接影响知识链组织合作绩效，即知识流动在这两个变量之间起到部分中介作用，其中介效应值约为 0.078（0.290×0.269），总效应 $= 0.078 + 0.449 = 0.527$，中介效应占总效应的 14.80%（0.078/0.527×100）。因而，知识流动在知识链关系治理机制与知识链组织合作绩效中起到中介作用，故假设 H4、H4a、H4b、H4c 得到验证。

表 9.39　修正后模型路径系数

| 变量 | Estimate（标准化） | Estimate（非标准化） | S. E. | C. R. | P |
|---|---|---|---|---|---|
| 知识流动<---关系行为治理机制 | 0.290 | 0.480 | 0.015 | 3.025 | *** |
| 知识流动<---关系控制治理机制 | 0.301 | 0.381 | 0.056 | 1.093 | *** |
| 知识流动<---关系激励治理机制 | 0.361 | 0.421 | 0.095 | 1.757 | *** |

| 变量 | Estimate（标准化） | Estimate（非标准化） | S. E. | C. R. | P |
|---|---|---|---|---|---|
| 知识链组织合作绩效<---关系行为治理机制 | 0.449 | 0.480 | 0.117 | 4.102 | *** |
| 知识链组织合作绩效<---关系控制治理机制 | 0.117 | 0.067 | 0.035 | 1.905 | 0.057 |
| 知识链组织合作绩效<---关系激励治理机制 | 0.147 | 0.104 | 0.061 | 1.704 | 0.088 |
| 知识链组织合作绩效<---知识流动 | 0.269 | 0.174 | 0.037 | 4.765 | *** |
| RA11<---关系行为治理机制 | 0.494 | 1.000 | | | |
| RA12<---关系行为治理机制 | 0.610 | 1.337 | 0.155 | 8.632 | *** |
| RA13<---关系行为治理机制 | 0.632 | 1.479 | 0.194 | 7.621 | *** |
| RA21<---关系行为治理机制 | 0.580 | 1.265 | 0.174 | 7.268 | *** |
| RA22<---关系行为治理机制 | 0.601 | 1.323 | 0.178 | 7.418 | *** |
| RA23<---关系行为治理机制 | 0.549 | 1.209 | 0.171 | 7.077 | *** |
| RA31<---关系行为治理机制 | 0.526 | 1.325 | 0.191 | 6.936 | *** |
| RA32<---关系行为治理机制 | 0.445 | 1.096 | 0.177 | 6.193 | *** |
| RC11<---关系控制治理机制 | 0.780 | 1.000 | | | |
| RC12<---关系控制治理机制 | 0.651 | 0.766 | 0.086 | 8.912 | *** |
| RC21<---关系控制治理机制 | 0.656 | 0.793 | 0.085 | 9.318 | *** |
| RC22<---关系控制治理机制 | 0.769 | 0.980 | 0.101 | 9.731 | *** |
| RE11<---关系激励治理机制 | 0.649 | 1.000 | | | |
| RE12<---关系激励治理机制 | 0.658 | 0.946 | 0.092 | 10.248 | *** |
| RE21<---关系激励治理机制 | 0.705 | 0.969 | 0.113 | 8.542 | *** |
| RE22<---关系激励治理机制 | 0.585 | 0.840 | 0.108 | 7.777 | *** |
| CP11<---知识链组织合作绩效 | 0.478 | 1.000 | | | |
| CP12<---知识链组织合作绩效 | 0.552 | 1.176 | 0.131 | 8.983 | *** |
| CP21<---知识链组织合作绩效 | 0.547 | 1.178 | 0.160 | 7.357 | *** |
| CP22<---知识链组织合作绩效 | 0.567 | 1.186 | 0.158 | 7.498 | *** |
| CP23<---知识链组织合作绩效 | 0.601 | 1.278 | 0.165 | 7.754 | *** |
| CP31<---知识链组织合作绩效 | 0.627 | 1.220 | 0.154 | 7.920 | *** |
| CP32<---知识链组织合作绩效 | 0.577 | 1.188 | 0.157 | 7.583 | *** |
| CP33<---知识链组织合作绩效 | 0.577 | 1.226 | 0.162 | 7.575 | *** |
| CP41<---知识链组织合作绩效 | 0.588 | 1.173 | 0.153 | 7.662 | *** |

| 变量 | Estimate（标准化） | Estimate（非标准化） | S. E. | C. R. | P |
|---|---|---|---|---|---|
| CP42<---知识链组织合作绩效 | 0.547 | 1.146 | 0.156 | 7.354 | *** |
| CP43<---知识链组织合作绩效 | 0.538 | 1.153 | 0.158 | 7.292 | *** |
| CP51<---知识链组织合作绩效 | 0.584 | 1.260 | 0.166 | 7.581 | *** |
| CP52<---知识链组织合作绩效 | 0.636 | 1.308 | 0.164 | 7.979 | *** |
| KF11<---知识流动 | 0.812 | 1.000 | | | |
| KF12<---知识流动 | 1.008 | 1.355 | 0.071 | 18.975 | *** |
| KF21<---知识流动 | 0.522 | 0.690 | 0.064 | 10.794 | *** |
| KF22<---知识流动 | 0.455 | 0.589 | 0.065 | 9.057 | *** |

## 9.5　实证结果与讨论

表9.40是笔者所有的研究假设检验结果汇总，可以看出本研究提出的关于知识链关系治理机制对知识链组织合作绩效的作用以及知识流动在关系治理机制与知识链组织合作绩效所起的中介作用的绝大部分假设得到验证和支持，仅有少数研究假设未得到研究数据的支持。由此可见，本研究所提出的研究假设在设计上总体上是较为科学合理的，收集的数据也较为可靠，从而保证了本研究所得到的研究结果的可靠性。

表 9.40　研究假设验证结果统计

| 因子间关系 | 假设 | 假设内容 | 验证结果 |
|---|---|---|---|
| 关系治理机制与知识链组织合作绩效 | H1 | 关系治理机制对知识链组织合作绩效具有显著正向影响 | 支持 |
| | H1a | 关系行为治理机制对知识链组织合作绩效具有正向促进作用 | 支持 |
| | H1b | 关系控制治理机制对知识链组织合作绩效具有正向促进作用 | 支持 |
| | H1c | 关系激励治理机制对知识链组织合作绩效具有正向促进作用 | 支持 |

| 因子间关系 | 假设 | 假设内容 | 验证结果 |
|---|---|---|---|
| 知识流动与知识链组织合作绩效 | H2 | 知识链中，知识流动对知识链组织合作绩效具有正向影响 | 支持 |
| | H2a | 知识链中，知识共享对知识链组织合作绩效具有正向促进作用 | 支持 |
| | H2b | 知识链中，知识创造对知识链组织合作绩效具有正向促进作用 | 支持 |
| 知识链关系治理机制与知识流动 | H3 | 知识链中，关系治理机制对知识流动具有显著的促进作用 | 部分支持 |
| | H3a | 知识链中，关系行为治理机制对知识流动具有显著的促进作用 | 支持 |
| | H3b | 知识链中，关系控制治理机制对知识流动具有显著的促进作用 | 支持 |
| | H3c | 知识链中，关系激励治理机制对知识流动具有显著的促进作用 | 不支持 |
| 知识流动在关系治理机制与知识链组织合作绩效的中介作用 | H4 | 知识流动在关系知识治理机制与知识链组织合作绩效之间具有中介作用 | 支持 |
| | H4a | 知识流动在关系行为治理机制与知识链组织合作绩效之间具有中介作用 | 支持 |
| | H4b | 知识流动在关系控制治理机制与知识链组织合作绩效之间具有中介作用 | 支持 |
| | H4c | 知识流动在关系激励治理机制与知识链组织合作绩效之间具有中介作用 | 支持 |

## 9.5.1 关系治理机制正向影响知识链合作绩效

由上文实证分析结果可见，知识链关系治理机制由关系行为治理机制、关系控制治理机制和关系激励机制三个维度构成，笔者采用366份调查问卷，分析了知识链关系治理机制与知识链组织合作绩效之间的关系，实证结果发现：知识链关系治理机制对知识链组织合作绩效具有显著正向影响。具体从以下几个方面进行解释：

第一，关系行为治理机制对知识链组织合作绩效存在显著正向影响。本书探究的知识链关系行为治理机制主要从决策协调、合作文化和联合制裁三个方面进行衡量，通过关系行为治理机制能够对知识链中合作组织间的相关决策、利益、矛盾、冲突以及泄露信息等行为进行有效的协调和治理。因而，促使知识链中组织成员间的关系更加和谐，降低冲突发生的概率，进而促进知识链组织成员间的合作，加速知识的共享和创造，从而提高合作绩效。

第二，关系控制治理机制对知识链组织合作绩效存在显著正向影响。通过关系控制治理机制，一方面对知识链的合作组织的数量进行了很好的控制，有效减少了合作组织间协调的次数和频率，有助于提高组织间合作的效率；另一方面提高了知识链中合作组织间的信任程度，并对个别组织间过度信任进行了控制，有助于促进组织间知识的共享，尤其是核心知识和关键信息的共享，从而提高了知识链组织合作绩效。

第三，关系激励治理机制对知识链组织合作绩效存在显著正向影响。这是因为知识链中核心企业通过关系激励治理机制使得知识链中组织成员间的关系更加稳定，对合作伙伴的不同行为给予一定的奖励和惩罚，使得知识链中合作组织实现利益最大化，进而有利于知识链组织合作绩效的提高。

## 9.5.2　知识流动正向影响知识链合作绩效

由上文实证分析结果可见，知识链中知识流动由知识共享和知识创造二个维度构成，笔者用 366 份调查问卷分析了知识流动与知识链组织合作绩效之间的关系，实证结果发现：知识流动对知识链组织合作绩效具有显著正向影响。具体从以下几个方面进行解释：

第一，知识共享对知识链组织合作绩效具有显著正向影响。知识链中的组织通过知识共享能够有效地弥补知识差距，提高组织知识存量，减少从外部学习和获取知识的成本和时间，进而降低管理和产品生产的成本，对知识链组织合作绩效产生影响。

第二，知识创造对知识链组织合作绩效具有显著正向影响。这是因为知识链中的组织在知识共享的基础上对大量的知识以及信息进行整合、转化和吸收，进而实现了知识创造。将这部分新知识运用到知识链核心企业的管理和产品的生产经营中，能够提高企业的市场竞争能力，有助于实现知识链组织合作的目标，促进知识链组织合作绩效的提高。

### 9.5.3 关系治理机制正向影响知识流动

笔者用 366 份调查问卷分析了知识链关系治理机制与知识流动的关系,实证结果发现:知识链关系治理机制对知识流动具有部分正向影响。具体从以下几个方面进行解释:

第一,关系行为治理机制对知识流动具有显著正向影响。通过关系行为治理机制,更好地协调和解决了知识链中合作伙伴的冲突,同时通过合作文化机制使得组织能够更好地协调局部利益和整体利益的关系,并通过联合制裁机制使合作组织成员更加遵守相关约定,这就为知识链组织间知识流动创造了良好的环境和氛围。

第二,关系控制治理机制对知识流动具有显著正向影响。关系控制治理机制增加了组织间的信任程度,消除了过分信任所带来的不良影响,组织间信任会直接影响知识流动的效率。同时,通过限制进入措施对进入知识链的组织进行很好的筛选和控制,不仅提高了合作伙伴的质量,也减少了组织间的协调次数,无疑为知识链的良好运行提高了条件,也为组织间知识的流动提供了顺畅的通道。

第三,关系激励治理机制对知识流动不具有显著正向影响。可能是因为在对知识链组织成员进行激励的过程中,一方面激励的力度不够,达不到组织成员所期望的水平,进而没有更多的积极性进行知识共享和创新;另一方面激励的水平较低,组织成员无法从这些激励措施中获得长远的利益,只有短暂的收益,因而不愿将其核心知识进行共享,担心失去竞争优势。

### 9.5.4 知识流动的中介作用

笔者探究了知识流动在知识链关系治理机制和知识链组织合作绩效之间的中介作用,结果表明:知识流动在知识链关系行为治理机制与知识链组织合作绩效之间起到部分中介作用,而在关系控制治理机制、关系激励治理机制与知识链组织合作绩效间起到完全中介作用。对这一研究结果的解释是,一方面关系行为治理机制在对知识链组织成员之间的冲突、利益、矛盾、文化等行为进行协调的过程中,有利于合作组织间进行知识共享和创新，进而提高知识链组织合作绩效。但是毕竟组织类型以及各自的利益和目标不同，并不是所有组织都能真正实现对核心技术和知识的共享，进而一定程度上影响知识流动，势必会对组织合作绩效产生影响，最终只起到了部分中介作用。另一方面关系控制治理机制与关系激励治理机制主要针对的是组织成员间信任和激励问题，这对知识链组织成员间知识共享和创新的积极性有着较大的影响和推动力，更能影响知识链组织合作绩效，因而知识流动在关系控制治理机制和关系激励治理机制间起到了完全中介作用。

## 9.6　本章小结

本章为本书的实证研究部分，根据正式调研的样本数据，通过统计分析软件对概念模型以及研究假设进行了检验。首先，对本研究问卷调查设计的原则、变量测量以及数据收集情况进行阐述。其次，运用 SPSS 22.0 软件对 366 份有效问卷进行描述性统计分析，并对各变量数据的信度和效度进行检验。在此基础上，运用结构方程建模软件 AMOS 22.0，引入知识流动为中介变量，对知识链关系治理机制对组织合作绩效的影响路径进行实证分析，明晰了关系治理机制作用机理。实证研究结果表明：知识链关系治理机制对知识链组织合作绩效具有显著正向影响，同时知识流动对知识链组织合作绩效也具有显著正向影响，但知识链关系治理机制对知识流动只具有部分正向影响，其中关系激励机制对知识链中知识流动的影响并不十分显著；知识流动在知识链关系行为治理机制与知识链组织合作绩效之间起到部分中介作用，而在关系控制治理机制、关系激励治理机制与知识链组织合作绩效间起到完全中介作用。通过实证分析结果，我们发现知识链中的企业可以根据知识链组织合作情况采用关系治理机制对组织间关系进行协调，尤其是在知识链组织间知识共享和知识创造过程中，充分发挥关系治理机制的作用，促进知识流动，以此提高知识链组织合作绩效。

# 10  总结和展望

本书基于跨组织关系演化探究知识链关系治理，在分析知识链组织间关系演化以及关系特征的基础上，从知识链核心企业的角度出发，探究知识链组织成员间最优控制权配置相关问题，并进一步研究成员间关系强度的影响因素以及关系强度变化对知识链中知识流动的影响。为更好地解决知识链中组织间关系治理问题，本书构建了知识链关系治理机制体系，并通过实证分析，研究关系治理机制对知识链组织合作绩效的影响。本章主要对前面已完成的研究工作进行总结，探究知识链关系治理的实现途径，指出本研究的局限并对未来的研究做出展望。

## 10.1  研究结论

本书以知识链生命周期理论、组织间关系理论、治理理论、组织间信任理论以及激励理论等为支撑，通过演化博弈、系统动力学、问卷调查和实证研究，对知识链组织间关系治理相关问题进行了深入的分析，从组织间关系理论的视角探讨基于跨组织关系演化的知识链关系治理，得出了以下结论：

第一，明晰了知识链组织间关系的动态变化过程以及不同关系阶段知识链关系治理中存在的问题。知识链生命周期中主要经历了酝酿期、组建期、运行期以及解体期四个阶段，结合知识链组织间合作关系发展的特点，明确了知识链组织间合作关系的演化过程，即关系建立、关系运行、关系维护和关系评价四个阶段。在此基础上，分析了知识链中组织关系的三种类型，即合作竞争关系、相互信任关系以及相互依赖关系。根据本研究调研情况，结合知识链组织间关系类型，分析了知识关系治理中存在的问题，包括合作竞争关系风险控制、组织间相互信任关系的建立和拓展以及组织间相互依赖强弱关系的平衡问题。为了解知识链组织间关系的发展规律以及不同阶段组织间关系存在的问题提供了路径，可以更好地帮助知识链核心企业了解复杂的组织合作关系。

第二，分析了知识链的控制权配置对知识创造及创新绩效的作用机理。在知识链关系演化的四个阶段中，合作关系的建立期意味着明确利益分配的开始。本书基于知识链中组织资源依赖关系，界定权力均衡（LS）、代理组织领导（UL）、核心企业领导（DL）等控制权配置模式并进行创新效率的对比分析。研究发现：权力均衡（LS）的"对称依赖"模式较"领导－跟随"型（UL、DL）的"非对称依赖"模式具有更加显著的创新效率优势；知识链的控制权配置影响知识溢出效果，"领导－跟随"型模式下领导者（跟随者）的知识溢出与其创新收益正（负）相关，权力均衡模式下知识链成员的知识溢出与其创新收益呈倒 U 型关系；创新贡献率是引起合作组织利益冲突的主要原因，并使用纳什协商模型检验了通过协商机制解决利益协调问题的有效性。

第三，探究了知识链组织成员关系强度对知识流动的影响。知识链关系运行中，关系强度在不断发生变化。本书从交流频率、维护成本、信任以及互惠性四个方面分析知识链中关系强度的影响因素，运用系统动力学理论进行仿真分析，并验证了不同影响因素的变化对知识流动效果的影响。研究结果表明：组织成员间合作意愿投入变化量与知识链中组织成员关系强度增加以及知识创新和知识流动呈正相关关系；关系强度影响因素信任、互惠性、交流频率和维护成本与知识链组织成员间关系强化和知识流动呈正相关。相较于其他因素，信任度变化对关系强度和知识流动的影响更大。

第四，构建了知识链关系治理机制体系，分析了关系治理机制对知识链组织间关系的作用机理。由于知识链组织间关系是动态、多样和复杂多变的，再加上知识的特殊属性，无法完全通过契约等正式治理机制对其进行治理，因而本书结合知识链组织间关系的特点以及关系治理中存在的问题，构建了知识链关系治理机制体系，包括关系行为治理机制、关系控制治理机制和关系激励治理机制。关系行为治理机制是对知识链合作组织间的动机、利益、决策、机会主义等行为采用的机制，包括决策协调机制、合作文化机制和联合制裁机制；关系控制机制对知识链组织间数量、组织能力和信任程度进行控制，包括限制进入机制以及信任控制机制；关系激励机制从显性激励和隐性激励两个方面出发，对知识链中组织积极进行知识共享和知识创造以及减少机会主义行为进行的激励。同时，本书探讨了知识链关系治理机制的作用机理，以知识链核心企业为主导，通过关系治理机制对合作组织间关系可能会出现的问题进行协调，增强组织间的互动，促进知识流动，进而实现知识链组织间关系治理。

第五，证实了知识链关系治理机制对知识链组织间合作绩效的影响以及知识流动所起到的中介作用，为知识链组织间关系治理实践提供了借鉴意义。通过问卷调查法，分析了知识链关系治理机制、知识流动与组织合作绩效的关系。根据前人对本研究中的关键变量测度的研究结果以及实践中知识链关系治理的情况，整理提出了本研究变量的基本测度与概念模型，然后对有效样本的调查问卷进行信度和效度分析。使用 SPSS 22.0 以及 Amos 22.0 统计软件进行了因子分析、相关性分析和结构方程分析。研究结果表明：①知识链关系治理机制（关系行为治理机制、关系控制治理机制、关系激励治理机制）对知识链组织合作绩效存在显著正向影响；②知识共享和知识创造对组织合作绩效也存在显著正向影响；③知识链关系治理机制、关系行为治理机制与关系控制治理机制对知识链组织间知识流动影响显著，但是关系激励机制对知识流动作用并不十分显著，是由于激励机制并不能很好地满足所有合作成员需要，同时担心核心技术泄露使得关系激励机制效果并不显著；④在探究知识流动中介作用时笔者发现，知识流动在知识链关系行为治理机制与知识链组织合作绩效之间起到部分中介作用，而在关系控制治理机制、关系激励治理机制与知识链组织合作绩效间起到完全中介作用。这些研究结论对知识链中核心企业以及合作组织在进行关系治理具有一定的指导意义。

## 10.2　研究局限与展望

本研究基于跨组织关系演化的知识链关系治理取得了一些新的成果，但是仍然存在一些不足，下一步也需要进一步开展研究工作。

### 10.2.1　研究局限

第一，数据和调查问卷不完善。本书的数据都是通过问卷调查收集而来的，由于研究者与受访者所关注的侧重点不同，因此获得的数据存在一定的偏差。为了反映知识链中组织的真实想法，问卷主要采用客观选择题的形式，虽然在问卷设计过程中参考了多位专家的建议，并通过相关企业人员试填后进行了多次修正，但难免会有疏漏。而且在打分过程中，受访人员可能存在随意打分的情况。因此，在后续的研究中，如何让调查问卷既能反映企业的真实想法，又保证数据的真实可靠，是一个有待解决的问题。

第二，缺乏对知识链组织关系演化的长期关注。由于受资料和时间限制，本书在对知识链组织间关系研究时只采取了横断面的研究，未能对合作组织间关系的建立、发展和维护等演化过程进行历时性的考察。因此，在后续对知识链关系治理研究中，有待将时间作为一个变量，从纵向的角度收集数据，对典型的知识链组织关系发展进行跟踪调研，深层次了解和发掘知识链组织关系变化的情况以及出现的问题。

第三，缺乏深入探讨知识流动在知识链关系治理中的作用。在本研究中只是将知识流动作为一个变量，探讨其在知识链关系治理与组织合作绩效中的中介作用，并没有深入讨论知识链关系治理程度对知识流动的影响。因而，在接下来的研究中，将以知识产权转让为切入点，深入讨论跨组织合作中知识流动在关系治理中对组织合作绩效的影响和作用。

## 10.2.2 研究展望

第一，知识链关系治理研究内容的拓展。由于时间有限，本书在对知识链关系治理的研究中，一方面对其理论方面进行了研究，另一方面重点讨论了知识链关系治理机制以及其对知识链组织合作绩效的影响。实际上，在知识链组织关系的不同阶段，随着组织间关系的演化，关系治理的侧重点也有所不同，因此，未来对知识链关系治理的研究将侧重于分阶段讨论关系治理的内容。

第二，知识链组织合作绩效的评价有待进一步研究。虽然本书根据相关文献综述和知识链实际运行中的情况，通过5个指标对知识链组织合作绩效进行了评价，但主要评价了企业方面的绩效，而对于高校和科研机构绩效的评价还不充分，并且部分指标在实际操作中很难用具体数据衡量。因此，在未来对知识链的研究中还需要对这一变量的衡量进行深入研究。

第三，突出核心企业在知识链中的作用。本书主要从知识链核心企业角度研究知识链关系治理，但是由于时间能力有限，没有深入探讨核心企业如何发挥作用和运用关系治理机制去协调组织成员间的冲突。因此，未来的研究中，将着重研究关系治理机制应用时核心企业所发挥的作用。

# 11  附　录

## 11.1　知识链关系治理对组织合作绩效影响的调查问卷

尊敬的女士/先生：

您好！

这是一项课题的调查研究，旨在关注知识链关系治理及其对组织合作绩效的影响。本调查采用匿名填答方式，所获得的信息和数据仅供学术研究之用，我们将恪守学术研究的道德规范，不以任何形式向任何机构和个人泄露有关单位的相关信息。非常感谢您在百忙之中协助我们完成调查任务，您回答的真实性直接决定了我们的研究质量和研究结果，同时希望此次研究成果能为企业的发展提供有益的参考。因此，请您如实回答问卷内容和企业信息，不要有任何顾虑。感谢您的全力支持！

四川大学商学院

调查人：胡园园

**1. 填写说明**

为了便于您更好地理解问卷的相关内容，对其中关键专业词汇解释如下：

知识链是指由核心企业、高等院校、科研院所、供应商、客户，甚至竞争对手等对知识链有贡献的组成构成的，以实现知识共享和知识创造为目的，通过知识在参与创新活动的不用组织之间流动而形成的链式结构（企业联盟）。

**2. 问卷设计**

第一部分：基本信息；第二部分：知识链特征描述；第三部分：知识链关系治理及其组织合作绩效。

**3. 填写介绍**

请在符合您的实际情况或符合您的判断的选项下打"√"，每题只能选择一个答案，答案没有对错之分，只希望真实有效。您的配合对我们的学术研究非常重要，感谢您的支持。

# 11.1.1　基本信息

1. 您所在机构的性质是：（　　）

　　A. 大专院校　　　　B. 科研机构　　　　C. 企业　　　　D. 政府部门

　　E. 金融机构　　　　F. 咨询机构　　　　G. 其他组织

2. 您所在机构的职工人数为：（　　　）

　　A. 300 人及以下　　　　　　　　B. 300~500 人

　　C. 501~1000 人　　　　　　　　D. 1000 人以上

3. 您所在机构的研发人数为：（　　　）

　　A. 10 人及以下　　　　　　　　B. 11~50 人

　　C. 51~100 人　　　　　　　　　D. 100 人以上

4. 您所在的部门是：（　　　）

　　A. 管理部门

　　B. 技术研发部门

　　C. 后勤保障部门（人事、财务、后勤）

　　D. 职能部门（采购、生产、销售）

5. 您是否参与过贵机构与其他机构进行的技术研发、产品开发等方面的合作：（　　　）

　　A. 是　　　　　　　B. 否

6. 您所在机构成立年限：（　　　）

　　A. 3 年及以下　　　　　　　　B. 4~5 年

　　C. 6~10 年　　　　　　　　　D. 10 年以上

## 11.1.2　知识链特征描述

1. 与本机构进行知识或技术交流的主要本地供应商数量为：（　　　）
   A.1~5 家　　　　　　　　　　　　B.6~10 家
   C.11~20 家　　　　　　　　　　　D.20 家以上
2. 与本机构进行知识或技术交流的主要客户数量为：（　　　）
   A.1~5 家　　　　　　　　　　　　B.6~10 家
   C.11~20 家　　　　　　　　　　　D.20 家以上
3. 与本机构进行知识或技术交流的同行竞争者的数量：（　　　）
   A.1~5 家　　　　　　　　　　　　B.6~10 家
   C.11~20 家　　　　　　　　　　　D.20 家以上
4. 与供应商建立知识或技术交流关系的持续时间：（　　　）
   A. 不到半年　　　　　　　　　　　B. 不到一年
   C. 不到两年　　　　　　　　　　　D. 两年以上
5. 与客户建立知识或技术交流关系的持续时间：（　　　）
   A. 不到半年　　　　　　　　　　　B. 不到一年
   C. 不到两年　　　　　　　　　　　D. 两年以上

　　您根据企业的实际情况对下列有关知识链关系治理以及组织合作绩效的相关情况的描述进行评判，在相应的评判等级中打√，评价等级中数字1~5 分别代表您对表中所陈述的事实的判断"完全不符合""比较不符合""一般""比较符合""完全符合"。

## 11.1.3　知识链关系治理及其组织合作绩效

### 11.1.3.1　知识链关系治理机制

#### A. 知识链关系行为治理机制

| 调研问题描述 | 完全不符合→比较不符合→一般→比较符合→完全符合 |
| --- | --- |
| 1. 决策协调机制 | |

| 调研问题描述 | 完全不符合→比较不符合→一般→比较符合→完全符合 | | | | |
|---|---|---|---|---|---|
| (1) 核心企业能够与合作伙伴有效进行集中与分散平衡决策 | 1 | 2 | 3 | 4 | 5 |
| (2) 能够有效地协调合作伙伴达成共同的利益目标 | 1 | 2 | 3 | 4 | 5 |
| (3) 知识共享的各个环节能够得到有效的协调 | 1 | 2 | 3 | 4 | 5 |
| 2. 合作文化机制 | | | | | |
| (1) 能够促使合作组织间形成良好的合作氛围 | 1 | 2 | 3 | 4 | 5 |
| (2) 有助于促进合作组织间形成共同的价值观和道德观 | 1 | 2 | 3 | 4 | 5 |
| (3) 有助于促进合作组织间信任关系的形成 | 1 | 2 | 3 | 4 | 5 |
| 3. 联合制裁机制 | | | | | |
| (1) 对于泄露核心知识的组织,将解除其合作关系 | 1 | 2 | 3 | 4 | 5 |
| (2) 对于存在机会主义或搭便车行为的组织,在一定时间内不对其进行知识共享 | 1 | 2 | 3 | 4 | 5 |

## B. 知识链关系控制治理机制

| 调研问题描述 | 完全不符合→比较不符合→一般→比较符合→完全符合 | | | | |
|---|---|---|---|---|---|
| 1. 限制进入机制 | | | | | |
| (1) 有助于控制合作组织的数量 | 1 | 2 | 3 | 4 | 5 |
| (2) 有助于减少合作组织之间协调的次数 | 1 | 2 | 3 | 4 | 5 |
| 2. 信任程度控制机制 | | | | | |
| (1) 适度的信任关系更加有助于知识流动和吸收 | 1 | 2 | 3 | 4 | 5 |
| (2) 适度的信任关系有助于减少机会主义和搭便车行为 | 1 | 2 | 3 | 4 | 5 |

**C. 知识链关系激励治理机制**

| 调研问题描述 | 完全不符合→比较不符合→<br>一般→比较符合→完全符合 |
|---|---|
| 1. 显性激励机制 | |
| (1) 有助于促进合作组织进行信息的沟通和传递 | 1　　2　　3　　4　　5 |
| (2) 有助于激发合作组织参与创新的意识 | 1　　2　　3　　4　　5 |
| 2. 隐性激励机制 | |
| (1) 有利于提高合作组织成员的声誉 | 1　　2　　3　　4　　5 |
| (2) 有利于提高合作组织成员合作的积极性 | 1　　2　　3　　4　　5 |

### 11.1.3.2　知识链组织间知识流动

| 调研问题描述 | 完全不符合→比较不符合→<br>一般→比较符合→完全符合 |
|---|---|
| 1. 知识共享 | |
| (1) 贵单位与合作组织之间就所需知识进行深入交流和分享 | 1　　2　　3　　4　　5 |
| (2) 贵单位与其他合作组织根据自身优势进行知识和经验的分享 | 1　　2　　3　　4　　5 |
| 2. 知识创造 | |
| (1) 有助于提高贵单位的管理绩效 | 1　　2　　3　　4　　5 |
| (2) 有助于贵单位降低生产成本，或提高产品的科技含量 | 1　　2　　3　　4　　5 |

### 11.1.3.3　知识链组织合作绩效

| 调研问题描述 | 完全不符合→比较不符合→<br>一般→比较符合→完全符合 |
|---|---|
| 1. 合作关系持续程度 | |
| (1) 贵单位将与合作组织继续保持合作关系 | 1　　2　　3　　4　　5 |
| (2) 贵单位将与合作组织续签合作协议 | 1　　2　　3　　4　　5 |
| 2. 目标实现程度 | |
| (1) 贵单位达到了预期合作目标 | 1　　2　　3　　4　　5 |

续表

| 调研问题描述 | 完全不符合→比较不符合→<br>一般→比较符合→完全符合 | | | | |
|---|---|---|---|---|---|
| (2) 贵单位实现了一定盈利 | 1 | 2 | 3 | 4 | 5 |
| (3) 贵单位认为此次合作具有成就感 | 1 | 2 | 3 | 4 | 5 |
| 3. 学习创新能力 | | | | | |
| (1) 贵单位学到了新的知识和技术 | 1 | 2 | 3 | 4 | 5 |
| (2) 贵单位产品的市场竞争力有所提高 | 1 | 2 | 3 | 4 | 5 |
| (3) 贵单位新产品的技术含量显著增加 | 1 | 2 | 3 | 4 | 5 |
| 4. 协调整合能力 | | | | | |
| (1) 贵单位在合作中解决问题和冲突的能力提高 | 1 | 2 | 3 | 4 | 5 |
| (2) 贵单位从其他合作组织所获得的信息质量更加可靠 | 1 | 2 | 3 | 4 | 5 |
| (3) 贵单位与其他合作组织在利益分配时更加公正和透明 | 1 | 2 | 3 | 4 | 5 |
| 5. 竞争优势提升程度 | | | | | |
| (1) 贵单位获得了持久的市场竞争能力 | 1 | 2 | 3 | 4 | 5 |
| (2) 贵单位在一定程度上提升了自己的市场价值 | 1 | 2 | 3 | 4 | 5 |

# 11.2　知识链的最优控制权配置的相关命题证明

**命题 1 证明：**

根据表 5.1 的均衡解，易证 $\dfrac{\partial x_i^k}{\partial \beta_i} > 0$，其中 $i \in \{u, d, s\}$，$k \in \{UL,$ $DL, LS, I\}$。

**命题 2 证明：**

(1) 易证 $\dfrac{\partial \pi_s^k}{\partial \beta_i} > 0$，$\dfrac{\partial \pi_j^k}{\partial \beta_i} > 0$，$i, j \in \{u, d, s\}$，$i \neq j$，$k \in \{UL,$ $DL, LS, I\}$。

(2) UL 模式，$\dfrac{\partial \pi_u^{UL}}{\partial \beta_u} = \dfrac{3(\lambda + h\beta_u)(A - bc_u - bc_d)^2 \lceil 8 - 9(B_u - B_d) \rceil}{b\gamma_u(8 - 3B_u - 3B_d)^3} -$

$\dfrac{\partial \pi_d^{UL}}{\partial \beta_d}$，因为 $B_i \in \left(0, \dfrac{8}{9}\right)$，所以 $\dfrac{\partial \pi_u^{UL}}{\partial \beta_u} > 0$，$\dfrac{\partial \pi_d^{UL}}{\partial \beta_d} < 0$；DL 模式，$\dfrac{\partial \pi_d^{DL}}{\partial \beta_d}$

$$= \frac{3(\lambda + b\beta_d)(A - bc_u - bc_d)^2 [8 + 9(B_u - B_d)]}{b\gamma_d (8 - 3B_u - 3B_d)^3} = -\frac{\partial \pi_u^{DL}}{\partial \beta_u}, \; 得到 \frac{\partial \pi_d^{DL}}{\partial \beta_d} > 0,$$

$\frac{\partial \pi_u^{DL}}{\partial \beta_u} < 0; \; LS$ 模式，$\frac{\partial \pi_u^{LS}}{\partial \beta_u} = \frac{64(\lambda + b\beta_u)(A - bc_u - bc_d)^2 (B_d - B_u)}{b\gamma_u (9 - 4B_u - 4B_d)^3} =$

$-\frac{\partial \pi_d^{LS}}{\partial \beta_d}$，$B_u < B_d$ 时，$\frac{\partial \pi_u^{LS}}{\partial \beta_u} > 0$，$\frac{\partial \pi_d^{LS}}{\partial \beta_d} < 0$；$B_u > B_d$ 时，$\frac{\partial \pi_u^{LS}}{\partial \beta_u} < 0$，$\frac{\partial \pi_d^{LS}}{\partial \beta_d}$

$> 0$。

**命题 3 证明：**

$$x_u^{LS} - x_u^{UL} = \frac{5B_u(A - bc_u - bc_d)}{(\lambda + b\beta_u)(8 - 3B_u - 3B_d)(9 - 4B_u - 4B_d)}, \; 其中，B_u =$$

$\frac{(\lambda + b\beta_u)^2}{b\gamma_u}$，$B_d = \frac{(\lambda + b\beta_d)^2}{b\gamma_d}$。由 $B_u + B_d < 2$，得到 $x_u^{LS} - x_u^{UL} > 0$。同理

可证 $x_d^{LS} - x_d^{UL} > 0$，$x_i^I - x_i^{LS} > 0$，$i \in \{u, d\}$。因此，$x_u^I > x_u^{LS} > (x_u^{UL} = x_u^{DL})$，$x_d^I > x_d^{LS} > (x_d^{UL} = x_d^{DL})$。

$$\pi_s^I - \pi_s^{LS} = \frac{(A - bc_u - bc_d)^2}{2b(2 - B_u - B_d)(9 - 4B_u - 4B_d)} > 0, \; \pi_s^{LS} - \pi_s^{UL} (\pi_s^{DL}) =$$

$\frac{5(A - bc_u - bc_d)^2}{2b(8 - 3B_u - 3B_d)(9 - 4B_u - 4B_d)} > 0$，因此，$\pi_s^I > \pi_s^{LS} > (\pi_s^{UL} = \pi_s^{DL})$。

**命题 4 证明：**

(1) $x_u^{LS} - x_d^{LS} = \frac{8(B_d - B_u)(A - bc_u - bc_d)^2}{b(9 - 4B_u - 4B_d)^2}$，得到 $\begin{cases} B_d > B_u, \; \pi_u^{LS} > \pi_d^{LS} \\ B_d < B_u, \; \pi_u^{LS} < \pi_d^{LS} \end{cases}$

(2) 易证 $\begin{cases} \pi_u^{UL} > \pi_u^{DL} \\ \pi_u^{UL} > \pi_d^{UL} \end{cases}$，$\begin{cases} \pi_d^{DL} > \pi_d^{UL} \\ \pi_d^{DL} > \pi_u^{DL} \end{cases}$

(3) 对于 $\pi_u^{LS} - \pi_u^{UL} = (A - bc_u - bc_d)^2 \frac{26B_u^2 - (68B_d + 7)B_u - (94B_d^2 - 288B_d + 144)}{2b(8 - 3B_u - 3B_d)^2(9 - 4B_u - 4B_d)^2}$，当

$26B_u^2 - (68B_d + 7)B_u - (94B_d^2 - 288B_d + 144) > 0$ 时，$\pi_u^{LS} > \pi_u^{UL}$，得到解

集：$\begin{cases} B_{u1} = \dfrac{7 + 68B_d - 5\sqrt{576(1 - B_d)^2 + 25 - 8B_d}}{52} \\ B_{u2} = \dfrac{7 + 68B_d + 5\sqrt{576(1 - B_d)^2 + 25 - 8B_d}}{52} \end{cases}$

由于 $B_{u2} = \dfrac{(7 + 68B_d) + 5\sqrt{576(1 - B_d)^2 + (25 - 8B_d)}}{52} >$

$\left( \dfrac{(7 + 68B_d) + 5\sqrt{576(1 - B_d)^2}}{52} = \dfrac{127 - 52B_d}{52} \right)$，因此舍去 $B_{u2}$。对于 $B_{u1}$，当

$B_d \in \left( \dfrac{936-390\sqrt{2}}{611}, \ \dfrac{8}{9} \right)$ 时，$\dfrac{7+68B_d-5\sqrt{576(1-B_d)^2+25-8B_d}}{52} \in$

$\left( 0, \ \dfrac{8}{9} \right)$，因此 $B_{u1}$ 为可行解。令 $f_d(B_d)=\dfrac{7+68B_d-5\sqrt{576(1-B_d)^2+25-8B_d}}{52}$，

则 $\begin{cases} B_u < f_d(B_d) \\ B_d \in \left( \dfrac{936-390\sqrt{2}}{611}, \ \dfrac{8}{9} \right) \end{cases}$ 时，$\pi_u^{LS} > \pi_u^{UL} > \pi_u^{DL}$，此时 $\pi_d^{LS}-\pi_d^{DL}=$

$(A-bc_u-bc_d)^2 \dfrac{26B_d{}^2-(68B_u+7)B_d-(94B_u^2-288B_u+144)}{2b(8-3B_u-3B_d)^2(9-4B_u-4B_d)^2} < 0$。

综上所述，$\begin{cases} B_u < f_d(B_d) \\ B_d \in \left( \dfrac{936-390\sqrt{2}}{611}, \ \dfrac{8}{9} \right) \end{cases}$ 时，$\begin{cases} \pi_u^{LS} > \pi_u^{UL} > \pi_u^{DL} \\ \pi_d^{DL} > \pi_d^{LS} > \pi_d^{UL} \end{cases}$。

同理可证 $\begin{cases} B_d < f_u(B_u) \\ B_u \in \left( \dfrac{936-390\sqrt{2}}{611}, \ \dfrac{8}{9} \right) \end{cases}$ 时，$\begin{cases} \pi_u^{UL} > \pi_u^{LS} > \pi_u^{DL} \\ \pi_d^{LS} > \pi_d^{DL} > \pi_d^{UL} \end{cases}$；其他条件时，

$\begin{cases} \pi_u^{UL} > \pi_u^{LS} > \pi_u^{DL} \\ \pi_d^{DL} > \pi_d^{LS} > \pi_d^{UL} \end{cases}$。其中，$f_i(B_i)=\dfrac{7+68B_i-5\sqrt{576(1-B_i)^2+25-8B_i}}{52}$，

$i \in \{u, d\}$。

**命题 5 证明：**

易证 $x_i^k = x_i^I$，$\pi_s^k = \pi_s^I$，$i \in \{u, d\}$，$k \in \{UL, DL, LS\}$。

**命题 6 证明：**

令 UB、DB、LB 标记为 UL、DL、LS 模式对应的纳什协商模型的均衡解。

（1）UL 模式，上核心企业利润的帕累托改进应满足以下条件：

$$\begin{cases} \pi_u^{UB}-\pi_u^{UL}=(A-bc_u-bc_d)^2 \dfrac{(2\alpha-B_u)(8-3B_u-3B_d)^2-(16-9B_u)(2-B_u-B_d)^2}{2b(2-B_u-B_d)^2(8-3B_u-3B_d)^2} > 0 \\ \pi_d^{UB}-\pi_d^{UL}=(A-bc_u-bc_d)^2 \dfrac{[2(1-\alpha)-B_d](8-3B_u-3B_d)^2-(8-9B_d)(2-B_u-B_d)^2}{2b(2-B_u-B_d)^2(8-3B_u-3B_d)^2} > 0 \end{cases}$$

$$(A1)$$

由（A1）式整理得到，$\alpha \in (\underline{\alpha}, \ \bar{\alpha})$，

$\begin{cases} \underline{\alpha}=\dfrac{B_u(8-3B_u-3B_d)^2+(16-9B_u)(2-B_u-B_d)^2}{2(8-3B_u-3B_d)^2} \\ \bar{\alpha}=\dfrac{(2-B_d)(8-3B_u-3B_d)^2-(8-9B_d)(2-B_u-B_d)^2}{2(8-3B_u-3B_d)^2} \end{cases}$ 且满足 $\bar{\alpha}-\underline{\alpha}=$

$$\frac{2-B_u-B_d}{8-3B_u-3B_d}>0。$$

由于 UL 模式的 $\alpha \in \left(\dfrac{1}{2},\ 1\right)$，因此存在：

$$(A2)\quad\begin{cases}\underline{\alpha}-\dfrac{1}{2}=\dfrac{(16-9B_u)(2-B_u-B_d)^2-(1-B_u)(8-3B_u-3B_d)^2}{2\,(8-3B_u-3B_d)^2}\cdot\\[4mm]\bar{\alpha}-1=-\dfrac{B_d\,(8-3B_u-3B_d)^2+(8-9B_d)(2-B_u-B_d)^2}{2\,(8-3B_u-3B_d)^2}\end{cases}$$

由（A2）式可知，$\underline{\alpha}-\dfrac{1}{2}>0$ 即为帕累托改进的约束条件。对于 $\underline{\alpha}-\dfrac{1}{2}>0$，仅需分析 $(16-9B_u)(2-B_u-B_d)^2-(1-B_u)(8-3B_u-3B_d)^2>0$，因此帕累托改进的约束条件可简化为：

$$(16-9B_u)(2-B_u-B_d)^2-(1-B_u)(8-3B_u-3B_d)^2>0 \quad (A3)$$

由（A3）式整理得到 $5B_u^2-(12+2B_d)B_u+(16-7B_d)B_d<0$，存在

解集
$$\begin{cases}B_{u1}=\dfrac{6+B_d-2\sqrt{9\,(1-B_d)^2+B_d}}{5}\\[4mm]B_{u2}=\dfrac{6+B_d+2\sqrt{9\,(1-B_d)^2+B_d}}{5}\end{cases},\quad 由于\quad B_{u2}=$$

$\dfrac{6+B_d+2\sqrt{9\,(1-B_d)^2+B_d}}{5}>\left(\dfrac{6+B_d+2\sqrt{9\,(1-B_d)^2}}{5}=\dfrac{12-5B_d}{5}\right)$，因

此舍去 $B_{u2}$，得到 UL 模式纳什协商模型的帕累托改进域为

$$P^{UL}:\begin{cases}B_u>f^{UL}(B_d)=\dfrac{6+B_d-2\sqrt{9\,(1-B_d)^2+B_d}}{5}\\[4mm]B_u,\ B_d\in\left(0,\ \dfrac{8}{9}\right)\end{cases}。$$

（2）LS 模式，由于 $\alpha=\dfrac{1}{2}$，因此上核心企业利润的帕累托改进应满足以下条件：

$$\pi_u^{LB}-\pi_u^{LS}=(A-bc_u-bc_d)^2\dfrac{6B_u^2+4B_uB_d-17B_u+9-2B_d^{\ 2}}{2b\,(2-B_u-B_d)^2\,(9-4B_u-4B_d)^2}>0$$

$$(A4)$$

$$\pi_d^{LB}-\pi_d^{LS}=(A-bc_u-bc_d)^2\dfrac{6B_d^2+(4B_u-17)B_d+9-2B_u^2}{2b\,(2-B_u-B_d)^2\,(9-4B_u-4B_d)^2}>0$$

$$(A5)$$

对（A4）式，仅需分析以下约束条件：

$$6B_u^2 + (4B_d - 17)B_u + 9 - 2B_d^2 > 0 \tag{A6}$$

对于（A6）式，得到解集 $\begin{cases} B_{u1} = \dfrac{17 - 4B_d - \sqrt{(64B_d - 136)B_d + 73}}{12} \\ B_{u2} = \dfrac{17 - 4B_d + \sqrt{(64B_d - 136)B_d + 73}}{12} \end{cases}$，由于

$B_{u2} = \dfrac{17 - 4B_d + \sqrt{(64B_d - 136)B_d + 73}}{12} > \dfrac{8}{9}$，因此舍去 $B_{u2}$，得到 $\pi_u^{LB} - \pi_u^{LS} > 0$

的帕累托改进域为 $\begin{cases} B_u < f^{LS}(B_d) = \dfrac{17 - 4B_d - \sqrt{(64B_d - 136)B_d + 73}}{12} \\ B_u,\ B_d \in \left(0,\ \dfrac{8}{9}\right) \end{cases}$。同理可证

（A5）式的帕累托改进域为 $\begin{cases} B_d < f^{LS}(B_u) = \dfrac{17 - 4B_u - \sqrt{(64B_u - 136)B_u + 73}}{12} \\ B_u,\ B_d \in \left(0,\ \dfrac{8}{9}\right) \end{cases}$。

（3）DL 模式的证明过程与 UL 模式相似，证明略。

# 主要参考文献

## 一、中文参考文献

白鸥，魏江，斯碧霞，2015. 关系还是契约：服务创新网络治理和知识获取困境 [J]. 科学学研究，33（9）：1432－1440.

蔡翔，严宗光，易海强，2000. 论知识供应链 [J]. 研究与发展管理，12（6）：35－38.

曹勇，蒋振宇，孙合林，2015. 创新开放度对新兴企业知识溢出效应的影响研究 [J]. 科学学与科学技术管理，36（1）：151－161.

柴国荣，洪兆富，亓文国，2008. 基于进度优化的大型 R&D 项目动态联盟协调机制研究 [J]. 科学学与科学技术管理，29（6）：5－8.

常荔，邹珊刚，2001. 基于知识链的知识扩散的影响因素研究 [J]. 科研管理，22（5）：122－127.

陈剑，冯蔚东，2002. 虚拟企业构建与管理 [M]. 北京：清华大学出版社.

陈静，2005. 激励制度中的声誉激励 [J]. 工业技术经济（9）：94－95，98.

陈莉平，石嘉婧，2013. 联盟企业间关系治理行为对合作绩效影响的实证研究——以信任为中介变量 [J]. 软科学（4）：54－60.

戴勇，2008. 虚拟企业联盟成员信息协调行为的激励研究 [J]. 软科学（4）：118－121.

党兴华，刘立，2014. 技术创新网络中企业知识权力测度研究 [J]. 管理评论，26（6）：67－73.

邓娇娇，严玲，吴绍艳，2015. 中国情境下公共项目关系治理的研究：内涵、结构与量表 [J]. 管理评论，27（8）：213－222.

方凌云，2008. 虚拟企业的经营与管理 [M]. 武汉：华中科技大学出版社.

冯华，李君翊，2019. 组织间依赖和关系治理机制对绩效的效果评估——基于机会主义行为的调节作用 [J]. 南开管理评论，22（3）：105－113.

高孟立，2017. 合作创新中机会主义行为的相互性及治理机制研究 [J]. 科学学研究，35（9）：1422－1433.

格兰多里，2005. 企业网络：组织和产业竞争力 [M]. 北京：中国人民大学出版社.

顾新，李久平，王维成，2006. 知识流动、知识链与知识链管理 [J]. 软科学，20（2）：10－12.

郭斌，谢志宇，吴惠芳，2003. 产学合作绩效的影响因素及其实证分析 [J]. 科学学研究（1）：140－147.

韩莹，陈国宏，2016. 集群企业网络权力与创新绩效关系研究——基于双元式知识共享行为的中介作用 [J]. 管理学报，13（6）：855－862.

贺一堂，谢富纪，陈红军，2017. 产学研合作创新利益分配的激励机制研究 [J]. 系统工程理论与实践，37（9）：2244－2255.

胡国栋，罗章保，2017. 中国本土网络组织的关系治理机制——基于自组织的视角 [J]. 中南财经政法大学学报（4）：127－139.

贾怀勤，2006. 管理研究方法 [M]. 北京：机械工业出版社.

金辉，杨忠，黄彦婷，2013. 组织激励、组织文化对知识共享的作用机理——基于修订的社会影响理论 [J]. 科学学研究，31（11）：1697－1707.

李怀祖，2004. 管理研究方法论 [M]. 西安：西安交通大学出版社.

李焕荣，马存先，2007. 组织间关系的进化过程及其策略研究 [J]. 科技进步与对策（1）：10－13.

李玲，2011. 技术创新网络中企业间依赖、企业开放度对合作绩效的影响 [J]. 南开管理评论，14（4）：16－24.

李世超，苏竣，蔺楠，2011. 控制方式、知识转移与产学合作绩效的关系研究 [J]. 科学学研究，29（12）：1854－1864.

李随成，张哲，2007. 不确定条件下供应链合作关系水平对供需合作绩效的影响分析 [J]. 科学学研究，17（5）：85－87.

李维安，2003．网络组织：组织发展新趋势［M］．北京：经济科学出版社．

李维安，李勇建，石丹，2016．供应链治理理论研究：概念、内涵与规范性分析框架［J］．南开管理评论，19（1）：4—15．

李新然，刘媛媛，俞明南，2018．不同权力结构下考虑搭便车行为的闭环供应链决策研究［J］．科研管理（3）：45—58．

李烨，涂跃俊，2018．关系强度对员工创新绩效的影响机制研究［J］．软科学，32（9）：84—87．

李勇，张异，杨秀苔，等，2005．供应链中制造商—供应商合作研发博弈模型［J］．系统工程学报，20（1）：12—18．

李煜华，柳朝，胡瑶瑛，2011．基于博弈论的复杂产品系统技术创新联盟信任机制分析［J］．科技进步与对策，28（7）：5—8．

刘丛，黄卫来，郑本荣，等，2017．考虑营销努力和创新能力的制造商激励供应商创新决策研究［J］．系统工程理论与实践，37（12）：3040—3051．

刘学元，丁雯婧，赵先德，2016．企业创新网络中关系强度、吸收能力与创新绩效的关系研究［J］．南开管理评论，19（1）：30—42．

罗珉，王雎，2008．组织间关系的拓展与演进：基于组织间知识互动的研究［J］．中国工业经济（1）：40—49．

罗珉，赵亚蕊，2012．组织间关系形成的内在动因：基于帕累托改进的视角［J］．中国工业经济（4）：76—88．

吕晖，叶飞，强瑞，2010．供应链资源依赖、信任及关系承诺对信息协同的影响［J］．工业工程与管理（6）：7—15．

潘松挺，蔡宁，2010．网络关系强度与组织学习：环境动态性的调节作用［J］．科学决策（4）：48—54．

潘文安，2012．关系强度、知识整合能力与供应链知识效率转移研究［J］．科研管理，33（1）：147—153．

彭正银，2002．网络治理理论探析［J］．中国软科学（3）：50—54．

孙国强，2001．网络组织的内涵、特征与构成要素［J］．南开管理评论，4（4）：38—40．

孙国强，2005．网络组织治理机制论［M］．北京：中国科学技术出版社．

孙国强，2010．管理研究方法论［M］．上海：格致出版社．

王昌林，蒲勇健，2005．企业技术联盟治理机制［J］．重庆大学学报（自然科学版），28（2）：151－154.

王建平，吴晓云，2019. 竞合视角下网络关系强度、竞合战略与企业绩效
　　［J］. 科研管理，40（1）：121－130.

王清晓，2016. 契约与关系共同治理的供应链知识协同机制［J］. 科学学
　　研究，34（10）：1532－1540.

王庆金，许秀瑞，袁壮，2018. 协同创新网络关系强度、共生行为与人才
　　创新创业能力［J］. 软科学，32（4）：7－11.

王涛，顾新，2010. 基于社会资本的知识链成员间相互信任产生机制的博
　　弈分析［J］. 科学学与科学技术管理（1）：76－80.

王文宾，达庆利，聂锐，2011. 考虑渠道权力结构的闭环供应链定价与协
　　调［J］. 中国管理科学，19（5）：29－36.

王颖，王方华，2007. 关系治理中关系规范的形成及治理机理研究［J］.
　　软科学（2）：67－70.

吴明隆，2010. 问卷统计分析实务——SPSS操作与应用［M］. 重庆：重
　　庆大学出版社.

吴绍波，顾新，2008. 知识链组织之间合作的关系强度研究［J］. 科学学
　　与科学技术管理，29（2）：113－118.

吴绍波，顾新，彭双，2009. 知识链组织之间的冲突与信任协调：基于知
　　识流动视角［J］. 科技管理研究（6）：325－327.

谢凤玲，刘召爽，黄梯云，2011. 供应商关系管理中关系质量的关系承诺
　　模型［J］. 系统管理学报，20（4）：490－495.

熊榆，张雪斌，熊中楷，2013. 合作新产品开发资金及知识投入决策研究
　　［J］. 管理科学学报，16（9）：53－63.

薛卫，曹建国，易难，等，2010. 企业与大学技术合作的绩效：基于合作
　　治理视角的实证研究［J］. 中国软科学（3）：120－132＋185.

杨波，徐升华，2010. 虚拟企业知识转移激励机理的演化博弈分析［J］.
　　情报理论与实践（7）：50－54.

杨皎平，侯楠，王乐，2016. 集群内知识溢出、知识势能与集群创新绩效
　　［J］. 管理工程学报，30（3）：27－35.

姚艳虹，周惠平，2015. 产学研协同创新中知识创造系统动力学分析
　　［J］. 科技进步与对策，32（4）：116－123.

易明，2010. 产业集群治理结构与网络权力关系配置［J］. 宏观经济研究

（3）：42—47.

易明，杨树旺，2010. 基于治理导向的产业集群发展：问题与对策 [J].
管理世界（8）：175—176.

易余胤，2009. 具竞争零售商的再制造闭环供应链模型研究 [J]. 管理科
学学报，12（6）：45—54.

于飞，胡泽民，董亮，2018. 关系治理与集群企业知识共享关系——集群
创新网络的中介作用 [J]. 科技管理研究，38（23）：150—160.

张聪群，2008. 产业集群治理的逻辑与机制 [J]. 经济地理，28（3）：
388—392.

张华，2016. 协同创新、知识溢出的演化博弈机制研究 [J]. 中国管理科
学，24（2）：92—99.

张宁俊，张露，王国瑞，2019. 关系强度对团队创造力的作用机理研究
[J]. 管理科学，32（1）：101—113.

张琦，2014. 产业集群中企业间关系、关系治理与创新绩效：产业相似度
的调节作用 [J]. 系统工程（6）：78—84.

邹国庆，高向飞，高春婷，2010. 组织间关系的作用机制：基于合法性与
交易费用的研究视角 [J]. 软科学，24（2）：45—50.

## 二、英文参考文献

Arranz N，Arroyabe J C，2012. Effect of formal contracts，relational
norms and trust on performance of joint research and development
projects [J]. British Journal of Management，23（4）：575—588.

Chen L G，Ding D，Ou J，2014. Power structure and profitability in
assembly supply chains [J]. Production and Operations Management，
23（9）：1599—1616.

Cheng J H，Fu Y C，2013 Inter-organizational relationships and
knowledge sharing through the relationship and institutional
orientations in supply chain [J]. International Journal of Information
Management，33（3）：473—484.

Choi S Y，Lee H，Yoo Y，2010. The impact of information technology
and transactive memory systems on knowledge sharing，application，

and team performance: A field study [J]. MIS Quarterly, 34 (4): 855−870.

Crama P, De Reyck B, Taneri N, 2016. Licensing contracts: Control rights, options, and timing [J]. Management Science, 63 (4): 1131−1149.

Ding X H, Huang R H, 2010. Effects of knowledge spillover on inter-organizational resource sharing decision in collaborative knowledge creation [J]. European Journal of Operational Research, 201 (3): 949−959.

Garcia M J, Thomas J D, Klein A L, 1998. New Doppler echocardiographic applications for the study of diastolic function [J]. Journal of the American College of Cardiology, 32 (4): 865−875.

Ge Z, Hu Q, Xia Y T, 2014. Firms' R & D cooperation behavior in a supply chain [J]. Production and Operations Management, 23 (4): 599−609.

Heide J B, Kumar A, Wathne K H, 2014. Concurrent sourcing, governance mechanisms, and performance outcomes in industrial value chains [J]. Strategic Management Journal, 35 (8): 1164−1185.

Hoetker G, Mellewigt T, 2009. Choice and performance of governance mechanisms: Matching alliance governance to asset type [J]. Strategic Management Journal, 30 (10): 1025−1044.

Humphrey J, Schmitz H, 2002. How does insertion in global value chains affect upgrading in industrial clusters? [J]. Regional Studies, 36 (9): 1017−1027.

Knockaert M, Ucbasaran D, Wright M, et al., 2011. The relationship between knowledge transfer, top management team composition, and performance: The case of science-based entrepreneurial firms [J]. Entrepreneurship Theory and Practice, 35 (4): 777−803.

Mahapatra S K, Narasimhan R, Barbieri P, 2010. Strategic interdependence, governance effectiveness and supplier performance: A dyadic case study investigation and theory development [J]. Journal of Operations Management, 28 (6): 537−552.

Marion T J, Eddleston K A, Friar J H, et al., 2015. The evolution of interorganizational relationships in emerging ventures: An ethnographic study within the new product development process [J]. Journal of Business Venturing, 30 (1): 167—184.

Martimort D, Poudou J C, Sand-Zantman W, 2010. Contracting for an innovation under bilateral asymmetric information [J]. The Journal of Industrial Economics, 58 (2): 324—348.

Masiello B, Izzo F, Canoro C, 2013. The structural, relational and cognitive configuration of innovation networks between SMEs and public research organisations [J]. International Small Business Journal, 32 (6): 485—501.

Maurer I, Bartsch V, Ebers M, 2011. The value of intra-organizational social capital: How it fosters knowledge transfer, innovation performance, and growth [J]. Organization Studies, 32 (2): 157—185.

Operti E, Carnabuci G, 2014. Public knowledge, private gain: The effect of spillover networks on firms' innovative performance [J]. Journal of Management, 40 (4): 1042—1074.

Poppo L, Zenger T, 2002. Do formal contracts and relational governance function as substitutes or complements? [J]. Strategic Management Journal, 23 (8): 707—725.

Poppo L, Zhou K Z, Zenger T R, 2008. Examining the conditional limits of relational governance: Specialized assets, performance ambiguity, and long-standing ties [J]. Journal of Management Studies, 45 (7): 1195—1216.

Vinhas A, Heide J B, Jap S D, 2012. Consistency judgments, embeddedness, and relationship outcomes in interorganizational networks [J]. Management Science, 58 (5): 996—1011.

Shaner J, Maznevski M, 2011. The relationship between networks, institutional development, and performance in foreign investments [J]. Strategic Management Journal, 32 (5): 556—568.

Srivastava M K, Gnyawali D R, 2011. When do relational re-sources matter? Leveraging portfolio technological re-sources for breakthrough innovation [J]. Academy of Management Journal, 54 (4): 797 —810.

Yeh Y P, 2014. The impact of relational governance on relational exchange performance: A case of the Taiwanese automobile industry [J]. Journal of Relationship Marketing, 13 (2): 108—124.

Yenipazarli A, 2017. To collaborate or not to collaborate: Prompting upstream eco-efficient innovation in a supply chain [J]. European Journal of Operational Research, 260 (2): 571—587.

W Z H, Zhang X F, 2013. Based on psychological contract of relational norms of marketing channel governance study [J]. Journal of Applied Sciences, 13 (21): 4519—4524.

Zhou K Z, Zhang Q, Sheng S, et al, 2014. Are relational ties always good for knowledge acquisition? Buyer-supplier exchanges in China [J]. Journal of Operations Management, 32 (3): 88—98.

# 后 记

我于 2002 年 9 月进入西南交通大学管理科学与工程博士后流动站，师从郭耀煌教授。博士后出站论文《知识链管理——基于生命周期的组织之间知识链管理框架模型研究》已于 2004 年 6 月通过答辩，以此为基础形成的专著《知识链管理——基于生命周期的组织之间知识链管理框架模型研究》于 2008 年由四川大学出版社出版。

迄今为止，我从事的知识链管理相关研究，先后得到 4 项国家自然科学基金面上项目、1 项教育部新世纪人才项目以及省、校等共 10 余项科研项目的资助：国家自然科学基金面上项目"知识链知识优势的形成、维持及其向竞争优势的转化研究"（71971146）、国家自然科学基金面上项目"基于跨组织关系演化的知识链关系治理研究"（71571126）、国家自然科学基金面上项目"基于知识链的知识网络的形成与演化研究"（70771069）、国家自然科学基金面上项目"基于组织之间知识流动的知识链管理框架模型研究"（70471069），教育部"新世纪优秀人才支持计划"项目"知识链组织之间的冲突与冲突管理研究"（NCET-06-0783），四川省教育厅创新团队项目"知识链管理"（13TD0040），四川大学创新火花项目"知识链知识优势的演化与价值实现机制研究"（2019HHS-18），四川大学中央高校基本科研业务费研究专项（哲学社会科学）项目——高水平学术团队建设项目"知识链的协同效应形成机理研究"（SKGT201502），四川大学中央高校基本科研业务费研究专项（哲学社会科学）项目——学科前沿与交叉创新研究重大项目"知识链知识优势的形成与维护研究"（SKX201004），四川大学中流基金项目"知识链管理研究"，四川大学工商管理学院青年科学基金项目"组织之间知识链的构建与运行研究"（2003 年）。

相关研究成果《基于知识链的知识网络的形成与演化研究》获四川省科技进步三等奖（2012 年），《知识链组织之间的冲突与冲突管理研究》

获四川省科技进步三等奖（2010年），《基于组织之间知识流动的知识链管理框架模型研究》获四川省科技进步三等奖（2008年），《知识链管理》（系列论文）获四川省第十二次哲学社会科学优秀成果三等奖（2007年）。

本书是国家自然科学基金面上项目"基于跨组织关系演化的知识链关系治理研究"（71571126）的最终成果。项目组成员分工如下：顾新负责本书的总体设计、总撰以及研究工作的组织和管理，胡园园负责完成本书第一、二、三、四、六、七、八、九章内容的撰写，主要涉及知识链组织关系演化及其治理问题、关系强度对知识流动影响研究以及知识链关系治理对组织合作绩效的影响等相关研究；张华主要负责完成本书第五章内容的撰写，主要涉及关于知识链组织成员关系最优控制权配置研究。课题组成员还有四川轻化工大学陈一君教授和叶一军副教授、南京邮电大学余维新讲师和四川大学商学院吴悦讲师等，项目组成员为本书的顺利完成付出了大量心血。

在知识链项目研究过程中我们得到了国家自然科学基金委员会、教育部、四川省科技厅、四川省社科联、四川省教育厅、四川大学社科处、四川大学科研院、四川大学商学院领导和同事的大力支持，在此表示衷心感谢。

感谢所有参考文献的作者，他们的研究给了我们很多启发。书中引用的标注若有遗漏，还望海涵；感谢四川大学出版社陈克坚老师为本书的出版所付出的艰辛劳动。

由于自身的局限性，本书还存在诸多不足之处，对具体问题的分析尚不够全面和深入，有待于进一步完善，敬请大家批评指正。

顾　新
**2020 年 2 月 28 日**